变革性光科学与技术丛书

国家出版基金项目
NATIONAL PUBLICATION FOUNDATION

"十三五"国家重点
图书出版规划项目

Design of
the Chiral Metamaterials

手性电磁超材料设计

宋耀良（Song Yaoliang）

［白俄罗斯］意格里·西姆琴科（Igor Semchenko）

［白俄罗斯］谢尔盖·哈霍莫夫（Sergei Khakhomov）　著

王雷（Wang Lei）

清华大学出版社
北京

内 容 简 介

手性超材料是一类比天然材料呈现更强手征性质的人工复合材料,在电磁信号极化形成、转换、选择和吸收,以及新型电子器件制造等方面有广泛的应用。本书在介绍了当前手性超材料研究现状和制备技术的基础上,重点阐述了自然螺旋结构和人工复合电磁超材料手征性的基本原理,介绍了微波和太赫兹波段螺旋及相关人工手征结构超材料的设计方法、手征性分析、实验验证与典型应用。

本书适合作为从事相关研究的大专院校教师、研究生和科研人员的参考书。

图书在版编目(CIP)数据

手性电磁超材料设计/宋耀良等著. —北京:清华大学出版社,2021.10
(变革性光科学与技术丛书)
ISBN 978-7-302-58437-7

Ⅰ. ①手… Ⅱ. ①宋… Ⅲ. ①磁性材料—设计 Ⅳ. ①TM271

中国版本图书馆 CIP 数据核字(2021)第 117602 号

责任编辑:鲁永芳
封面设计:意匠文化·丁奔亮
责任校对:王淑云
责任印制:沈 露

出版发行:清华大学出版社
    网 址:http://www.tup.com.cn,http://www.wqbook.com
    地 址:北京清华大学学研大厦 A 座 邮 编:100084
    社 总 机:010-62770175 邮 购:010-62786544
    投稿与读者服务:010-62776969,c-service@tup.tsinghua.edu.cn
    质量反馈:010-62772015,zhiliang@tup.tsinghua.edu.cn
印 装 者:北京雅昌艺术印刷有限公司
经 销:全国新华书店
开 本:170mm×240mm 印 张:19.5 字 数:370 千字
版 次:2021 年 10 月第 1 版 印 次:2021 年 10 月第 1 次印刷
定 价:169.00 元

产品编号:091599-01

作者简介

宋耀良

南京理工大学教授。1979 年考入南京理工大学电子工程系,先后获得学士、硕士和博士学位,毕业后留校任教。2004 年 8 月至 2005 年 9 月,英国牛津大学工程科学系访问学者,高级研究员(Researcher Fellow)。多年来主要从事雷达理论与系统设计、人工电磁隐身材料、现代信号处理技术与非线性系统和信号处理等方面的研究。主持完成国防预研项目、部委重大专项子项、国家自然科学基金、总装探索项目、跨行业基金和教育部博士点基金,以及多项横向科技合作项目。先后获国防科学技术奖、部省级科技进步奖多项。

意格里·西姆琴科(Igor Semchenko)

戈梅利国立大学教授。1981 年和 1984 年分别获得戈梅利国立大学硕士和博士学位。主要从事纳米光子学、超材料、光子晶体方面的实验及理论工作,在微波波段复杂表面微结构器件设计与原理分析、实验制备方面取得国际领先的技术成果及具有丰富的研究经验,已出版专著 3 部,在 *Physical Review X* 和 *Physical Review B* 等 SCI 期刊发表论文 80 余篇,获得国际无线电工程联盟的青年科学家奖。历任戈梅利国立大学物理教研室主任、物理系主任,2004 年至今任戈梅利国立大学副校长。

谢尔盖·哈霍莫夫(Sergei Khakhomov)

戈梅利国立大学教授。1991 年和 1994 年分别获得戈梅利国立大学硕士和博士学位。主要从事纳米光子学、超材料、光子晶体等方面的研究,主持 BFBR、INTAS 等项目多项。在 *Physical Review X*,*Physical Review B* 等 SCI 期刊发表论文 80 余篇,获得白俄罗斯共和国最

佳博士论文、戈梅利 OK PBC "十月社会主义革命 100 周年" 纪念奖章、URSI 青年科学家奖等。历任戈梅利国立大学光学教研室主任、物理系主任、副校长,现任校长。

王雷

南京理工大学副研究员。1985 年毕业于大连理工大学物理系,2000 年在俄罗斯圣彼得堡国立信息技术精密机械和光学大学获博士学位。多年来主要从事毫米波技术、雷达理论与系统设计和信号信息处理技术等方面的研究工作。主持和参加多项国防预研项目、国家自然科学基金项目和横向科技合作项目,获国家发明专利多项。

丛书编委会

主 编

罗先刚　　中国工程院院士,中国科学院光电技术研究所

编 委

周炳琨　　中国科学院院士,清华大学

许祖彦　　中国工程院院士,中国科学院理化技术研究所

杨国桢　　中国科学院院士,中国科学院物理研究所

吕跃广　　中国工程院院士,中国北方电子设备研究所

顾　敏　　澳大利亚科学院院士、澳大利亚技术科学与工程院院士、
　　　　　中国工程院外籍院士,皇家墨尔本理工大学

洪明辉　　新加坡工程院院士,新加坡国立大学

谭小地　　教授,北京理工大学、福建师范大学

段宣明　　研究员,中国科学院重庆绿色智能技术研究院

蒲明博　　研究员,中国科学院光电技术研究所

丛 书 序

　　光是生命能量的重要来源，也是现代信息社会的基础。早在几千年前人类便已开始了对光的研究，然而，真正的光学技术直到 400 年前才诞生，斯涅耳、牛顿、费马、惠更斯、菲涅耳、麦克斯韦、爱因斯坦等学者相继从不同角度研究了光的本性。从基础理论的角度看，光学经历了几何光学、波动光学、电磁光学、量子光学等阶段，每一阶段的变革都极大地促进了科学和技术的发展。例如，波动光学的出现使得调制光的手段不再限于折射和反射，利用光栅、菲涅耳波带片等简单的衍射型微结构即可实现分光、聚焦等功能；电磁光学的出现，促进了微波和光波技术的融合，催生了微波光子学等新的学科；量子光学则为新型光源和探测器的出现奠定了基础。

　　伴随着理论突破，20 世纪见证了诸多变革性光学技术的诞生和发展，它们在一定程度上使得过去 100 年成为人类历史长河中发展最为迅速、变革最为剧烈的一个阶段。典型的变革性光学技术包括：激光技术、光纤通信技术、CCD 成像技术、LED 照明技术、全息显示技术等。激光作为美国 20 世纪的四大发明之一（另外三项为原子能、计算机和半导体），是光学技术上的重大里程碑。由于其极高的亮度、相干性和单色性，激光在光通信、先进制造、生物医疗、精密测量、激光武器乃至激光核聚变等技术中均发挥了至关重要的作用。

　　光通信技术是近年来另一项快速发展的光学技术，与微波无线通信一起极大地改变了世界的格局，使"地球村"成为现实。光学通信的变革起源于 20 世纪 60 年代，高锟提出用光代替电流，用玻璃纤维代替金属导线实现信号传输的设想。1970 年，美国康宁公司研制出损耗为 20 dB/km 的光纤，使光纤中的远距离光传输成为可能，高锟也因此获得了 2009 年的诺贝尔物理学奖。

　　除了激光和光纤之外，光学技术还改变了沿用数百年的照明、成像等技术。以最常见的照明技术为例，自 1879 年爱迪生发明白炽灯以来，钨丝的热辐射一直是最常见的照明光源。然而，受制于其极低的能量转化效率，替代性的照明技术一直是人们不断追求的目标。从水银灯的发明到荧光灯的广泛使用，再到获得 2014 年诺贝尔物理学奖的蓝光 LED，新型节能光源已经使得地球上的夜晚不再黑暗。另外，CCD 的出现为便携式相机的推广打通了最后一个障碍，使得信息社会更加丰富多彩。

20 世纪末以来,光学技术虽然仍在快速发展,但其速度已经大幅减慢,以至于很多学者认为光学技术已经发展到瓶颈期。以大口径望远镜为例,虽然早在 1993 年美国就建造出 10 m 口径的"凯克望远镜",但迄今为止望远镜的口径仍然没有得到大幅增加。美国的 30 m 望远镜仍在规划之中,而欧洲的 OWL 百米望远镜则由于经费不足而取消。在光学光刻方面,受到衍射极限的限制,光刻分辨率取决于波长和数值孔径,导致传统 i 线(波长:365 nm)光刻机单次曝光分辨率在 200 nm 以上,而每台高精度的 193 光刻机成本达到数亿元人民币,且单次曝光分辨率也仅为 38 nm。

在上述所有光学技术中,光波调制的物理基础都在于光与物质(包括增益介质、透镜、反射镜、光刻胶等)的相互作用。随着光学技术从宏观走向微观,近年来的研究表明:在小于波长的尺度上(即亚波长尺度),规则排列的微结构可作为人造"原子"和"分子",分别对入射光波的电场和磁场产生响应。在这些微观结构中,光与物质的相互作用变得比传统理论中预言的更强,从而突破了诸多理论上的瓶颈难题,包括折反射定律、衍射极限、吸收厚度-带宽极限等,在大口径望远镜、超分辨成像、太阳能、隐身和反隐身等技术中具有重要应用前景。譬如:基于梯度渐变的表面微结构,人们研制了多种平面的光学透镜,能够将几乎全部入射光波聚集到焦点,且焦斑的尺寸可突破经典的瑞利衍射极限,这一技术为新型大口径、多功能成像透镜的研制奠定了基础。

此外,具有潜在变革性的光学技术还包括:量子保密通信、太赫兹技术、涡旋光束、纳米激光器、单光子和单像元成像技术、超快成像、多维度光学存储、柔性光学、三维彩色显示技术等。它们从时间、空间、量子态等不同维度对光波进行操控,形成了覆盖光源、传输模式、探测器的全链条创新技术格局。

值此技术变革的肇始期,清华大学出版社组织出版"变革性光科学与技术丛书",是本领域的一大幸事。本丛书的作者均为长期活跃在科研第一线,对相关科学和技术的历史、现状和发展趋势具有深刻理解的国内外知名学者。相信通过本丛书的出版,将会更为系统地梳理本领域的技术发展脉络,促进相关技术的更快速发展,为高校教师、学生以及科学爱好者提供沟通和交流平台。

是为序。

罗先刚

2018 年 7 月

前　言

　　自然及人工复合材料的分子与单元结构对电磁场的响应有重要的影响,其宏观电磁场属性及其与带电粒子在空间和材料中的相互作用遵循经典的麦克斯韦方程和本构方程总结的基本规律。超材料(metamaterials)是近十多年发展起来的一种基于亚波长结构设计、具备某些超出常规物理特性的人工复合材料。超材料的提出突破了传统材料的设计思想,预示着人们可以直接通过材料物理尺度上有序单元的结构设计来获得等效的表观性能,从而研制出期望的新材料、预测新现象、发现新原理和新应用。基于手性单元结构设计的人工手征电磁材料是新型人工电磁材料中具有特殊性质的一类,相比普通材料,手征介质材料具有能够引起电场与磁场的交叉耦合,调节手征结构(手征参量),还可改变电磁波在手征介质材料中的传播特性。因此,手征介质材料提供了更多调控电磁波传播的参量,在通信、雷达和电子对抗等领域有广泛的应用。本书是由南京理工大学超宽带雷达研究实验室与白俄罗斯戈梅利国立大学电波传播物理研究实验室双方团队相关教授合作撰写的。中白两国作者分别从事电磁超材料、介质光学及超材料电磁传播理论研究多年,2018年起在国家自然科学基金和国际合作基金资助下开展有关超材料理论与设计的合作研究,重点开展了基于螺旋结构等手性超材料的设计与实现等方面的研究工作。本书呈现的是双方团队近年来在手性超材料各自及合作研究的部分成果。

　　第1章介绍了超材料及手征材料的基本概念,回顾了发展历程及典型应用,介绍了该研究领域具有代表性的人物及主要学术研究动态。

　　第2章介绍了自然手性材料的分子结构、特征及典型实例、手性材料的本构方程及手性的表征和参数计算、自然与人工螺旋结构手性超材料及其电磁隐身和吸波涂层方面的典型应用,以及超材料的常规制备技术与典型的工艺。

　　第3章介绍了螺旋结构手性超材料的电磁波极化机理、设计及参数优化方法,基于螺旋结构手性材料电磁绕射隐身设计方法,不同入射角电磁波与螺旋结构阵列相互作用及其电磁传播机理,以及 Ω 形结构人工复合材料的微波电动力学。

　　第4章研究了太赫兹波段基于螺旋结构的手性超材料和手性补偿超材料的设计与实验验证方法,分析了手性材料的极化面旋转及其圆二色性,研究了单层和双层螺旋结构手性超材料的边值求解问题、阻抗特性和非对称电磁传播问题。

第 5 章基于电动力学相似性原理,研究了脱氧核糖核酸(deoxyribonucleic acid,DNA)和蛋白质等螺旋形生物分子结构、DNA 双螺旋任意片段电磁波辐射模型、DNA 螺旋结构最佳仰角、与电磁场的相互作用和极化选择性等问题,给出了类 DNA 的双螺旋体和单螺旋体对微波吸收、反射和传播的实验结果。

第 6 章从单层平面手性结构材料的设计、手征特性分析和实验制备方法,逐步拓展到双层乃至多层堆叠结构手性材料的设计、手性材料圆二色性和圆转化二向色性等特征分析与制备技术,并在此基础上介绍平面手征材料的几个典型应用与实验验证。

第 7 章介绍了基于双层和多层平面结构互连形式(如金属过孔)的立体手性材料结构设计方法与制备方法;分析了不同结构手征材料的圆二色性和圆转化二向色性;给出了多层互连结构手性材料的典型应用和实验验证结果。

本书前言和第 1 章绪论由宋耀良教授和西姆琴科(Igor Semchenko)教授、哈霍莫夫(Sergei Khakhomov)教授共同撰写;第 2~5 章由西姆琴科教授和哈霍莫夫教授撰写,王雷副研究员翻译,宋耀良教授对相关内容进行了调整和补充;第 6~7 章由宋耀良教授撰写;各章由宋耀良教授和王雷副研究员统稿。

本书的研究是在国家自然科学基金项目(61571229)和自然科学国际合作基金 BRFFR(61811530060)的资助下完成的,其出版列入"变革性光科学与技术丛书",得到了国家出版基金的资助。在此感谢南京理工大学超宽带雷达研究实验室和白俄罗斯戈梅利国立大学电波传播物理研究实验室同事们在实验样品制作和测试、讨论和解释实验结果时提供的帮助;特别感谢穆童博士研究生和沈凌宇硕士研究生在最后两章材料准备和撰写、李逸桐和毛锦峰硕士研究生在稿件编辑过程中所做的大量工作;感谢萨莫法洛夫(А. Л. Самофалов)、巴尔马科夫(А. П. Балмаков)、阿莎德齐(В. С. Асадчий),法雅耶夫(И. А. Фаняев)等学生在撰写过程中做出的贡献。

本书配有实验视频和动画等资源,请扫二维码观看。

实验视频

动画

目　录

第 1 章

绪 论

随着人们对分子和原子等微观结构的进一步认识,对电磁场与材料结构相互作用的本质有了更深刻的认识。经典电动力学是宏观电磁现象规律的总结,麦克斯韦方程和本构方程总结了宏观电磁场属性及其与带电粒子在空间和材料中相互作用遵循的基本规律。1967 年,苏联科学家菲谢拉格(B. Γ. Веселаго)系统地分析了介电常数和磁导率同时为负值的假想媒质的特性,并预测了左手材料的存在[1-2]。但由于缺乏实验验证,在接下来的 30 年左手材料一直未受到重视,直到1996 年英国科学家潘德利(J. B. Pendry)在研究等离子激元时构造了由周期性排列的细金属棒阵列组成的具有负等效介电常数的人造媒质[3],1999 年又构造了由金属谐振环阵列组成的具有负等效磁导率的人造媒质才逐渐为人们所关注。2001年,美国杜克大学史密斯(D. Smith)采用潘德利的理论模型,将双面分别印制有细金属线的金属谐振环结构印制板有规律地排列在一起,构建了同时具有等效负介电常数和负磁导率(double-negative media,DNM)的左手材料[4-5]。从此开始了现代电动力学崭新的人工电磁超材料的研究热潮。目前,所谓超材料(metamaterials)是由得克萨斯大学奥斯汀分校沃尔瑟(R. M. Walser)教授提出的具有人工设计结构并呈现出天然材料所不具备的超乎异常物理性质的复合材料[6]。2002 年,美国麻省理工学院的孔金鸥教授从理论上证明了左手材料的合理性,并建议将这种人工媒质中文名称命名为超材料,以突出其不同于传统人工复合材料的超常性能[7-8]。

超材料突破了传统材料的设计思想,人们可以直接通过材料物理尺度上不同材料有序结构的设计与组合来获得等效的表观性能,而这些性能往往是传统材料望尘莫及的,如负逆斯涅尔折射率(reversed Snell refraction)、逆多普勒效应(reversed Doppler effect)、逆切仑科夫辐射(reversed Cherenkov radiation)和完美透镜(perfect lens)等。对超材料的研究不仅局限于基础理论领域,在研制光学、近场和远场电磁场控制器件等应用领域也得到越来越多的关注,具体的应用方向包括新型光学器件、电磁传感器、紧凑型天线、亚波长分辨率理想透镜、特定频率波段的目标隐身材料等。这一领域的研究成果也成爆炸式增长,到 2019 年,有关超材料主题的文献引用次数已超过 4 万次[9]。经理论预测和仿真验证,并实际制造出具有不寻常电磁特性的新型超材料,例如,可以获得克服衍射极限和具有负折射率的超材料[10]。

基于单元结构特别设计的人工手征电磁材料是电磁超材料中具有特殊性质的一类。由于电场与磁场存在交叉极化,即电场不仅能引起材料的磁极化,也能引起材料的电极化;同样磁场不仅能引起材料的电极化,也能引起材料的磁极化。较之普通超材料手征介质材料提供了更多调控电磁波传播的能力,人工手征材料在通信、雷达和电子对抗等领域也有广泛的应用。

手征性术语的科学定义(chiral,来自希腊语 χειρ,词义为"手")是由热力学之父、爱尔兰物理学家开尔文勋爵(Lord W. T. Kelvin)定义的。根据他的定义,手征性(chirality)或非对称性(asymmetry)是指化合物分子或分子中某一基团的构型可以排列成互为镜像而不能叠合的两种形式,即手征性是指物体经过任何的空间旋转和运动不可能与平面镜中自身的镜像相吻合的特征。从这个定义可以得到手征性的以下特点:

(1) 手征性为物体的几何特性;

(2) 只有空间的,即三维物体才拥有这种特性,三维空间中的二维(平面)或一维(线性)对象不具有此属性。

手征性物体可以以两种形式存在:物体本身及其孪生物,孪生物具有其镜像形状,如右手和左手,具有右旋和左旋螺旋线的螺丝钉,以及左旋和右旋的螺旋线圈。

手征性的概念在生物学、化学、基本粒子物理学和光学中都具有非常重要的意义。事实上,人们对具有手征特性的自然材料的研究由来已久。早在 19 世纪,巴斯德(L. Pasteur)首先注意到自然界中无生命物质的分子或者是镜像对称的(H_2O、SO_2、CO_2),或者是以相同概率表现为其左、右立体同质异构体的形式,构成生物的分子是镜像不对称的,即手征性的。最常见的是具有类似螺旋形状的,如DNA 分子双螺旋结构。自然界中这些分子表现为某一种形式,或者为右旋或者为左旋,即所谓的纯手征性分子。巴斯德以及之后的维尔纳斯基(В. И. Вернадский)认为手征性纯分子就是生物物质的特性[11-12]。分子水平上的镜像对称-不对称问题与地球上生命的起源有关,因为生物物质起源于其同时代的无生命物质[13],存在于生命产生之前的镜像对称性受到破坏,产生了手征性纯分子。

威廉·汤姆森在研究了各种物质及其孪生物分子手征特性的基础上,证实了晶体同样具有手征特性。1811 年,阿拉戈(F. Arago)[14]发现了石英材料的偏振特性,当线偏振光通过石英晶体切割的板材时,光的偏振面在其光轴方向上旋转一定角度,且角度与板的厚度成正比。之后,拜特(J. Biot)[15]在气体和液体中也发现了类似的现象,这种现象称为光学活性(optical activity),或者称为介质的旋光性(optical rotation)[16],是各向异性介质的特性之一。晶体、液体(尤其是溶液)以及气态物质可以具有光学活性。当晶体溶解、熔化,成为蒸气状态时,一些晶体物质会失去光学活性,另一些将保留光学活性。前者的光学活性取决于晶格分子的排列,后者的光学活性除晶格分子排列外,还与分子本身的内部结构有关。由此可见,光学活性既可以体现在微观(分子)水平上,也可以在宏观(晶体)水平上表现出来。这两种类型的晶体物质在自然界中是两个不同品种,它们的化学成分和物理化学性质相同,但极化面的旋转方向不同(右旋和左旋)。仅仅是极化面旋转方向不同的分子称为光学异构体。极化平面旋转方向相反的同质晶体彼此称为对映异构体(enantiomers,取自希腊语 εναντιος(对立)和 μορφη(形式))。

　　由手征性分子组成的物质基本都具有光学活性。1848 年,巴斯德认为光学活性是源于活性物质分子的手征性[17],随后这一假设在理论和实验上都得到了证实。菲涅尔(O. Fresnel)[18]基于介质中存在圆双折射的假设诠释了光学活性,即光线入射于介质中以两个不同速度传播的圆偏振光分量叠加为线偏振光,介质中射出的光为叠加的线偏振光,但其偏振角发生了变化。这一现象揭示了光学活性现象与介质分子的结构和形状直接相关的物理实质,深刻和微妙地表现出了材料介质某些特定的电动力学规律。

　　光学活性与介质分子的结构和形状直接相关。但是,只有当分子的大小相比于波长不能忽略时,才需考虑分子结构与电磁波的相互作用。换句话说,分子中位于不同位置的带电粒子对波长为 λ 的辐射作出不同的响应,这种差异是由于在分子中不同位置波的相位不相等,波的相位比率用 a/λ 表征,其中 a 是分子的横向尺寸,λ 为波长。对于可见光该比率量级约为 10^{-3},尽管该参数值很小,但它反映了光学活性现象的本质[19-20]。

　　多年来,可见光波段电磁辐射与手征性介质的相互作用已有丰富的研究成果,近来研究者更关注于近红外波段和微波波段电磁辐射与手征性介质相互作用的研究,这得益于新工艺的出现,采用这些技术可以获得在微米、毫米和亚毫米波段具有手征性的人工合成材料[21],它们可用于微波[22]和太赫兹技术领域中[23-25]。2006年,费德多夫(В. А. Федотов)等在研究平面手性超材料时发现了圆极化波在这种材料中的非对称传输现象,手性物质对左右圆偏振光的吸收程度不同,通过样品后出射时电场矢量的振幅不同,再次合成的偏振光就不再是圆偏振光,而是椭圆偏振光,即圆二色性(circular dichroism)。自此以后,圆二色性逐渐引起人们的重视。

2009 年,德国的甘瑟尔(J. K. Gansel)和魏格纳(M. Wegener)等在 *Science* 杂志上发表了一篇关于三维金属螺旋超材料的文章[26],采用三维微纳激光直写技术加工成了直径在 $2\mu m$ 左右的螺旋结构超材料,结果显示在 $3\sim6\mu m$ 的波长范围内金属螺旋超材料具有良好的圆二色性,因而可以用作宽频带圆偏振器来实现从线偏振态到圆偏振态的转换。2010 年,甘瑟尔和魏格纳等还研究了螺旋结构各种参数对圆偏振特性的影响[27],并在以后的研究中发现了四螺旋结构由于其自身的对称性与单螺旋结构不同的偏振特性,可以通过锥形螺旋结构的设计进一步扩宽金属螺旋圆偏振器的工作波长范围[28-29]。

目前在人工手性材料研究工作中,人们常常选择螺旋结构单元作为基本组成单元,不仅仅是因为螺旋结构是自然界中常见的一种手性结构,还因为这种结构的人工电磁材料具有比较特殊的电磁特性,这是获得最大手征特性的必备条件。螺旋结构单元的参数容易调节,通过改变螺旋单元的结构参数很容易控制人工电磁材料的旋光性和电磁特性。

采用螺旋结构制造人工吸波或弱反射材料时,应对其手征特性进行补偿以消除人工材料对右旋和左旋圆极化波的极化选择特性,因为极化选择特性会增加反射系数。为此,当设计弱反射结构时,推荐使用具有最佳参数的右旋和左旋螺旋双螺旋单元结构。据此制造的人工材料具有同样显著的等效介电常数和等效磁导率,而且不是手征性的。人工材料样品中两个螺旋单元的对称轴互相垂直,这样在法向入射的情况下,对于任意方向的极化波都具有相同的传输特性。同样,基于螺旋结构的复合材料介质也具有电磁极化转换现象,即可以将线极化波转换为圆极化波。理论和实验结果表明,通过与基于螺旋结构的二维光栅相互作用可以使反射电磁波的极化面旋转,使用基于相互正交成对的螺旋结构单元的二维光栅可以进行电磁弱反射涂层的设计。这些成果可以应用于制造频率-极化选择滤波器、极化转换器、频率选择保护屏,以及用于圆柱形物体微波绕射的其他光学和无线电物理学器件与设备。

电磁场的宏观属性及其与带电粒子在材料中的相互作用遵循本构方程给出的基本规律。对于非手征性介质材料,其本构方程的形式为[30]

$$\begin{cases} \boldsymbol{D} = \varepsilon\boldsymbol{E} \\ \boldsymbol{B} = \mu\boldsymbol{H} \end{cases} \tag{1.1.1}$$

式中,ε 和 μ 分别为介电常数和磁导率张量,描述介质的介电特性和磁性。在最简单的各向同性介质情况下,ε 和 μ 是标量。

手性材料的光学活性在电磁理论中可解释为物质的空间色散,相关电磁场与材料分子结构的相互作用,即感应强度、电场和磁场强度与介质参数之间的关系可以由所谓的本构方程描述,该方程对于天然和人造介质都适用。在手性介质中,由于电磁波的电场与磁场之间产生了交叉耦合,因此其本构方程中除了包含常规介质中的介电常数及磁导率,还需要一个参数来描述电场和磁场交叉耦合的强弱程度,即手征性参数 κ。对于时谐电磁场激励下的双各向同性手性介质,其本构关系表示如下:

$$\begin{cases} \boldsymbol{D} = \varepsilon \boldsymbol{E} - \mathrm{i}\kappa \sqrt{\mu_0 \varepsilon_0} \, \boldsymbol{H} \\ \boldsymbol{B} = \mu \boldsymbol{H} + \mathrm{i}\kappa \sqrt{\mu_0 \varepsilon_0} \, \boldsymbol{E} \end{cases} \tag{1.1.2}$$

式中,$\boldsymbol{D}$、$\boldsymbol{B}$ 和 $\boldsymbol{E}$、$\boldsymbol{H}$ 分别是电、磁通量密度和电、磁场强度矢量,ε、μ 和 κ 分别是介电常数、磁导率和归一化手征性参数。该本构方程表明,$\boldsymbol{D}$ 和 $\boldsymbol{B}$ 均同时由 $\boldsymbol{E}$ 和 $\boldsymbol{H}$ 决定,也即入射电场与磁场在手性介质内部发生了交叉耦合,而 κ 反映了这种耦合强度。这种形式的本构方程适用于各向异性介质和天然晶体,在文献[31]~文献[33]和文献[16][34]中有比较详细的讨论。

手征性参数 κ 与比例系数 a/λ 成正比,其中 a 是介质单元的线性尺寸,λ 是电磁波波长。当 $a/\lambda \to 0$ 时,介质的手征特性消失,手性介质便退化为不具备手性特征的普通介质。分子或原子的尺寸通常约为 10^{-10} m,光波的波长约为 10^{-6} m,因此,在自然光学介质中,参数 a/λ 的值为 $10^{-3} \sim 10^{-4}$。有机物质分子(例如聚合物)的尺寸要大得多,因此,它们的手征特性更加明显。很遗憾,很少有可用于光波的透明聚合物。

通常自然手征材料由于其手征性参数 κ 很小,手征性非常弱,除液晶外,介质的光学活性实际上很少得到利用。而对于人工合成的电磁介质情况则不同,其手征性参数 κ 可以通过增加比率系数 a/λ 的值来控制,尤其是在介质单元的谐振区。例如,对于电流沿着螺旋单元方向谐振的情况,如果制作螺旋单元导线的长度是波长量级,螺旋单元的线性尺寸则小于电磁波的波长,则可满足谐振条件。在这种情况下,手征性参数不再是一个小小的修正量,手征性介质与非手征性介质的性质也会大不相同,正如光学活性现象,这不仅仅是一些小效应的累积[35]。这说明,不仅分子在光波波段具有手征性特性,类似结构尺寸大得多的宏观物体在微波频段也具有手征性特性。

在过去的 20 年中,人们一直在研究具有手征性的微波频段人工复合材料[36-46],其主要目的是研究金属表面人工手征性材料无反射涂层的可行性。文献[47]和文献[48]表明当平面波沿法线入射时,手征性介质半球空间的反射分量与常规各向同性介质半球空间的反射分量由相同的公式计算,反射系数由下式确定:

$$R = \frac{\eta_2 - \eta_1}{\eta_2 + \eta_1} \tag{1.1.3}$$

手征性介质的波阻抗 η_2 是三个参数 ε、μ 和 κ 的函数,通过选择手征性参数 κ 的值可以满足以下条件:$\eta_2 = \eta_1$ 和 $R = 0$,这就是电磁波弱反射或隐身材料设计的理论基础。

关于使用人工手征性材料降低电磁波反射的研究已经有许多文献介绍[39-42],根据文献[44],使用非手征性吸收层可以在一定频率下显著降低反射电磁波的强度。当然,通过分析计算分布于电介质中金属螺旋单元的电磁波特性可以证明,具有电磁吸波的材料并不一定需要具有手征性。比如,可以通过将螺旋形或 Ω 形的金属单元分布在介电材料中获得这样的人工材料[46]。根据这些单元在空间排列方向是无序还是有序,可以分别得到各向同性和各向异性介质。含有金属螺旋形或 Ω 形结构单元的聚合物可以组成周期性的分层介质,通过将介电特性、磁性、手征特性不同的材料层交替布置可以模拟复杂的新型复合材料,从而进行该材料电磁特性的理论和实验研究,在各向异性介质中进行电磁波极化的转换和控制。

19 世纪以来,许多科学家对材料光学活性理论进行了卓有成效的研究,做出了重大贡献。比较突出的有阿拉戈、菲涅尔、拜特、艾瑞(D. Airy)、科希(O. Koshi)、马克古拉(D. Mac-Cullagh)、巴斯德、布辛克(J. Bussink)、帕克林顿(H. Pocklington)、库里(P. Curie)、吉布斯(D. Gibbs)、戈登海默(D. Goldhammer)、德鲁德(P. Drude)、沃吉特(V. Voigt)、玻恩(M. Born)、欧哲恩(K. Ozeen)、汤姆森(J. Thomson)、吉尔科沃德(D. Kirkwood)、康登(E. Condon)、卡顿(F. Cotton)等[16]。其中,还包括白俄罗斯科学家费德洛夫(Ф. И. Федоров)[16]、博库齐(Б. В. Бокуть)和谢尔久科夫(А. Н. Сердюков)[19,34]。

自 1987 年以来,人工手征性介质一直是研究热点。白俄罗斯戈梅利国立大学在西姆琴科教授的带领下深入地开展了人工和天然螺旋结构系统电动力学的研究,延续了费德洛夫、博库齐和谢尔久科夫等创建电波传播学科的研究方向。别勒(В. Н. Белый)、卡扎克(Н. С. Казак)、冈查连科(А. М. Гончаренко)、马克西民科(С. А. Максименко)、舍别列维奇(В. В. Шепелевич)、斯列宾(Г. Я. Слепян)、库哈尔契克(П. Д. Кухарчик)、吉米德契克(В. И. Демидчик)和诺维斯基(А. В. Новицкий)等对解决相关电动力学问题做出了重大贡献。除白俄罗斯外,其他国家以下科学家也被认为是电磁场与人工手征性介质相互作用理论的创始人或做出了突出贡献,他们是:林德尔(I. Lindell)、西赫瓦拉(A. Sihvola)、瓦拉丹(V. V. Varadan)、拉赫塔吉亚(A. Lakhtakia)、恩济莎(N. Engetha)等,以及俄罗斯物理学家西莫夫斯基(К. Ф. Симовский)、希沃夫(А. Н. Сивов)、沙特洛夫(А. Д. Шатров)、喀册联巴乌姆(Б. З. Каценеленбаум)、涅嘎诺夫(В. А. Неганов)和欧西波夫(О. В. Осипов)等。

在中国,南京大学冯一军教授、华中理工大学元秀华教授、哈尔滨工业大学王晓鸥教授和中国科学院上海技术物理研究所等相关团队对手性材料设计及其电磁调控机理进行了研究[49-52]。南京理工大学超宽带雷达研究实验室超材料的研究开始于 2004 年,作者及其团队主要研究超宽带吸波人工电磁材料的设计、制备与应用,在超宽带吸波超材料、微波和毫米波电磁透镜的研究中取得了一系列成果。近年来鉴于三维手性结构在微波和毫米波段制备困难的原因开始着手平面化手性材料的研究,特别是在国家自然科学基金国际合作项目的支持下,作者团队与白俄罗斯戈梅利国立大学西姆琴科教授合作进行基于平面化的螺旋结构手性超材料设计及基于印刷电路板(PCB)的手性超材料制备方法研究,并取得了一系列成果[53-54]。

目前,世界各地科学家也在开展该领域的理论和实验研究工作,他们是:英国科学家、帝国理工学院潘德利,美国宾夕法尼亚大学恩济莎和杜克大学史密斯,芬兰阿尔托大学(前赫尔辛基科技大学)西哈沃拉(A. Sihvola)、特雷特雅科夫(S. A. Tretyakov),白俄罗斯戈梅利国立大学西姆琴科和哈霍莫夫,俄罗斯国家科学院物理研究所别勒和卡扎克,俄罗斯圣彼得堡国立信息技术、机械学与光学研究大学(ITMO)别洛夫(П. А. Белов),圣彼得堡国立电工大学(LETI)巴·文迪克(И. Б. Вендик)、盖·文迪克(О. Г Вендик),莫斯科电动力学应用问题科学中心维诺格拉多夫(А. П. Виноградов),俄罗斯科学院无线电工程和电子学研究所舍甫琴科(В. В. Шевченко)、克拉夫特马赫尔(Г. А. Крафтмахер),新西伯利亚俄罗斯科学院西伯利亚分院半导体物理研究所普林茨(В. Я. Принц),法国国家科学研究中心波利欧利(S. Bolioli),德国卡尔斯鲁厄大学魏格纳,乌克兰顿涅茨克物理技术学院柳芭婵斯基(И. Л. Любчанский),乌克兰哈尔科夫国家科学院射电天文学研究所普洛斯维尔宁(С. Л. Просвирнин)等。

自 1993 年以来,相关领域科学家定期召开各种学术会议和研讨会,讨论复合材料电动力学和光学的有关问题,分别以双各向同性、手性和双各向异性介质为主题(Bi-isotropics'1993,Chiral'1994—1996,Bianisotropics'1997—2006)。这些学术会议首先由芬兰和白俄罗斯科学家发起,在 1993 年组织了前两次会议,第一次在赫尔辛基[55],第二次在白俄罗斯戈梅利,会议的名誉主席是费德洛夫[56-57]。随后的会议分别在佩里格(法国,1994 年)[58],宾夕法尼亚大学(美国,1995 年)[59]举行。1996 年,该会议在圣彼得堡和莫斯科举办[60]。1997 年在英国的格拉斯哥[61],1998年在德国的勃拉姆斯维格[62],2000 年在葡萄牙的里斯本[63],2002 年在摩洛哥的马拉喀什[64],2004 年在比利时的根特[65],2006 年在乌兹别克斯坦的撒马尔罕[66]举行。科学家在上述会议上介绍了各国在各向异性、双向各向异性、手征性介质方面的研究成果。学者们对人工复合材料介质的研究兴趣不断增加,参会的科学团体和学者的数量也在逐年稳步增加。

目前该学术会议已经逐渐发展成为现代微波和光学材料领域超材料年会(Metamaterials'2007—2021)。第一届年会的地点是罗马(意大利,2007 年)[67],其后的各届年会分别在潘普洛纳(西班牙,2008 年)[68],伦敦(英国,2009 年)[69],卡尔斯鲁厄(德国,2010 年)[70],巴塞罗那(西班牙,2011 年)[71],圣彼得堡(俄罗斯,2012年)[72],波尔多(法国,2013 年)[73],哥本哈根(丹麦,2014 年)[74],牛津(英国,2015年)[75],哈尼雅市(希腊克里特岛,2016 年)[76],马赛(法国,2017 年)[77],埃斯波(芬兰,2018 年)[78],罗马(意大利,2019 年)[79],纽约(美国,2020 年)[80]。本书的白俄罗斯作者参加了上述各届国际学术会议和科学大会,并发表了所取得的研究成果。第十五届国际人工超材料会议(Metamaterials'2021)将于 2021 年 8 月 2 日至 7 日在纽约(美国)召开。

此外,近年来(2000—2020 年)许多关于无线电物理学和光学的国际会议都设立了关于人工介质特性的专题,专门讨论该领域的研究成果。2000—2018 年,芬兰、俄罗斯和美国的科学家们出版了若干专著,特别是在 2001 年,谢尔久科夫、西姆琴科、特列季亚科夫(С. А. Третьяков)、西哈沃尔(А. Х. Сихвол)在国际著名的英国科学出版社(Gordon and Breach Science Publishers)出版了英文专著:*Electromagnetics of bianisotropic materials theory and applications*[81]。总之,螺旋结构系统的电动力学和光学的研究正在蓬勃发展,并且已经成为一个新的学科方向。

参考文献

[1]   VESELAGO V G. The electrodynamics of substances with simultaneously negative values of ε and μ[J]. Soviet Physics Usp. ,1968,10(4):509-514.

[2]   VESELAGO V G. The electrodynamics of substances with simultaneously negative values of ε and μ[J]. Usp Fiz Nauk. ,1967,92:517-526.

[3]   PENDRY J B, HOLDEN A J, ROBBINS D J, et al. Magnetism from conductors and enhanced nonlinear phenomena[J]. IEEE Trans. Microwave Theory Tech. ,1999,47(11):2075-2084.

[4]   SMITH D R, PADILLA W J, VIER D C, et al. Composite medium with simultaneously negative permeability and permittivity[J]. Phys. Rev. Lett. ,2000,84:4184-4187.

[5]   SHELBY R A, SMITH D R, SCHULTZ S. Experimental verification of a negative index of refraction[J]. Science,2001,292:77-99.

[6]   WALSER R M. Electromagnetic metamaterials[C]. San Diego:Proceeding SPIE Complex Mediums II beyond Linear Isotropic Dielectrics,2001,4467:1-15.

[7]   KONG J A, WU B I, ZHANG Y. Lateral displacement of a Gaussian beam reflected from a grounded slab with negative permittivity and negative permeability[J]. Appl. Phys. Lett. ,2002,80(12):2084-2086.

[8]   KONG J A. Electromagnetic waves interaction with in stratified negative isotropic media [J]. Prog. Electromagn. Res. PIER,2002,35:1-52.

[9] FEDOTOV V A, SCHWANECKE A S, ZHELUDEV N I. Asymmetric transmission of light and enantiomerically sensitive plasmon resonance in planar chiral nanostructures[J]. Nano Lett. ,2007,77: 1996-1999.

[10] SCHWANECKE A S, FEDOTOV V A, KHARDIKOV V V, et al. Nanostructured metal film with asymmetric optical transmission[J]. Nano Lett. ,2008,8: 2940-2943.

[11] PASTEUR L. Recherches sur la dissymétrie moléculaire des produits organiques naturels [J]. Oeuvres,1922,1: 314-344.

[12] ВЕРНАДСКИЙ В И. Химическое строение биосферы Земли и ее окружения[M]. Изд. 2-е. Москва: Наука,1987.

[13] МОРОЗОВ Л Л, КУЗЬМИН В В, ГОЛЬДАНСКИЙ В И. Попытка оценки космологических условий возникновения жизни[J]. Доклады АН СССР,1984,275 (1): 198-201.

[14] ARAGO D F. Sur une modification remarquable qu' eprouvent les rayons lumineux dans leur passage a travers certains corps diaphanes, et sur quelques autres nouveaux phenomnnes d'optique[J]. D. F. Arago. Mem. Inst,1811,1: 93.

[15] BIOT J B. Phernomenes de polarisation successive, observers dans des fluides homogenes [J]. Bull. Soc. Philomath,1815: 190-192.

[16] ФЕДОРОВ Ф И. Теория гиротропии[M]. Минск: Наука и техника,1976.

[17] PASTEUR L. Recherches sur les relations qui peuvent exister entre la forme crystalline, la composition chimique et le sens de la polarisation rotatoire[J]. Annales de Chimie et de Physique,1848,24: 442-459.

[18] FRESNEL A. Memoire sur· la double refraction que les rayons lumineux eprouvent en traversant les aiguilles de cristal de roche suivant des directions paralleles A l'axe[J]. Oeuvres,1822,1: 731-751.

[19] БОКУТЬ Б В, СЕРДЮКОВ А Н. Основы теоретической кристаллооптики. Часть 1-2 [M]. Гомель: Гомельский госуниверситет,1977.

[20] ЛАНДСБЕРГ Г С. Оптика[M]. Москва: Наука,1978.

[21] VARADAN V V, LAKHTAKIA A, VARADAN V K. Equivalent dipole moments of helical arrangements of small, isotropic, point-polarizable scatters: application to chiral polymer design[J]. Journal of Applied Physics,1988,63: 280-284.

[22] WEIGLHOFER W S. Chiral media: new developments in an old field. URSI international symposium on electromagnetic theory proceedings [C]. Stockholm, Sweden: Royal Institute of Technology,1989: 271-273.

[23] НАУМОВА Е В, ПРИНЦ В Я, ГОЛОД С В. Киральные метаматериалы терагерцового диапазона на основе спиралей из металл-полупроводниковых нанопленок[J]. Автометрия, 2009,45(4): 12-22.

[24] PRINZ V Y, SELEZNEV V A, GUTAKOVSKY A K. Free-standing and overgrown InGaAs/GaAs nanotubes, nanohelices and their arrays [J]. Physica E, 2000, 6 (1): 828-831.

[25] НАУМОВА Е В, ПРИНЦ В Я. Структура с киральными электромагнитными свойствами и способ ее изготовления(варианты)[P]: 2317942, РФ: МПК B82B 3/00 (2006): 27. 02.

2008.

[26] GANSEL J K,THIEL M,RILL M S,et al. Gold helix photonic metamaterial as broadband circular polarizer[J]. Science,2009,325: 1513-1515.

[27] GANSEL J K,WEGNER M,BURGER S,et al. Gold helix photonic metamaterials: a numerical parameter study[J]. Optics Express,2010,18: 1059-1069.

[28] KASCHKE J,GANSEL J K,WEGNER M. On metamaterial circular polarizers based on metal N-helices[J]. Optics Express,2012,20: 26012-26020.

[29] GANSEL J K,LATZEL M,FROLICH A,et al. Tapered gold-helix metamaterials as improved circular polarizers[J]. Appl. Rev. Lett. ,2012,100: 101-109.

[30] ЛАНДАУ Л Д,ЛИФШИЦ Е М. Электродинамика сплошных сред [M]. Москва: Наука,1982.

[31] SIHVOLA A H,LINDELL I V. Bi-isotropic constitutive relations[J]. Microwave and Optical Technology Letters,1991,4(8): 195-297.

[32] KONG J A. Electromagnetic wave theory[M]. New York: Willey,1986: 696.

[33] MONZON J C. Radiation and scattering in homogeneous general bi-isotropic region[J]. IEEE Transactions on Antennas and Propagation,1990,38(2): 227-235.

[34] БОКУТЬ Б В,СЕРДЮКОВ А Н. К феноменологической теории естественной оптической активности [J]. Журнал экспериментальной и теоретической физики, 1971, 61 (5): 1808-1813.

[35] ШЕВЧЕНКО В В. Киральные электромагнитные объекты [J]. Соросовский образовательный журнал,1998,2: 109-114.

[36] PRIOU A. Advances in complex electromagnetic materials [J]. Kluwer Academic Publishers,NATO ASI,1997,3(28): 396.

[37] CLOETE J H. The status of experimental research on chiral composites. Bianisotropics'97: Proceedings of the International Conference and Workshop on Electromagnetics of Complex Media[C]. Great Britain: The University of Glasgow,1997: 39-42.

[38] LAFOSSE X. New all-organic chiral material and characterisation between 4 and 6 GHz. Chiral'94: proceedings of the 3rd International Workshop on Chiral,Bi-isotropic and Bi-anisotropic Media proceedings[C]. France: Perigueux,1994: 209-214.

[39] WHITES K W,CHANG C Y. Composite uniaxial bianisotropic chiral materials characterization: comparison of predicted and measured scattering[J]. Journal of Electromagnetic Waves and Applications,1997,11: 371-394.

[40] TRETYAKOV S A,SOCHAVA A A,SIMOVSKI C R. Influence of chiral shapes of individual inclusions on the absorption in chiral composite coatings[J]. Electromagnetics,1996,16: 113-127.

[41] CLOETE J H,BINGLE M,DAVIDSON D B. The role of chirality in synthetic microwave absorbers [C]. International Conference Electromagnetics in Advanced Applications,proceedings. Torino,Italy: 1999: 55-58.

[42] TRETYAKOV S A,SOCHAVA A A. Proposed composite material for nonreflecting shields and antenna radomes[J]. Electronics Letters,1993,29: 1048-1049.

[43] ENGHETA N, PELET P. Modes in chirowaveguides[J]. Optics Letters, 1989, 14(11): 593-595.

[44] BOHREN C F, LUEBBERS R, LANGDON H S, et al. Microwave-absorbing chiral composites: is chirality essential or accidental[J]. Applied Optics, 1992, 31(30): 6403-6407.

[45] BUSSE G, REINERT J, JACOB A F. Waveguide characterization of chiral material: experiments[J]. IEEE Transactions on Microwave Theory and Techniques, 1999, 47(3): 297-301.

[46] WHITES K W. Full wave computation of constitutive parameters for lossless composite chiral materials[J]. IEEE Transactions on Antennas and Propagation, 1995, 43(4): 376-384.

[47] BASSIRI S, PAPAS C H, ENGHETA N. Electromagnetic wave propagation through a dielectric-chiral interface and through a chiral slab[J]. Journal of the Optical Society of America, 1988, A(5): 1450-1459.

[48] ТРЕТЬЯКОВ С А. Электромагнитные волны в киральных средах-новая область прикладной теории волн. Волны и дифракция-90[J]. Физическое общество СССР, 1990, (3): 197-199.

[49] HUANG C, FENG Y J, ZHAO J M, et al. Asymmetric electromagnetic wave transmission of linear polarization via polarization conversion through chiral metamaterial structures[J]. Physics Rev. B, 2012, 85: 195131.

[50] 武霖. 手性超材料的偏振特性研究[D]. 武汉: 华中科技大学, 2015.

[51] JIA X, WANG X, MENG Q, et al. Tunable multi-band chiral metamaterials based on double-layered asymmetric split ring resonators[J]. Physical E: Low-dimensional Systems and Nanostructures, 2016, 81: 37-43.

[52] WANG S, JI R, CHEN X, et al. Strong and broadband circular dichroism based on helix-like chiral metamaterials[C]. Palma de Mallorca, Spain NUSOD, 2014: 143-144.

[53] ZHAO J, SONG Y L, WANG L et al. Design of a multilayer structure of a bofilar helical antenna[J]. Problems of Physics, Mathematics and Technics, 2019, 40(3): 49-52.

[54] FAN S, SONG Y L. Bandwidth-enhanced polarization-insensitive metamaterial absorber based on fractal structures[J]. Journal of Applied Physics, 2018, 123(8): 085110.

[55] SIHVOLA A. Proceedings of Bi-isotropics'93[C]. Workshop on Novel Microwave Materials. Helsinki, 1993.

[56] SIHVOLA A, TRETYAKOV S, SEMCHENKO I. Proceedings of Bianisotropics'93[C]. Seminar on Electrodynamics of Chiral and Bianisotropic Media. Gomel, Belarus, 1993.

[57] АТРАЩЕНКО А В, КРАСИЛИН А А, КУЧУК И С, и др. Электрохимические методы синтеза гиперболических метаматериалов[J]. Наносистемы: физика, химия, математика, 2012, 3(3): 31-51.

[58] SCHMID R, BROGER E A. Proceedings of Chiral'94[C]. The 3rd International Workshop on Chiral, Bi-isotropic and Bi-anisotropic Media. Perigueux, France, 1994.

[59] KUEHL S A, GROVÉ S S, SMITH A G, et al. Manufacture of chirai materials and their electromagnetic properties[C]. Proceedings of Chiral'95, Pennsylvania, USA, 1995: 13-16.

11

[60] VASILIEVSKAYA B B. NATO advanced research workshop: manipulation of organization in polymers using tandem molecular interaction[C]. Chiral'96: NATO Advanced Research Workshop. Moscow-St. Petersburg, Russia, 1996: 1-4.

[61] BARRON L D. Fundamental symmetry aspects of chirality (Invited)[C]. the International Conference and Workshop on Electromagnetics of Complex Media. Glasgow, UK, 1997: 27-30.

[62] BELOV P A, SIMOVSKI C R, KONDRATJEV M S. Analytical study of electromagnetic interactions in two-dimensional bianisotropic arrays[C]. Proceedings of the 7th International Conference on Complex Media. Germany, 1998: 1-4.

[63] BORZDOV G N. The application of orthonormal beams to characterizing complex media [C]. Proceedings of 8th International Conference on Electromagnetics of Complex Media. Lisbon, Portugal, 2000: 1-4.

[64] ACHER O. Frequency response engineering of magnetic composite materials [C]. Proceedings of 9th International Conference on Complex Media. Marrakech, Morocco, 2002: 109.

[65] SIHVOLA A, LINDELL I. Transgressing the boundaries of material electromagnetics: Affine-isotropic and anarchistic media[C]. Proceedings of 10th International Conference on Electromagnetics of Complex Media and Metamaterials. Gent, Belgium, 2004: 144-147.

[66] FEDOTOV V A, MLADYONOV P L, PROSVIRNIN S L, et al. Asymmetric propagation of electromagnetic waves through a planar chiral structure[J]. Phys. Rev. Lett. , 2006, 97: 167401.

[67] PLEM E, FEDOTOV V A, ZHELUDEV N I. Planar metamaterial with transmission and reflection that depend on the direction of incidence [J]. Appl. Phys. Lett. , 2009, 94: 131901.

[68] HUANG C, FENG Y J, ZHAO J M, et al. Asymmetric electromagnetic wave transmission of linear polarization via polarization conversion through chiral metamaterial structures [J]. Phys. Rev. B, 2012, 85: 195131.

[69] SINGH R, PLUM E, MENZEL C, et al. Terahertz metamaterial with asymmetric transmission[J]. Phys. Rev. B, 2009, 80: 153104.

[70] MENZEL C, HELGERT C, ROCKSTUHL C, et al. Asymmetric transmission of linearly polarized light at optical metamaterials[J]. Phys. Rev. Lett. , 2010, 104: 253902.

[71] NATHAN L, SMITH D R. Approaches to transformation optical design in 3D[C]. Proceedings of 5th International Congress on Advanced Electromagnetic Materials in Microwaves and Optics. Barcelona, Spain, 2011: 663-665.

[72] CHANDRA S R, YAKOVLEV A, SILVEIRINHA M, et al. Near-field enhancement using uniaxial wire Medium with impedance loadings[C]. Proceedings of 6 International Congress on Advanced Electromagnetic Materials in Microwaves and Optics. St. Petersburg, Russia, 2012: 103.

[73] ASADCHY V S, FANIAYEU I A, RA'DI Y, et al. Optimal arrangement of smooth helices in uniaxial 2D-arrays [C]. 7th International Congress on Advanced Electromagnetic

Materials in Microwaves and Optics. Bordeaux, France, 2013: 244-246.

[74] FANIAYEU I A, ASADCHY V S, DZERZHAUSKAYA T A, et al. A single-layer meta-atom absorber[C]. 8th International Congress on Advanced Electromagnetic Materials in Microwaves and Optics. Copenhagen, Denmark, 2014: 112-114.

[75] KNISELY A, HAVRILLA M, COLLINS P. Biaxial anisotropic sample design and rectangular to square waveguide material characterization system[C]. 9th International Congress on Advanced Electromagnetic Materials in Microwaves and Optics, Oxford, UK, 2015: 346-348.

[76] VOZIANOVA A V, GILL V V, KHODZITSKY M K. Illusion optics: the optical transformation of an object location[C]. 10th International Congress on Advanced Electromagnetic Materials in Microwaves and Optics, Chania, Greece, 2016: 115-117.

[77] SEMCHENKO I, KHAKHOMOV S A, SAMOFALOV A. Absorptive weakly reflective metamaterial based on optimal rectangular omegas[C]. 11th International Congress on Engineered Materials Platforms for Novel Wave Phenomena. Marseille, 2017: 22-24.

[78] TSILIPAKOS O, LIU F, PITILAK A, et al. Tunable perfect anomalous reflection in metasurfaces with capacitive lumped elements[C]. 12th International Congress on Artificial Materials for Novel Wave Phenomena. Espoo, Finland, 2018.

[79] PRODAN E. Topological band gaps in metamaterials[C]. 13th International Congress on Artificial Materials for Novel Wave Phenomena. Rome, Italy, 2019.

[80] NIKOLAY I, ZHELUDE V. Metamaterials, artificial intelligence and optical super resolution[C]. 14th International Congress on Artificial Materials for Novel Wave Phenomena. New York, USA, 2020.

[81] SERDYUKOV A, SEMCHENKO I, TREYAKOV S, et al. Electromagnetics of bianisotropic materials: theory and applications[M]. London: Gordon and Breach Publishing Group, 2001: 337.

第 2 章

手性材料及其制备方法

2.0 引言

　　自然材料的光学活性作为光谱学、分析化学、晶体学和分子生物学中的诊断工具,可以确定原子和分子的空间分布。色谱法可满足各种条件下对映体拆分和测定的要求,能够快速对手性样品进行定性、定量分析和制备拆分。具有光学活性和二向色性的人工手性材料可以作为电磁极化转换器、圆极化器和吸波器等,在光学、摄影、生物显微镜、电磁隐身和电磁波传播调控与抗干扰等领域具有重要的应用价值。本章主要介绍在手性超材料的研究、设计、制备和实际应用过程中需要解决的相关问题及方法。首先介绍自然存在的非对称分子结构和人工设计手性材料的发展演变历程,超材料、光子晶体、胆甾醇型液晶(cholesteric liquid crystal,CLC)和脱氧核糖核酸(deoxyribonucleic acid,DNA)等手性结构实例,以及手性材料的电磁特征、表征方法及参数关系。然后介绍基于螺旋单元超材料的手性特征,以及利用螺旋结构单元构造双负介质材料,电磁波绕射方法进行电磁隐身,基于单层和多层螺旋结构介质手征性弱反射材料和基于单层手征性结构构造吸波涂层等不同功能材料的设计方法。接着介绍超材料的常用制备技术和 DNA 纳米技术工艺,以及光子晶体的制造技术及其改进方法。随后用几节内容分别介绍微波和太赫兹波段螺旋结构超材料制备技术,包括光学波段基于激光光刻技术的二维和三维超材料制备技术,基于人工模板、真空磁控溅射和普林斯工艺的超材料制备技术,以及基于铁素体填料和聚合物热塑塑料混合物的原始熔喷法制造的复合纤维材料制备技术。

2.1　手征性及其电磁波传播特征

正如绪论所述,超材料是人工设计并具有特殊电磁特性的特殊结构材料,这些电磁特性是天然物体不具备的,技术上也难以实现。超材料被认为是单元尺寸小于激励电磁场波长的人工周期性结构阵列,其特性不是由其组成单元的特性决定的,而是由人工设计的周期性结构决定的。例如,超材料的介电常数和磁导率可以是负的,这些参数可以通过空间结构来确定(如光子晶体的折射率可以周期性变化),也可以通过外部作用来控制介质的参数(如介电常数和磁导率可控的超材料)等。

由于超材料的亚波长周期性,介质中传播的电磁波不会发生衍射。因此,对于入射波,超材料表现为均匀介质,材料的特性可以通过等效的或平均的参数进行描述,而这些参数取决于超材料的结构和组成单元的几何尺寸。通过将某种单元设计成周期性结构阵列,不仅改变了组成单元材料的介电常数和磁导率,并且由单元的几何形状和尺寸决定了周期阵列超材料的总体结构和特性。在非常粗略的近似情况下,这些单元可以看作人工嵌入原始材料中的极大尺寸分子或原子。在超材料的研发和制造中,可以通过改变组成分子单元的形状、结构或组成单元排列周期等各种参数,以获取所需要等效特性的介质[1]。

19 世纪末,印度科学家玻瑟(J. C. Bose)首次利用扭曲了的麻黄发明了如图 2.1.1 所示玻瑟的辫子,通常被认为是第一个人工研制的超材料[2-3]。1914 年,林德曼(K. F. Lindman)研究了由大量随机取向的细导线形成的人工介质,这些细导线扭曲成螺旋状并嵌套在固定它们的介质中[4]。满足上述超材料定义的早期人工设计制造结构包括二维和三维金属棒阵列,相对于辐射源而言其性质类似于电介质特性,其频率低于等离子体频率,它们的折射率小于 1,介电常数为负值[5-6]。之后人们研究了频率选择性表面材料,其中大部分可以认为是平面超材料。

苏联物理学家菲谢拉格(V. G. Veselago)在 1967 年对同时具有负介电常数和负磁导率(因此具有负折射率)的材料进行了理论预测[7]。文献[8]指出,这些预测的特性早先在西乌辛(Д. В. Сивухин)[9] 的工作中讨论过,之后在帕哈莫夫(П. Пахомов)的文章中也进行了讨论,基本都是在研究切伦科夫效应时涉及的[10-12]。文献[13]~文献[16]讨论了负折射率(NR)和负群速度之间的关系。麦克唐纳(K. T. McDonald)[17] 在其综述性著作中指出,负群速度问题的研究可以追溯到拉姆(H. Lamb)[18] 和劳厄(M. Laue)[19] 等的早期研究中,菲谢拉格[20] 在列举该领域开创性工作时也提到了舒斯特尔(A. Schuster)[21] 和波克林顿(H. C. Pocklington)[22]的工作。

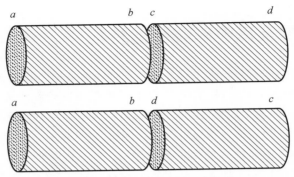

图 2.1.1 人工螺旋"分子",扭曲的黄麻

1999 年,潘德利等为了设计具有负磁导率响应的人工介质[23-24],使用了前人研究过的开口谐振环[25],并得出了由折射率为-1 的材料制成的端面平行平板可以作为理想透镜的结论。由于其不受衍射的限制,因此这种透镜可以聚焦在任意小的点上,所以可以称为超透镜。超透镜在可视化、数据存储和光刻领域潜在的应用前景一直是促进超材料研究发展的主要动力之一。

2000 年,史密斯等展示了开口金属环谐振器和导体阵列构成的双负超材料[26],它们同时具有负介电常数(negative dielectric permittivity,NDP)和负磁导率(negative magnetic permeability,NMP),如图 2.1.2 所示。其中,图(a)为第一个实现介电常数和磁导率同时为负的 DNM 超材料[26];一年后,史密斯小组设计了超材料,并首次用它证明了负折射率现象[27],图(b)为用于演示负折射率(negative refraction,NR)的超材料;图(c)为光学波段具有负折射率的分层结构[28];图(d)为波长 780nm 入射波具有负折射率的结构扫描电镜成像(SEM)图像[29]。2006 年,多林(G. Dolling)和同事[28-29]采用分层结构在光学波段也证明了这一现象[28]。2007 年,该研究小组设计了对于波长为 780nm 的入射波其折射率是负的超材料结构[29]。文献[30]的作者在 2005 年首次在理论上提出了一种结构,并报道了在这种结构超材料中负折射率效应的实验观察结果[31]。

在微波波段负折射率[32]和超透镜[33-34]的可行性被论证和实验验证之后,科学家们致力于研究在可见光波段实现负折射率的条件。然而,由于金属的损耗大,环形谐振器[35]在光学波段的磁响应不大,因而需要另一种不同的结构,具有负折射率的超材料的结构已经从分层双联导线结构演变为渔网型的结构[36]。但是,迄今为止,所有负折射率超材料样品都存在大多数实际应用中不可接受的高损耗特性。由于超材料制造困难,其结构单元尺寸必须与波长相当等原因,使得在光波波段难以观察到负折射率现象。

正如在绪论中所提到的,手征性术语由开尔文勋爵于 1904 年提出,如果物体

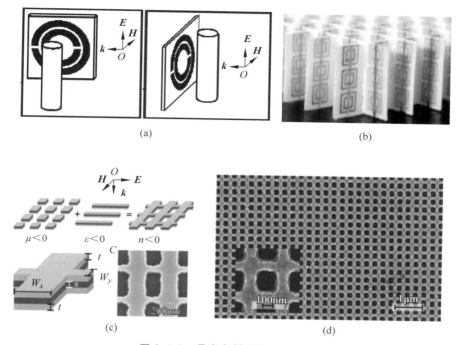

图 2.1.2　具有负折射率的超材料

（a）DNM；（b）NR；（c）NR 分层结构；（d）结构的 SEM 图像

与其镜像不一致,则物体是手征性的,如图 2.1.3 所示。手征性是物体不对称的结果,不具有手征性的物体称为非手征性物体,它可以与其镜像相重合。手征性物体及其不可重叠的镜像对称体称为对映异构体(enantiomer,简称为对映体)。对映异构体都有旋光性,其中一个是左旋的,一个是右旋的,所以对映异构体又称为旋光异构体。

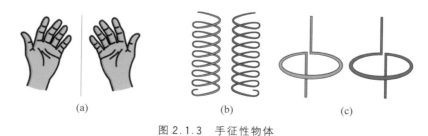

图 2.1.3　手征性物体

（a）左手和右手；（b）左旋和右旋螺旋线圈；（c）典型左旋和右旋绕组

无生命物质的分子或者是镜像对称的,或者不具有镜像对称性,如图 2.1.4(a)～(c)所示,常见为左和右立体异构的形式。在结构化学中,那些不具有内部对称面的分子称为手征性分子,多数情况下,这样的分子具有相对于碳原子不对称的结构

17

特征,图 2.1.4(d)所示的溴氯氟甲烷分子就是一个例子。

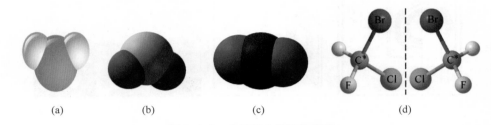

图 2.1.4　分子的立体结构模型
(a) 水分子；(b) 二氧化硫分子；(c) 二氧化碳分子；(d) 溴氯氟甲烷分子

　　分子手征性因其在立体化学、无机化学、有机化学、物理化学、生物化学和医学中有广泛应用而日益受到重视。与此同时,了解同一生物物质的有机镜像对称异构体有不同的作用是非常重要的,如沙利度胺对映体对人类胚胎发育的影响是这方面有说服力的一个例子[37]。对于这样的结构,不仅需要能在空间上将它们分开,还需要研究它们之间的互相转换。

　　手征性不仅可以是自然界物体的特性,也可以是人工设计的复合超材料具有的特性,理论和实验证实人工手性材料可以具有比自然材料更加显著的手征特性,即巨手征性。手征性材料的特征表现为两种重要的电磁现象:圆双折射和圆二色性,这方面的内容将在后面章节中详细讨论。

　　手性材料分子或单元结构对电磁场的响应有着重要的影响,其宏观电磁场属性遵循经典的麦克斯韦方程。针对时谐电磁场,并且在无源条件下,麦克斯韦方程组表示为

$$\begin{cases} \nabla \times \boldsymbol{E} = -\mathrm{i}\omega \boldsymbol{B} \\ \nabla \times \boldsymbol{H} = \mathrm{i}\omega \boldsymbol{D} \\ \nabla \cdot \boldsymbol{E} = 0 \\ \nabla \cdot \boldsymbol{B} = 0 \end{cases} \tag{2.1.1}$$

将手性介质本构方程(1.1.2)代入上式,得

$$\nabla \times \boldsymbol{E} = -\mathrm{i}\omega(\mu_0 \mu_r \boldsymbol{H} + \mathrm{i}\kappa\sqrt{\mu_0\varepsilon_0}\,\boldsymbol{E})$$

$$= \omega\kappa\sqrt{\mu_0\varepsilon_0}\,\boldsymbol{E} - \frac{\omega\mu_0\mu_r\varepsilon_0\varepsilon_r\boldsymbol{E}}{\kappa\sqrt{\mu_0\varepsilon_0}} - \nabla \times \boldsymbol{E} + \frac{1}{\omega\kappa\sqrt{\mu_0\varepsilon_0}}\,\nabla \times \nabla \times \boldsymbol{E} \tag{2.1.2}$$

将上式重新整理,得到

$$\nabla \times \nabla \times \boldsymbol{E} - 2\omega\kappa\sqrt{\mu_0\varepsilon_0}\,\nabla \times \boldsymbol{E} + (\omega^2\kappa^2\mu_0\varepsilon_0 - \omega^2\mu_0\mu_r\varepsilon_0\varepsilon_r)\boldsymbol{E} = 0^* \tag{2.1.3}$$

又由于

---

　　*　本书零矢量用白体表示。

$$\nabla \times \nabla \times \boldsymbol{E} = \nabla(\nabla \cdot \boldsymbol{E}) - \nabla^2 \boldsymbol{E} \tag{2.1.4}$$

最终可得电场的波动方程为

$$\nabla^2 \boldsymbol{E} + 2\omega\kappa \sqrt{\mu_0\varepsilon_0} \ \nabla \times \boldsymbol{E} + (\omega^2\mu_0\mu_r\varepsilon_0\varepsilon_r - \omega^2\kappa^2\mu_0\varepsilon_0)\boldsymbol{E} = 0 \tag{2.1.5}$$

同理，可得磁场的波动方程为

$$\nabla^2 \boldsymbol{H} + 2\omega\kappa \sqrt{\mu_0\varepsilon_0} \ \nabla \times \boldsymbol{H} + (\omega^2\mu_0\mu_r\varepsilon_0\varepsilon_r - \omega^2\kappa^2\mu_0\varepsilon_0)\boldsymbol{H} = 0 \tag{2.1.6}$$

当平面电磁波入射至手性结构中时，其电场可表示为

$$\boldsymbol{E} = \boldsymbol{E}_0 \mathrm{e}^{\mathrm{i}(\omega t - kr)} \tag{2.1.7}$$

将算子 ∇ 替换为 $-\mathrm{i}\boldsymbol{k}$，代入电场波动方程并整理，可得

$$\boldsymbol{k} \times \boldsymbol{E} = \frac{k^2 - (\omega^2\mu_0\mu_r\varepsilon_0\varepsilon_r - \omega^2\kappa^2\mu_0\varepsilon_0)}{2\mathrm{i}\omega\kappa \sqrt{\mu_0\varepsilon_0}}\boldsymbol{E} \tag{2.1.8}$$

上式可进一步表示为

$$\boldsymbol{k} \times \boldsymbol{k} \times \boldsymbol{E} = \frac{k^2 - (\omega^2\mu_0\mu_r\varepsilon_0\varepsilon_r - \omega^2\kappa^2\mu_0\varepsilon_0)}{2\mathrm{i}\omega\kappa \sqrt{\mu_0\varepsilon_0}} \boldsymbol{k} \times \boldsymbol{E}$$

$$= \left(\frac{k^2 - (\omega^2\mu_0\mu_r\varepsilon_0\varepsilon_r - \omega^2\kappa^2\mu_0\varepsilon_0)}{2\mathrm{i}\omega\kappa \sqrt{\mu_0\varepsilon_0}}\right)^2 \boldsymbol{E} = -k^2\boldsymbol{E} \tag{2.1.9}$$

即上式有两个本征解，其中一个表示右旋圆极化波（＋），另一个表示左旋圆极化波（－），其波数也即传播常数分别为

$$k_{\pm} = \pm\omega\kappa \sqrt{\mu_0\varepsilon_0} + \omega \sqrt{\mu_0\mu_r\varepsilon_0\varepsilon_r + \kappa^2\mu_0\varepsilon_0} \tag{2.1.10}$$

该解表明，平面电磁波入射到手性结构后，会分离为右旋和左旋圆极化波两种本征波，并分别以波数 k_+ 和 k_- 进行传播。一般来说，$k_+ \neq k_-$，因此两种圆极化波的传播速率与折射率均不同，这就是产生圆双折射的原因。

定义手性结构中右旋及左旋圆极化波的等效折射率如下：

$$n_{\pm} = n \pm \kappa \tag{2.1.11}$$

由上式可以看出，当折射率 $n < \kappa$，并设 κ 为正值时，左旋圆极化波的等效折射率将为负值。因此，利用手性介质实现负折射率，并不一定需要其具有双负电磁参数。2004 年，潘德利在 *Science* 发表了题为《一条通向负折射的手性途径》（"A chiral route to negative refraction"）的文章，比较详细地讨论了此种情况。由于材料折射率实部的差异而引起圆双折射现象，这导致电磁波的左旋和右旋极化模式的相速度不同，并导致极化面的旋转。圆二色性现象是由旋转方向相反的圆极化波折射率虚部的差异引起的，当不同极化电磁波通过介质层时该现象会导致材料吸收能量的差异。

目前，研究手性超材料传输特性最简便、有效的方法之一是利用传输矩阵（琼斯矩阵）法。我们知道，所有极化状态的电磁波都可表示为 x 方向与 y 方向线极化电磁波的叠加形式。设电磁波沿 z 轴正方向传播，则入射时谐电场复数形式可表

示为

$$E^{i}(\boldsymbol{R},t)=\begin{pmatrix}I_x\\I_y\end{pmatrix}e^{i(\omega t-kz)}\tag{2.1.12}$$

而透过结构的电场可表示为

$$E^{t}(\boldsymbol{R},t)=\begin{pmatrix}T_x\\T_y\end{pmatrix}e^{i(\omega t-kz)}\tag{2.1.13}$$

式中,$\boldsymbol{R}$ 对应坐标 (x,y,z) 的空间矢量,$R=\sqrt{x^2+y^2+z^2}$ 为向量幅度;此处上标 i 意义不同于公式中虚数符号,i 和 t 分别表示入射场与传输场。我们可以通过统一的传输方程来描述透射场与入射场之间的关系:

$$E_i^t=T_{ij}E_j^i\tag{2.1.14}$$

式中,下标 i 和 j 分别为透射与入射电磁波的极化方向,包括 x 方向和 y 方向。若将上述传输方程写成矩阵形式,则可利用二维复传输矩阵将入射电场和透射电场连接起来:

$$\begin{pmatrix}E_x^t\\E_y^t\end{pmatrix}=\begin{pmatrix}T_{xx}&T_{xy}\\T_{yx}&T_{yy}\end{pmatrix}\begin{pmatrix}E_x^i\\E_y^i\end{pmatrix}\tag{2.1.15}$$

基于上式,可以得到线极化电磁波琼斯矩阵

$$\boldsymbol{T}_{\text{lin}}^{+}=\begin{pmatrix}T_{xx}&T_{xy}\\T_{yx}&T_{yy}\end{pmatrix}\tag{2.1.16}$$

式中,$\boldsymbol{T}_{\text{lin}}^{+}$ 的上标"+"表示电磁波沿 $+z$ 方向入射,下标"lin"表示入射波为线性(linear)极化形式。若手性结构不包含磁性材料,则由互易定理可知,对于沿 $-z$ 方向入射的电磁波,其传输矩阵中的 T_{xy} 和 T_{yx} 不仅会发生幅值交换,还会产生 $180°$ 相移。此时,反向传输矩阵变为

$$\boldsymbol{T}_{\text{lin}}^{-}=\begin{pmatrix}T_{xx}&-T_{yx}\\-T_{xy}&T_{yy}\end{pmatrix}\tag{2.1.17}$$

上式也可以理解为:当电磁波反向入射时,其面对的结构相当于原结构旋转 $180°$ 得到的。

此外,圆极化波可以由两个相互垂直的线极化波叠加而成:

$$E_{\pm}=E_x\mp iE_y\tag{2.1.18}$$

式中,下标"+"表示右旋极化,"−"表示左旋极化。同时,将线极化波传输矩阵中的笛卡儿坐标系转换为圆极化坐标系的变换矩阵为

$$\Lambda=\frac{1}{\sqrt{2}}\begin{pmatrix}1&1\\i&-i\end{pmatrix}\tag{2.1.19}$$

因此,可以推导得出圆极化坐标系下的传输矩阵为

$$\boldsymbol{T}_{\text{circ}}^{+} = \begin{pmatrix} T_{++} & T_{+-} \\ T_{-+} & T_{--} \end{pmatrix} = \frac{1}{2} \begin{pmatrix} T_{xx} + t T_{yy} + \mathrm{i}(T_{xy} - T_{yx}) & T_{xx} - T_{yy} - \mathrm{i}(T_{xy} + T_{yx}) \\ T_{xx} - T_{yy} + \mathrm{i}(T_{xy} + T_{yx}) & T_{xx} + T_{yy} - \mathrm{i}(T_{xy} - T_{yx}) \end{pmatrix}$$

$$(2.1.20)$$

式中,$\boldsymbol{T}_{\text{circ}}^{+}$ 的上标"＋"表示电磁波沿＋z 方向入射,下标"circ"表示入射波为圆 (circular)极化形式,而矩阵元素的下标"＋"和"－"仍分别表示右旋和左旋圆极化态。同理,圆极化波的反向传输矩阵为

$$\boldsymbol{T}_{\text{circ}}^{-} = \begin{pmatrix} T_{++} & T_{-+} \\ T_{+-} & T_{--} \end{pmatrix} \tag{2.1.21}$$

正如绪论所述,旋光性是手性超材料最主要的特性之一,它的含义是入射电磁波通过手性介质后会产生偏振面旋转。旋光现象产生的原因是左旋圆极化(left-handed circularly polarized,LCP)和右旋圆极化(right-handed circularly polarized,RCP)电磁波在手性介质中的折射率实部不同,使其相位延迟不同,从而引起偏振主轴的旋转,其旋光角可以通过两种圆极化波透射率的相位求得

$$\theta = \frac{1}{2} \big[\arg(T_{++}) - \arg(T_{--}) \big] \tag{2.1.22}$$

当 LCP 和 RCP 在手性结构中的折射率虚部不同时,使其吸收损耗不同,从而具有不同的透过率,该特性称为圆二色性,具体表示为

$$\Delta_{CD} = | T_{++} | - | T_{--} | \tag{2.1.23}$$

另外,还可以用椭偏度来表示线极化波通过手性超材料后转换为椭圆极化波的程度:

$$\eta = \frac{1}{2} \arcsin \left(\frac{| T_{++} |^2 - | T_{--} |^2}{| T_{++} |^2 + | T_{--} |^2} \right) \tag{2.1.24}$$

如果 $\eta = 0°$,则出射波为线极化波;如果 $\eta = \pm 45°$,则出射波的极化模式为正圆。以上旋光角 θ、圆二色性 Δ_{CD} 以及椭偏度 η 等几个参数共同表征了手性介质旋光性的强弱,并且均可以通过 LCP 和 RCP 的透过率来进行求解。

手性超材料不仅具有比自然手性媒质更强的旋光性,还能实现圆转换二向色性这一新型特性,又称为不对称传输。由于手性超材料具备的手性特征使其结构在电磁波传输方向上不具有对称性,因而能够使入射电磁波的电场与磁场产生较强的交叉耦合。当某极化状态的电磁波沿某一方向入射时可以透过介质,并且转换为与其极化状态相反的波,而从相反方向入射则无法透过,这就使得手性结构可以实现针对特定极化电磁波的不对称传输。

为了表征不对称传输特性的强弱程度,引入不对称传输参数 Δ,并且对于线极化波有

$$\Delta_{\text{lin}}^{(x)} = | T_{yx} |^2 - | T_{xy} |^2 = -\Delta_{\text{lin}}^{(y)} \tag{2.1.25}$$

对于圆极化波,有

$$\Delta_{circ}^{(+)} = |T_{-+}|^2 - |T_{+-}|^2 = -\Delta_{circ}^{(-)} \tag{2.1.26}$$

此外,还可以借助于极化转换效率来理解圆转换二向色性,定义针对 LCP 和 RCP 的转换效率分别如下:

$$PCR_- = \frac{|T_{+-}|^2}{|T_{+-}|^2 + |T_{--}|^2 + |R_{+-}|^2 + |R_{--}|^2} \tag{2.1.27}$$

$$PCR_+ = \frac{|T_{-+}|^2}{|T_{-+}|^2 + |T_{++}|^2 + |R_{-+}|^2 + |R_{++}|^2} \tag{2.1.28}$$

上式表示入射的圆极化电磁波从一种极化形式转换为另一种极化形式的比率,当 PCR=1 时表明发生了完全的极化转换。式(2.1.27)中,"R_{+-}"表示入射右旋极化波反射左旋极化波系数,其他标注类同。

圆转换二向色性是指手性超材料对左旋到右旋和右旋到左旋的转换效率不同,并且在相反传输方向上两个效率值互换,即正向传输 LCP 到 RCP(或 RCP 到 LCP)与反向传输 RCP 到 LCP(或 LCP 到 RCP)的转换效率相等。

如果某一手性结构对不同极化形式的电磁波透过率不同、而转换率相同($T_{++} \neq T_{--}$,$T_{+-} = T_{-+}$),则称其具有圆二色性,以金属螺旋结构为代表的三维手性超材料具有显著的旋光性和圆二色性,因此适合作为圆偏振器。如果某一手性结构对不同极化形式的电磁波透过率相同、而转换率不同($T_{++} = T_{--}$,$T_{+-} \neq T_{-+}$),则称其具有圆转换二向色性,以单层不对称双开口谐振环为代表的平面手性超材料具有较好的圆转换二向色性,因此适合作为圆偏振转换器。

通过从仿真模拟或实验测量中得到的宏观参数(如透射率和反射率)可以进一步反演计算出超材料的阻抗、折射率、介电常数及磁导率等参数,这对于手性结构的设计具有重要的理论指导意义,同时可以使研究人员系统地分析手性结构的厚度、对称性和共振峰等因素对其有效介质参数的影响。

如图 2.1.5 所示为平面电磁波入射到手性超材料介质板中发生透射与反射的情况,其中该结构厚度为 d。由于电场或磁场在空气与介质板的交界面是连续的,所以在第一个交界界面处的透射率和反射率之间满足如下关系:

$$\begin{cases} 1 + R_{0\pm} = T_{1\pm} + R_{1\pm} \\ 1 - R_{0\pm} = \dfrac{T_{1\pm} - R_{1\pm}}{z} \end{cases} \tag{2.1.29}$$

式中,z 为该介质中的阻抗。同理,在第二个交界面处有

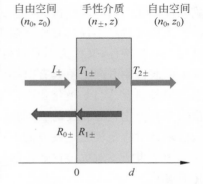

自由空间 (n_0, z_0)　　手性介质 $(n_\pm, z)$　　自由空间 (n_0, z_0)

$I_\pm$　$T_{1\pm}$　$T_{2\pm}$

$R_{0\pm}$ $R_{1\pm}$

0　　　d

图 2.1.5 平面电磁波通过手性超材料

$$\begin{cases} T_{1\pm}\ \mathrm{e}^{ik_\pm d} + R_{1\pm}\ \mathrm{e}^{-ik_\mp d} = T_{2\pm} \\[2mm] \dfrac{T_{1\pm}\ \mathrm{e}^{ik_\pm d} - R_{1\pm}\ \mathrm{e}^{-ik_\mp d}}{z} = T_{2\pm} \end{cases} \tag{2.1.30}$$

对于左旋圆极化波和右旋圆极化波,它们在手性介质中具有相同阻抗,从而其反射率相同,即 $R_{0\pm} = R_0$。基于上述关系,可以通过透射率和反射率求得该手性介质的阻抗和折射率:

$$z = \pm \sqrt{\frac{(1+R_0)^2 - T_{1+}\ T_{1-}}{(1-R_0)^2 - T_{1+}\ T_{1-}}} \tag{2.1.31}$$

$$n_\pm = \frac{i}{k_0 d}\left\{ \log\left[\frac{1}{T_\pm}\left(1 - \frac{z-1}{z+1}R_0\right)\right] \pm 2m\pi \right\} \tag{2.1.32}$$

式中,k_0 为真空中的波数,且 m 可以取任意整数,但是正负号的选择需要满足阻抗实部与折射率虚部为正的条件。

当阻抗和折射率的值确定后,就可以进一步求解其他的有效介质参数、手性参数,可用下式求得:

$$\kappa = \frac{n_+ - n_-}{2} \tag{2.1.33}$$

介电常数和磁导率可分别由下式求得:

$$\varepsilon = \frac{n_+ + n_-}{2z} \tag{2.1.34}$$

$$\mu = \frac{z(n_+ + n_-)}{2} \tag{2.1.35}$$

光学活性作为光谱学、分析化学、晶体学和分子生物学中的诊断工具,可以确定原子和分子的空间分布。具有光学活性和二色性的介质,制成极化转换器或圆极化器,在光学、摄影、生物显微镜中具有重要的应用价值,同样,在电磁波传播中也呈现出独特的性质,在极化转换、极化选择和电磁吸波等领域具有广阔的应用前景。

2.2　基于螺旋单元的手性超材料及应用

2.2.1　采用螺旋结构的双负介质单元设计

手征性单元材料之所以引起了研究人员的注意,是与所谓的左手介质的问题有关,即介电常数和磁导率同时为负的介质。1967 年,菲谢拉格提出了关于同时具有负介电常数和磁导率介质的设想,该设想基于如下理论:如果本构方程(1.1.1)

表示为

$$\begin{cases} \boldsymbol{D} = \varepsilon_0 \varepsilon_r \boldsymbol{E} \\ \boldsymbol{B} = \mu_0 \mu_r \boldsymbol{H} \end{cases} \tag{2.2.1}$$

式中,ε_r 和 μ_r 分别为相对介电常数和相对磁导率,且 $\mu_r \neq 1$,那么单色电场和磁场的麦克斯韦方程组(2.1.1)给出了无源情况下麦克斯韦方程组的表达形式。无源电磁媒质中电磁波的特解为时谐函数 $\mathrm{e}^{-i\omega t + ikz}$,如平面电磁波沿 Oz 轴传播,此时介质折射率为 $n^2 = \varepsilon_r \mu_r$。如果不等式 $\varepsilon_r < 0$ 和 $\mu_r < 0$ 同时成立,那么,n 应该取负值 $n = -\sqrt{\varepsilon_r \mu_r}$。此时,坡印廷矢量与电磁场构成了左手坐标系(图 2.2.1(a))。在这样的介质中,平面波的相位和群速度方向相反(平面波是一反向波),折射线与入射线位于法线同一侧,如图 2.2.1(b)所示具有非同寻常的斯涅尔定律关系式(2.2.2),图中标注 tr1 和 tr2 分别为负折射率及正常折射率对应的折射光。

$$\frac{\sin\psi}{\sin\phi} = \frac{n_1}{n_2} \tag{2.2.2}$$

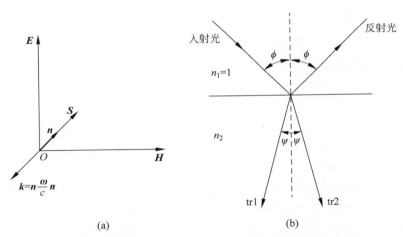

图 2.2.1　平面电磁波在左手介质及其与一般介质的界面上各矢量的关系
(a) 矢量 $\boldsymbol{S}$、$\boldsymbol{H}$、$\boldsymbol{E}$ 和 $\boldsymbol{k}$ 的关系;(b) 介质分界面的现象

　　由于人造复合材料设计和制造技术研究的进展,现在才有可能解决菲谢拉格提出的问题。而对于手性材料,其负折射率只要满足式(2.1.11),这种情况下介电常数不一定必须是负值。

　　文献[38]提出了一种左手介质模型,它由圆柱体构成,该圆柱体是一种螺旋状的导体。众所周知,这样的介质可以通过一组直线导体和开环线圈建模[39]。文献[40]研究了由左手介质组成的均匀圆柱体的绕射问题。文献[41]给出了太赫兹波段,方形金纳米螺旋体的电磁特性与其几何参数的关系,研究表明存在磁共振,其振幅和位置随着纳米螺旋中匝数的增加而改变,当纳米螺旋体的匝数大于 3 和频率超过 400THz 时,其磁导率的实部为负值。文献[42]提出了一种扁平透镜的几何理论,透镜由具有负介电常数和负磁导率值的各向同性手征性电磁介质组成,这项工作的作者分析了双层板的聚焦特性。文献[43]给出了相关理论,并在实验上验证了研制太赫兹波段(0.20~0.36THz)频率可调的左手超材料电介质的可行性,该文作者设计了由 SrTiO 铁电体制成的非磁棒阵列的结构模型。通过温度对 SrTiO 的介电常数的影响实现磁响应及其调谐,它们由棒内电磁场的谐振状态决定。

文献[44]的作者研究了一种在聚酯树脂电介质基板上由光刻技术刻制的铝基微观 Y 形结构材料,介绍了这种基于手征性超材料模型的频率特性,给出了在考虑了边界条件时的计算机模拟和实验研究结果。文献[45]研究了光学波段电磁波在各向同性吸收介质和手征性非吸收介质中的反射问题。研究结果表明,在具有高手征性参数介质和理想导电平面的分界面上,存在着不寻常的负反射,分析结果表明这种导电平面对于在具有强手征特性介质中传播的电磁波具有聚焦效应。文献[46]研究了在由手征性和偶极颗粒组成的手征性复合材料中实现负折射率的可行性,结果表明在手征性粒子的谐振频率附近可以观察到负折射。在此基础上,作者提出可以使用手征性谐振复合材料实现光学波段的负折射并制作相应的超透镜。文献[47]通过研究手征性参数符号不同的手征性谐振散射体晶格,提出了一种二维晶格有效材料参数计算的新方法。其谐振散射单元具有中空圆柱体的形状,柱体表面具有螺旋线形式的电流通道,结果已经证明,在窄频带内这种结构具有左手介质或菲谢拉格介质的特性。

2.2.2　螺旋单元绕射隐身特性的研究

在关于具有负折射率的超材料的第一篇研究论文发表后,研究人员认识到,超材料潜在的、可能的应用领域非常广泛。其中,关于精确控制材料电学和磁学性质方面的研究成果逐渐形成了一个新的学科方向——变换光学[48]。该学科方向最显著的实际应用领域是隐身涂层的设计。目前,基于各种隐身概念研究最透彻的隐身原理[49]可以分为两种:①基于电磁波绕射现象的隐身原理,如图 2.2.2(a)所示;②基于电磁波散射补偿的隐身原理,如图 2.2.2(b)所示。

基于电磁波绕射的目标隐身原理由于电磁波绕过目标而实现隐身,这是由于隐身涂层内的超材料确保了电磁波既不到达目标本身,同时除了正常传播方向以外没有其他方向的电磁波传出。电磁波在绕过隐身涂层后,其波前形状和空间分布强度得以恢复。因为电磁波不会到达目标,所以这种隐身原理与被隐身目标的特性无关。基于电磁波散射补偿的目标隐身原理是由于目标和涂层的电磁散射相

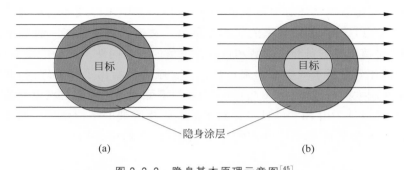

图 2.2.2　隐身基本原理示意图[45]

(a) 基于电磁波绕射原理；(b) 基于散射补偿原理

互补偿,使得电磁波绕过目标时其波前不发生畸变并沿空间继续传播。此时,隐身涂层的设计应考虑到被隐身目标的特性。如果目标吸收电磁辐射,则需要在涂层中使用活性材料或内部辐射源以完全补偿目标散射。

　　根据变换光学基于麦克斯韦方程坐标变换的不变性原理,介质的电磁材料参数(通常是介质的介电常数和磁导率张量,即 ε 和 μ)可以适当变换成应有的形式。在均匀介质(即没有涂层)中目标隐身的条件是其尺寸无限小,因为任何有限大小的目标都会对入射到目标上的波进行散射。通过坐标变换,将点目标变换为有限尺寸目标,可以得到确保目标隐身所需要的目标相邻介质 ε 和 μ 参数的空间分布[49]。不可能使用天然材料在涂层厚度上实现变换光学计算出的 ε 和 μ 分布值,天然材料不具备必需的材料特性参数。为此需要超材料来实现,由于超材料由特定设计的结构单元(或颗粒)的阵列合成,可以得到所需的材料特性。通常,超材料的结构单元是谐振金属单元。根据其间的工作波段,它可以是开环谐振器、标准螺旋体、等离子体粒子和等离子体纳米线等。当制造射频器件时,超材料的原子或结构单元也可以由高介电常数的电介质制成[49]。

　　文献[50]发表了通过变换光学实现的第一个微波波段隐身实验装置,之后研究人员研制出了红外和可见光波段的实验装置。通过电磁波绕射隐身(如隐形斗篷(cloaking))的概念和建模由潘德利及其同事最先提出[51]。但是,通过变换光学设计隐身涂层需要采用具有低光学损耗的、极高各向异性和非常不均匀的超材料,这样的介质实际上极难实现。因此,研究人员不得不在 ε 和 μ 的理想分布及其实际实现之间进行折中和取舍。这实际上是把完全隐身折中为部分隐身来实现,例如,通过限制于二维光学隐身或者不考虑其他的隐身要求,如减小频带、减小隐身目标的尺寸等[49]。文献[52]提出了一种基于标准螺旋结构的二维隐身装置,该装置结构如图 2.2.3 所示[51]。标准螺旋是开口环结构,在间隙的两边有两条导线段,导线垂直于环的平面。可以仅使用螺旋结构这一种类型的单元来同时实现所

图 2.2.3　基于标准螺旋结构的二维隐身装置实验布置

需的材料参数 ε 和 μ。在螺旋中感应的电流会产生电偶极子(由导线段产生)和磁偶极子(由环状结构引起)。隐身装置分成包含标准螺旋体的同心圆柱区域(层)。该隐身装置中介电常数所需径向分布是通过改变螺旋体的布置密度来实现的,螺旋体布置的密度是指在半径相同的同心圆柱面上布置的螺旋体数量,这与早期使用参数不同的谐振单元结构组成的装置不同,现在使用的尺寸相同的螺旋体大大简化了隐身装置的设计。

　　为了确保隐身装置在自由空间中可靠工作,需要补偿基于螺旋体超材料在这种情况下的寄生参数,即手征性,其表征为对于单位体积超材料,电场引起的磁极化和磁场引起的电极化。通过在隐身装置中使用相同数量的右旋和左旋螺旋体可以实现手征性补偿。这种二维隐身装置在小高度的圆柱形目标时对于沿水平面传播的波能实现隐身功能。并且相比于大多数其他二维隐身涂层其优势在于当 TE 和 TM 极化波照射目标时,目标不可见,制造方法也非常简单。

　　文献[52]中,以直径为 3cm、高度为 1cm 的金属圆柱体作为目标,在 8GHz 频率下进行了带隐身涂层和无隐身涂层的目标隐身计算机模拟和实验研究。对于平面波的隐身实验结果如图 2.2.4 所示[52]。图(a)为无隐身涂层时的情况;图(b)为具有螺旋结构隐身涂层时的情况;图(c)为无隐身涂层时,金属圆柱体电场强度实部的测量结果;图(d)为具有螺旋结构隐身涂层时的测量结果,深色的虚线圆表示圆柱体目标表面,浅色的虚线圆表示隐身涂层的外边界;图(a)和图(c)上的灰色圆表示金属圆柱体的横截面。

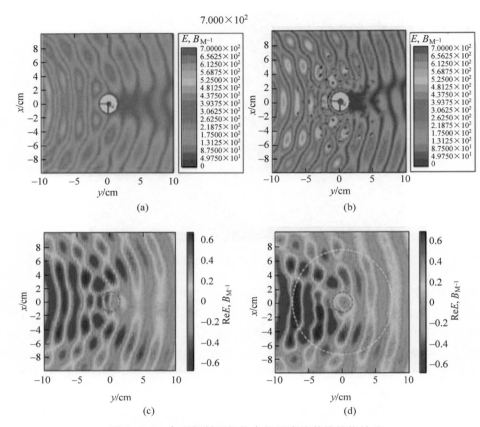

图 2.2.4 电磁辐射下铜柱电场强度的数值模拟结果

（a）无隐身涂层；（b）有隐身涂层；（c）无隐身涂层时的电场强度实部；（d）有隐身涂层时的电场强度实部

从研究结果可以得出结论，该目标是部分隐身的，尽管隐身涂层不可能减少反射波的比例，但是位于隐身涂层圆柱目标之后的阴影面积明显小于无隐身涂层目标的阴影面积。另外，带有隐身涂层圆柱目标之后的电磁波的波前几乎完全恢复，并且隐身涂层数值模拟结果中的反射信号增强现象在实验研究中也没有观察到。为了提高隐身涂层的效率，必须增加每层中标准螺旋体的数量。

文献[49]和文献[53]对基于电磁波绕射隐身原理的研究工作进行了最全面的综述。文献的作者介绍了他们的实验研究，研究结果证明了这种隐身方法的可行性，对隐身涂层的剖面特性进行了仿真计算，给出了主要研究成果，列出了尚未解决的问题。

采用手征性材料可以解决电磁隐身问题，使用圆柱形螺旋结构制成的谐振器可以解决电磁波绕射问题。通过改变隐身材料中每层谐振单元的密度，可以改变隐身材料的介电常数和磁导率。如果将左右螺旋结构成对组合来补偿隐身材料的手征性,则透射波始终保持线极化,这种情况极大地简化了结构设计和参数计算,并可以实现电磁波绕射。为了使这种结构具有非反射性或弱反射性特点,必须使用具有特殊参数的螺旋结构体,使法向入射波的反射被抑制或者大幅度衰减。

2.2.3　基于螺旋单元结构的超材料及其实际应用

三维手征性超材料的研究发现了一系列新的物理现象,包括光学活性现象[54]和负折射率现象[55-56]。由于超材料具有如下独特的电动力学特性:负折射[57-60]、可以制造超透镜的超高空间分辨率[23]、适用于隐身的电磁波绕射[49]、负光压[61]等,超材料的研究得以不断深化。

博库齐、格沃兹德夫(В. В. Гвоздев)和谢尔久科夫于 1981 年对光学活性介质及其负折射率现象进行了研究[62],首先证实了介质具有足够大的圆双折射率时,对于某个圆极化模式其折射率可能是负的。特雷特雅科夫和他的同事们[63-64],以及独立研究者潘德利[65]明确了基于光学活性介质实现负折射的前景,并将其用作圆极化波的超透镜。

目前,研究人员已经开发了许多人工手征性单元(开环谐振器、交叉谐振器[66]、扭形叉谐振器[65]、U 形谐振器等),它们可用于制造具有负折射率的超材料[67]。研制新的超材料的同时也带来了超材料应用方面的全面深入的研究,特别是可以使用基于金属单元设计超材料用于切换磁共振和电共振而不改变频率,可以通过超材料将入射波的极化方向实现 90°改变[68]。对平面超材料研究的目的在于它们可方便地用于设计和制造极化面旋转装置和圆极化器等[69-71]。在不对称结构的研究中发现了在超材料表面捕获能量的高 Q 谐振[72],该谐振的机制与电流的反对称振荡有关,它也可以导致超材料对电磁波是透明的[73-74]。文献[75]和文献[76]研究了基于平面超材料制造激光辐射器的可行性,文献[77]介绍了基于二维手征性超材料实现定向不对称辐射传播的研究结果。

1. 螺旋单元结构超材料

使用螺旋单元构造的人工超材料吸引了研究人员特殊的兴趣,因为螺旋单元显示出与 DNA 等天然螺旋体相似的特性。从 19 世纪末至 20 世纪初,人们研究了螺旋形结构的电磁学和光学特性。1920 年,林德曼研究了各向同性人工手性介质,同时研究了随机取向的尺寸小于波长的金属螺旋结构阵列[78]。文献[79]应用已知的尺度伸缩原理研究螺旋体结构,对特定方向排列的铜螺旋结构的光学活性进行了实验研究。

光学活性和圆二色性是光学和电动力学领域众所周知的物理效应。目前集中于微螺旋体研究,从理论、实验和计算机模拟方面研究其在超材料中的应用。文献[80]介绍了微尺寸的金螺旋体作为宽频带圆极化器的研究,当波沿着螺旋体轴向传播时,会产生圆极化模式的滤波效应。文献[81]的计算机模拟和仿真结果表明使用双链螺旋结构几乎可以使纳米材料中具有圆二色性的频率范围加倍。文献[82]的研究表明双链螺旋结构是最佳的,而且随着螺旋结构中细丝数量的增加(三个、四个或更多),纳米材料二色性适用频率范围不会扩大,这些结论对于沿着螺旋轴方向传播的波也是有效的。文献[83]介绍了通过组合具有不同手征性的金属螺旋体,设计和构建不具有光学活性的超材料。通过入射的线偏振光在螺旋结构中引起纯电或纯磁谐振可以实现这种超材料的负介电常数或负磁导率。

2. 螺旋结构单元分子

在进行人工螺旋结构系统研究的同时,研究人员对具有类似结构的自然物也进行了深入研究。螺旋结构是某些重要分子最常见的特有的结构形式之一,例如脱氧核糖核酸(DNA)、核糖核酸(ribonucleic acid,RNA)、蛋白质(它们的二级结构)、肽、胶原蛋白等物质的分子就具有螺旋结构形式。它们是非常长的分子,折叠成螺旋形结构,紧凑且在空间中非常有效的排列。由于它们的长分子特别是螺旋形结构,使它们具有另一个特征,就是它们与周围蛋白质关联的高可达性,这对于转录和修复 DNA 是非常重要的。

大多数螺旋结构分子具有高纯度手征性。例如,B-DNA 主要以右手螺旋结构形式存在于自然界中,这同样是蛋白质二级结构的特征。迄今为止,螺旋结构分子手征性纯度的起因仍未找到充分可信的科学解释。有假设认为原子中电子的螺旋运动是导致手征性的原因,这种假设适用于所谓弱相互作用力的情况[84]。

B-DNA 大分子是双螺旋结构的典型例子。DNA 双螺旋结构(另一个名称是双链结构的 B-DNA)是由华生(J. D. Watson)和克里克(F. H. Crick)在 1953 年发现的[85]。在 DNA 分子的结构中发现了四个碱基:腺嘌呤(指定为 A)、胞嘧啶(C)、鸟嘌呤(G)和胸腺嘧啶(T)。由于它们与糖/磷酸盐的连接,形成了完整的核苷酸。在水生环境中,核苷酸碱基的共轭 π 键的细胞垂直于 DNA 分子的轴,应尽量减少它们与溶剂化壳体的相互作用。

DNA 在自然界中以 A、B 和 Z 三种基本形式存在,如图 2.2.5 所示。A-DNA 和 B-DNA 分子是右旋结构的,Z-DNA 分子是左旋结构的。由于大多数生物最常见的是 B-DNA 分子结构,后续章节本书将只考虑 B-DNA 结构形式,并在符号中省略类型指示字母 B,直接用缩写 DNA。DNA 大分子由两条螺旋链组成,如图 2.2.6 和图 2.2.7 所示,螺旋链围绕公共轴卷曲[86],其步长为 3.4nm,线圈半径为 1.0nm。根据另一项研究结果[87],在特定溶液中测量时发现:DNA 链的直径在 2.2~2.6nm、间距在 (3.34 ± 0.10)nm 变化。这种 DNA 分子结构是所有生物物种的特征。由于 DNA 存储了代代相传的、生物体发育和功能实现的遗传程序,基因工程正获得越来越广泛的应用,准确确定 DNA 几何尺寸和参数的问题也迫在眉睫。尽管每个重复链节的长度非常小,但 DNA 聚合物可以是含有数百万个核苷酸的超大分子。例如,最大的人类染色体由大约 2.2 亿个碱基对组成[88],这意味着 DNA 可以被认为是一种大分子,因此,经典电动力学的原理适用于它。

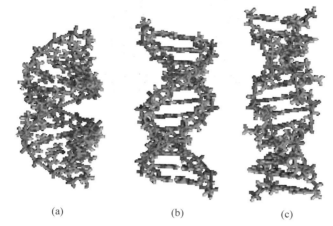

(a)　　　　　　　(b)　　　　　　　(c)

图 2.2.5　DNA 分子的结构构造[85]

(a) A-DNA;(b) B-DNA;(c) Z-DNA

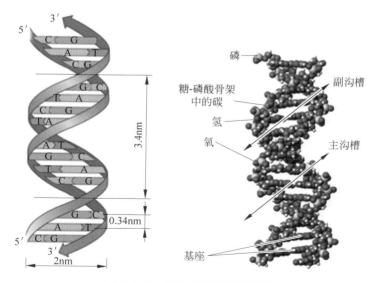

图 2.2.6　DNA 分子片段原理图

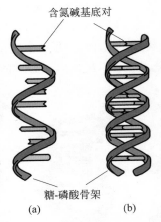

图 2.2.7　大分子螺旋原理图

(a) RNA；(b) DNA

2.3　超材料的常用制备方法

超材料独一无二的特性及其广泛的应用前景使得其设计、制造和工艺等方面的研究获得了快速的发展。我们将分成基于天然结构单元(如 DNA)和按特定顺序重复排列结构的人工材料两组独立的设计方法进行研究，简要地分析研究对应设计材料的本质和特性。

2.3.1　基于 DNA 的纳米技术

基于 DNA 的纳米技术(DNA nanotechnology)指的是基于人工核酸结构的纳米材料设计与制造技术。在该技术中，核酸不是作为活细胞中遗传信息的载体，而是作为结构材料，因而它归属于生物纳米技术。基于 DNA 的技术必须遵循严格的核酸碱基配对规则，根据该规则，只有彼此互补的链片段连接时，或者说，只有形成互补碱基序列，才有可能得到强刚性双螺旋结构。根据这些规则，可以设计一系列碱基序列，有选择地组成具有微调纳米尺寸单元和特定性质的复杂结构。

1987 年，罗宾森(B. H. Robinson)及其同事[89]首次提出了将 DNA 阵列与其他功能分子组合以设计基于技术应用的人工结构的设想。这个设想是基于 DNA 和其他核酸的分子识别特性提出的。DNA 纳米技术解决了 DNA 链组合定位的问题，可以将定位正确的链片段组合成可预测的整体结构。尽管该科学领域通常被称为基于 DNA 的纳米技术，但其基本原理同样适用于基于其他核酸材料的设计，例如 RNA 和肽-核酸(PNA)。有关设计这类结构的内容可参见文献[90]。因此，基于 DNA 的纳米技术这个名称可以认为是有特定条件的。

通过彻底研究配对碱基的简单规则可以确定两个核酸分子片段间的黏附力，这一特性可将核酸与其他材料区分开来，也便于设计和构建纳米结构，该特征是其他材料不具备的，例如，纳米颗粒就不可能进行受控自组合。

分支组合最简单的结构之一是四个独立 DNA 链的结，它们以特定模式互补。在设计二维和三维材料结构时，最牢固的结构单元首先是所谓的 DX 阵列（双交叉结构），即两个具有两个交叉点的双螺旋结构（四个连接的节点）。通过使用这样的单元，可以设计和构建诸如二维和三维晶格，多面体和任意形状的物体，纳米管和功能结构（分子机器和 DNA 计算机）等静态结构。

可以使用不同的方法来构建这种结构。当用较小的片状结构构建时，采用平铺的方法；当构建动态可调结构时，用移动股线的方法；当设计折叠结构时，用 DNA 折纸方法等。DNA 折纸法及其应用研究在过去 20 年中已发表了大量文献[91-96]。

图 2.3.1 是文献[95]及其他文献的插图，该图说明了这一领域的某些进展，以及由一系列三维 DNA 分子构建的多面体结构，例如立方体或八面体结构[95-96]。图 2.3.1(a)为 DNA 片状模型及其原子力显微镜（AFM）显微照片，其中，图(i)为构建二维周期晶格的 DNA 片状模型；图(ii)为晶格的 AFM 显微照片。图 2.3.1(b)是周期性 DNA 阵列。其中图(i)是 DX 片状阵列；图(ii)为 4×4 片状阵列；图(iii)为三点星状片阵列；图(iv)为基于塞尔品斯基三角形算法构建的 DX 片状阵列。图 2.3.1(c)是三维 DNA 折纸结构，其中，图(i)为空心盒子；图(ii)是多层方形螺母；图(iii)是齿轮结构；图(iv)是纳米烧瓶结构。图 2.3.1(d)是由异质元素组成的 DNA 纳米结构，其中图(i)是用于构建金纳米粒子阵列的 DX 片状阵列；图(ii)是构建碳纳米管用的 DNA 折纸结构；图(iii)是生物素-链霉抗生物素蛋白的 4×4 片状结构。

基于 DNA 的纳米技术是少数几种可以构建特定几何形状复杂结构方法中的一种，该方法具有纳米量级的控制精度，因此，该方法具有潜在的应用价值，在解决结构生物学和生物物理学（包括工程学）重要问题方面这一方法也具有广阔的应用前景。其中，可能的应用之一与结晶学领域有关，对于那些难以自结晶的分子，基于 DNA 的纳米技术可以研究这类分子三维核酸晶格的组织和取向，以确定其分子的结构。在通过核磁共振（NMR）光谱检测蛋白质中残留的偶极化合物的实验中，DNA 折纸棒也被用来代替晶体。有人提出，当构建分子尺度的单元时，核酸分子阵列能组织其他分子的能力可以应用于电子学。在这种情况下，分子电子元件（如分子线）的构建将与核酸分子晶格的构建同时发生[92]。人们还假设基于核酸分子的纳米结构可以开发成为在整体结构中布置和控制纳米量级组分的方法。

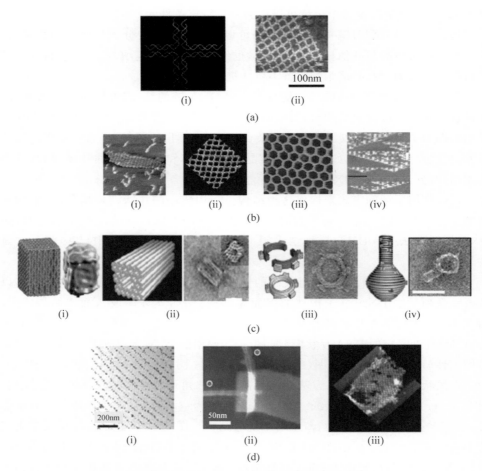

图 2.3.1　具有 DNA 纳米技术结构的实例[95]

（a）DNA 片状模型及其 AFM 显微照片；（b）周期性 DNA 阵列；

（c）三维 DNA 折纸结构；（d）由异质元素组成的 DNA 纳米结构

　　基于 DNA 的纳米技术在纳米医学中的潜在应用主要是关于生物相容性形式的计算能力、智能药物的研发及其在治疗部位的投放等。这方面的一个应用例子是基于 DNA 的空心盒研究，这种 DNA 空心盒含有可导致癌细胞死亡的蛋白质，这样的盒子应该只能在接近癌细胞时打开[97]。

2.3.2　人工手征性材料和超材料的制造方法

　　如前所述，19 世纪初的手征性概念在化学[98-100]、光学[101-102]和基本粒子物理学[103]中发挥了重要作用。1811 年，阿拉戈[104]发现石英晶体旋转了线性偏振光的偏振面,因而发现石英晶体具有光学活性。不久,拜特[105-108]发现光学活性不仅是结晶固体的特征,还表现在其他介质中,如松节油和酒石酸水溶液。这些现象促使人们探寻引起光学活性的主要原因。1848 年,拜特的学生巴斯德[98]假定介质的光学活性是由其分子的手征性引起的,因此,巴斯德成为立体化学的奠基人。在1920 年和 1922 年,林德曼[109-110]提出了一种光学活性的宏观模型,模型中他用微波代替光,用螺旋线代替手征性分子,匹克林(W. H. Pickering)[111]验证了该模型的有效性。

随着基于 DNA 的纳米技术的发展,在过去 20 年中,新的人工手征性材料、螺旋结构材料和各类超材料的制造方法得以完善。早在 1914 年,林德曼就研究过由大量方向随机的短导线组成的人工介质[4],这些短导线被扭曲成螺旋状并嵌套在固定的介质中,林德曼和匹克林的研究在微波波段获得了与光学波段类似的结果。随着技术的进步,已经开发出新的人工手征性材料、螺旋结构材料和超材料,也包括平面和三维体状材料。在研究的早期阶段,人们通常将方向随机的导电手征性单元嵌入基底来获得人工手征性材料。将来,随着技术的发展,对于不同的波段,将会使用各种不同的方法来制造超材料。

目前,有相当多的超材料设计和制造方法。一方面,是由于超材料及其性质的多样性,另一方面,这也有助于扩大这类材料的应用范围,制造出新的独特的材料样品。超材料的制造方法必须满足的基本要求如下:

(1) 超材料的组成单元可控,材料特性可复现;

(2) 确保超材料的时间稳定性,首先在制造过程中需保护单元表面以免被烧蚀和氧化;

(3) 用某些特定尺寸单元组成超材料时,组成单元一致性要求高,尺寸误差分布应该足够小;

(4) 高性能和高效率。

应该指出的是,目前还没有任何方法完全符合上述总体要求。根据研究目的和样品的用途,以及所适用的波段,可以采用各种技术制造超材料,每种制造技术都有其自身的优点和缺点。

在接近太赫兹和光学波段,超材料的制造技术在很大程度上与纳米技术重叠。为了在基板上得到微米和纳米量级的结构体,通常使用以下技术:

(1) 基于化学、光学和等离子体化学过程的方法,该技术在真空装置和气相状态中实现;

(2) 电化学方法,阳极氧化、蚀刻和光刻技术;

(3) 外延技术;

(4) 聚合物光刻胶及其蚀刻工艺;

（5）受控薄膜的生长（在平面样品的制造中）；

（6）外形尺寸加工工艺等。

有一种合成结构化材料的技术，该技术通过自组合或化学催化反应，将初始结构单元（原子和分子）合成为纳米量级大小的颗粒。例如，在生物催化剂（酶）的作用下，以一定的顺序收集氨基酸合成生命组织的过程。斯泰伦博斯大学（南非）的科学家首次提出了制造微波波段手征性材料的自动化技术[112]。文献[113]提出了一种制造超材料的方法，该方法在载板上形成保护层，在保护层上交替地构建谐振结构层和介电层，然后将谐振结构层、介电层及保护层一起与载板分离，借助谐振层上的标记通过组装的方法将它们组合在一起。文献[114]提出了一种基于"牺牲"层的表面和体微加工技术制造超材料的方法。超材料通过以下步骤制造：在两个硅晶基片上分别形成"牺牲"铬层、第一和第二谐振结构层，通过微加工形成聚合物环，通过蚀刻牺牲层分离带有规则谐振结构的聚合物环与硅晶基片，第一和第二谐振结构层通过介电层组合起来。

文献[115]介绍了通过直接激光雕刻金属化聚合物膜的方法制造由谐振和宽带平面单元组成栅格形式的超材料。研究中使用 Laser Graver 公司 LG 10F15 型号的激光雕刻机，加工中用热敏胶片作为光掩模，以获得最高分辨率。通过镀铝涤纶的烧蚀方法形成直条纹的研究结果如图 2.3.2 所示。文献[115]介绍了一种通过堆叠简单结构获得复合材料的方法，这种复合材料具有负折射率并可作为三维超材料的制造基础。该文作者重点介绍了这种材料制造亚毫米波段极化器和带通滤波器的可行性。

图 2.3.2　透射光中偏振器的显微照片

目前，有一种使用玻璃通过热极化形成网状银-电介质结构形式的超材料制造方法，该方法是在恒定电场中对玻璃进行热处理并且在电场存在的情况下冷却（在英文文献中热极化使用术语"poling"来表示），这种方法被认为有望在光学波段实现负折射率。文献[116]提出了一种基于含银玻璃制造这种超材料的方法,该方法的本质在于含银玻璃热极化处理过程中使用了具有浮雕图案的电极。在氢气环境中对偏振玻璃进行热处理期间,在玻璃表面形成银膜,银膜重复电极的浮雕图案。电极的图案及其浮雕的深度决定了玻璃表面银纳米薄膜网格结构的几何参数。这种结构可以是带有孔或盘的连续薄膜,同时,周期结构中单元的特征尺寸不超过500nm,膜的厚度可达到30nm。将薄膜结构堆叠可以得到两层结构的超材料。玻璃热极化的实验研究获得的表面层具有非线性光学特性(线性电光普克尔斯效应、二次谐波产生等)[117],这也说明层中材料是各向异性的。材料呈现非线性光学性质可以作以下解释:由于所谓的"冻结"电场的存在,玻璃材料中心对称性(各向同性)被破坏,并且在这些层中出现了极轴。"冻结"电场是由于高温恒定电场的作用下玻璃中带电粒子(离子、带电缺陷)向阴极移动而产生的[118-120]。在材料冷却后,由于室温下的低扩散系数,这些颗粒无法返回到初始位置,同时,大气中 H_3O^+ 的氢离子补偿了极化层中电荷的不足[121]。

　　双曲线介质即单轴材料也是一种具有应用前景的超材料,其主要组成单元的介电常数有不同的符号。光学波段这种材料成功的例子是金属填充介电多孔基质的金属纳米线材料。综述性文献[122]在分析不同作者研究成果的基础上,研究了使用阳极氧化法制备基于 Al_2O_3 的内嵌有序结构的介电基质的方法(基于阳极氧化铝(AOA)的纳米多孔基质),并且介绍了使用电化学沉积的方法填充金属的过程。通过电化学沉积,成功获得了不同金属的纳米线阵列(Au[123-127],Ag[128],Ni[129],Co[130],Cu[131],Pd[132]),如图 2.3.3 所示。其中,图(a)是去除 AOA 纳米多孔基质并用金填充孔隙后获得了一系列独立的金纳米线[125];图(b)是填充金的纳米多孔基质 AOA 的裂口[124]。

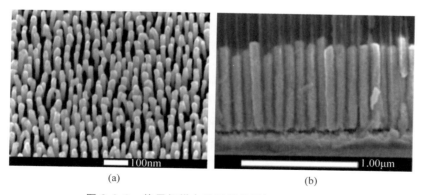

　　　　　　(a)　　　　　　　　　　　　　　　(b)

图 2.3.3　使用扫描电子显微镜拍摄的样本照片

(a) 金填充纳米线;(b) 纳米多孔基质 AOA 的裂口

光刻工艺技术是获得纳米结构和超材料最常用的一种途径。光刻工艺具有以下技术步骤：

（1）清洁基材；

（2）形成光刻胶掩模，一种对任何高能辐射（可见光、X射线、离子或电子束）敏感的有机材料，将其包覆到基板上并干燥；

（3）曝光；

（4）显影；

（5）蚀刻；

（6）去除光刻胶。

光刻能量束的类型在很大程度上决定了光刻工艺的所有阶段，包括材料和光学系统的选择，对掩模、基板等的要求。因此，依据该参数对光刻方法进行的分类，通常可以分为以下几种：

（1）光学光刻；

（2）电子束光刻；

（3）离子束光刻；

（4）无辐射光刻（印刷光刻）。

光刻技术广泛应用于半导体电子元器件和计算机制造技术中，该方法是基于波长为1～1000nm对光刻胶掩模的照射。光学光刻方法也可以根据光控制电路分类，根据掩模和光刻胶布置的不同、是否使用了附加的光学系统等来区分控制电路。电子光刻可以通过聚焦电子束在光刻胶层上按顺序形成拓扑图，也可以通过投影同时绘制整个图案。同样的方法也可以应用于浮雕图案的离子光刻技术中。如此这般，光刻工艺可以分为接触、非接触和投影光刻三种方案。

三维激光光刻工艺基于光敏材料的双光子吸收，并且适用于产生空间分辨率高达100nm的三维微结构。当飞秒激光束聚焦在光学焦点及其相邻域的透光光敏材料时，材料由于光的非线性吸收发生聚合。这也是共焦激光扫描显微镜的工作原理，激光束对层进行顺序扫描，在样品上形成三维图像。在三维激光光刻工艺中，通过移动（扫描）光束并按照特定程序聚焦光束，可以在光敏材料中构建任意形状的三维结构。使用基于钛蓝宝石的飞秒红外激光束并结合共焦激光显微镜，构建出了真正的三维结构[133]，其特征尺寸不受衍射极限的限制。

双光子激光光刻工艺与传统光刻工艺相比，其优势在于：

（1）可以构造三维的结构；

（2）双光子光刻系统的许多特性与共焦扫描激光显微镜系统类似，而且没有真空要求，系统操作相对容易；

（3）使用计算机程序设定所需的三维结构，可以快速改变设计，能重复生产相同结构的样品,同时也不需要掩模或压模。

　　文献[134]提出了一种用于构造三维结构(纳米转移印刷)的印刷方法。在第一阶段,先通过光刻方法(软纳米压印光刻)制造印刷模板,然后重复使用该印刷模板在基板上印刷所需的结构。

　　图 2.3.4(a)是在硅坯上构建的浮雕图像。在构造出模板后,通过电子束溅射从气相中交替地将 Ag 和 MgF 沉积在模板上,总共沉积了 11 层,总厚度为430nm,如图 2.3.4(b)所示。然后将聚二甲基硅氧烷基质(聚二甲基硅氧烷)加载到模板上,在基材上形成银与孔的交替层和具有负折射率结构的氟化物,如图 2.3.4(c)所示。最后从模板中移除材料的残余物,准备开始下一个打印周期。与光刻方法相比,印刷方法的优点在于:工作温度低,材料中无热沉积和化学降解,能够在大型基材上印刷。

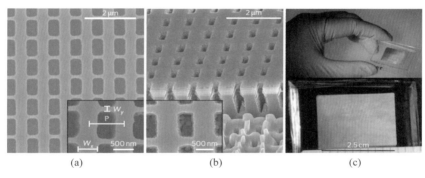

图 2.3.4　印刷样品不同阶段的 SEM 图像

(a) 模板的结构;(b) 具有 11 层沉积结构模板的图像;(c) 构建完成后的样品外观

　　光学超材料通常由相当小的金属结构重复排列组成。在光的照射下,每个结构内部将引起振荡场,在不同结构中诱导的场相互间可以发生共振,可以利用这一点借助结构设计实现整个结构阵列的特性。

　　目前超材料的制造仍然限于实验室中通过采用复杂的工艺进行,离工业化生产还相对遥远。然而,文献[135]的作者提出了一种适用于工业化生产的、被称为渔网结构超材料(渔网结构或镂空超材料)的超级材料制造技术。渔网结构超材料具有一种三维结构,它由布置于更大平面上的几个重复的直立部分组成。

　　综上所述,存在几种构建三维结构的方法。第一种是先仔细单独构建各个层,然后将它们重叠组合在一起,由于需要仔细对准每一层的标志,因此该工艺过程复杂且耗时。第二种方法是先构建衬底模板,在模板上加载后续层,然后移除模板并将所得多层结构移到样品的基板上。这一方法具有其自身的局限性,其一是所构建超材料的总厚度不超过数十纳米,从而限制了材料的谐振结构数量。文献[135]

的作者基于基板模板方法成功构建了厚度为 300nm 的渔网结构超材料。然后,该作者使用所谓的三层提升技术(tri-layer lift-off),该技术将光刻胶复制到二氧化硅层上作为临时基板,第二层光刻胶位于二氧化硅层下,通过这样的工艺构建了由五个双层结构组成的超材料,具有明显的谐振特性。该文作者认为,使用这种技术,可以构建大面积的三维纳米材料,并加速其实际应用。

2.4　光子晶体的制备技术及其改进

目前,激光光刻技术广泛应用于微米和纳米光子结构的制造中,特别是在光刻胶中构造三维结构方面的应用。为了在不同材料中形成电路图像照片,该技术采用了非线性光学过程,例如激光束聚焦区的双光子光聚合、激光烧蚀或光学击穿等。作为这种光子构图的结果,可以强烈地改变材料的光学性质。通过激光光刻迅速地构造新光学材料的实例是光子晶体、衍射光学元件和频率选择性面材料等。

首先要区分光子晶体和超材料这两个概念,这很重要。与光子晶体相比,超材料中组成单元(所谓的单元或原子)的尺寸及它们之间的距离必须明显小于入射波的波长。此外,超材料中的组成单元通常是金属的,这可以得到每个单元明显的谐振激发现象。对于光子晶体,谐振是由入射波波长与其空间结构周期的对应关系引起的。获得光子晶体的几种常用方法为全息光刻、倾斜沉积、直接激光刻录技术(DLW)等。

直接激光刻录技术可以获得高分辨率的三维结构,由于材料的非线性吸收特性,超窄脉冲激光束在光学系统聚焦点处引发了聚合过程。所使用激光的强度只需略高于非线性聚合的阈值,就可以构建出高分辨率的三维结构。图 2.4.1 给出了通过直接激光刻录构造的螺旋光子晶体实例。通过直接激光刻录的方法,使用正性光刻胶可以构造出所需形状的三维空隙结构,使用负性光刻胶可以构造出

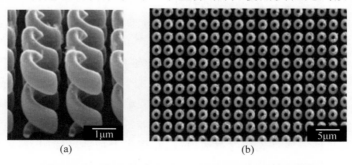

(a)　　　　　　　　　　(b)

图 2.4.1　直接激光刻录方法构建螺旋光子晶体[80]

(a) 侧视;(b) 俯视

介质模板。文献［136］介绍了在直接激光刻录时采用激光激励分离方法可以使横向分辨率接近 50nm，并且还论证了其进一步改进的潜力。此外，关于超材料用于图像处理的可行性探索极大地促进了构建纳米级金属周期结构阵列的研究工作。

当入射光的波长接近金属光子晶体结构周期性表征参数时，金属光子晶体将显著改变入射光的特性。这方面的应用前景主要涉及科研仪器与设备的研制，例如滤波器、光学开关、传感器、显示设备、太阳能电池、激光器等。

在微波（毫米波）和远红外波段，金属几乎是完美的"镜子"，不会显著吸收光波辐射。然而，制造光学波段的高分辨率三维金属光子晶体[137]并不是一项简单的任务。已发表的文献中有不少关于构建金属三维结构的研究，例如，文献［138］研究了通过原子多光子电离进行离子沉积的构建方法。但所获得的结构是粗糙的，这是因为对于加工用激光波长（500～800nm）来说金属离子的透明度较低。在实验中也通过微波和传统的光刻方法构造了金属结构[139]。然而，由光刻方法构造的结构其层数是有限的，并且需要将每一层与前一层相匹配，这也是非常困难的任务。

电镀过程可以实现不同的金属化机制[140]。电镀可以在正性光敏光刻胶阵列的空隙中填充金属，这在技术上简单且廉价。这需要在透明电极和宏观电极之间施加偏压，透明电极固定在基板上，宏观电极安装在烧杯中且电位符号相反。甚至在不施加任何外部电位情况下，也可以进行金属的沉积。该过程是溶液中的金属离子在含有催化基质的表面上进行选择性还原，催化剂的作用是保证在基质上的连续还原沉积。图 2.4.2 给出了电镀镀金工艺的金属化阵列样品之一——柴垛型阵列的 SEM 图像。

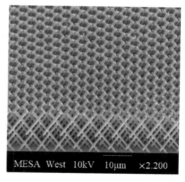

MESA West　10kV　10μm　×2.200

图 2.4.2　柴垛型光子晶体的 SEM 图像[140]

对负性光敏光刻胶阵列金属化处理，可以在其表面上连续沉积氧化硅或氧化钛层，厚度为原子尺寸量级，然后进行金属（例如银）气相化学沉积。进行表面活化这类初步的附加处理，以增加金属与表面的黏附力。所构建结构的质量、完整性和分辨率等特性取决于所用的材料和表面处理工艺。由于无法控制结构中金属黏合的密度，即使在结构的完整性和分辨率非常好的情况下，金属化的质量也会变化。另外，金属化不是可选可控的，基底与所构建结构的表面一起都被活性化了。因此，通常还需要额外的处理以便从结构中去除金属化的基板[141]。为了解决这个问题，发明了一种新的方法，该方法使用含特殊添加剂的光聚合物来粘合金属，此时，金属化是可选可控的，通过添加剂可以控制结合位点的密度和分布,这样一来,结构的完整性、分辨率和金属化质量只取决于所用光聚合物的质量[142]。

2.5　基于激光光刻技术的二维和三维光学超材料

目前的科技发展水平已经可以创建紧凑型的桌面激光光刻设备,如图2.5.1所示,该设备可通过适当的光刻胶构造三维微观和纳米结构[143]。该设备操作虽然简单,精度却很高,符合构造要求。应用该设备可构造诸如复杂的三维光子晶体、光学超材料结构,构造特定形状的三维骨架结构,该骨架满足生物学需要,可以确保细胞生长及其功能,构造机械超材料的原型和特定几何形状的三维微观和纳米结构。最新一代的3D激光光刻系统,如Nanoscribe,Photonic Professional GT光刻系统,使用了双光子聚合方法可以快速构建任意复杂形状的微米和亚微米结构。电镀系统与镜子组合在一起,可以显著提高刻录速度,也确保了激光束的精确偏转以及在焦点处的刻录。使用该方法,可以快速构造大面积的3D微米和亚微米结构。

图2.5.1　三维激光光刻系统和Nanoscribe GmbH公司的3D打印机

目前,还有一种台式紧凑型直接激光光刻系统[143],该系统考虑了制造光子结构和光学超材料的精度要求。该工艺系统自动化高、可重复性和灵活性好,可以满足各种特定结构参数的要求。Nanoscribe GmbH公司由卡尔斯鲁厄理工学院(Karlsruher Institut für Technologie)的科学家于2007年创立,专门开发超材料和光子材料制造的相关设备,公司推出了一种高速3D微纳米印刷系统。系统结合了3D打印机特有的高速、高精度和高空间分辨率特点,为进行光学3D超材料领域的研究奠定了坚实的基础[143]。

图2.5.2为用各种方法制造的光学2D超材料照片。其中,图2.5.2(a)给出了负折射率超材料的SEM图像,该材料通过电子束光刻方法构造,工作在红光波

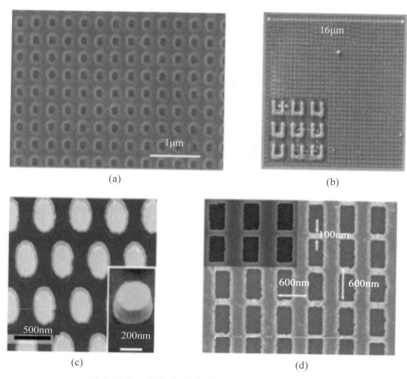

图 2.5.2　用各种方法制造的光学 2D 超材料
(a) 超材料的 SEM 图像；(b) 平面分离环谐振器阵列；
(c) 纳米汉堡六角形阵列；(d) 镂空结构的 SEM 图像

段[144]。图 2.5.2(b)是由离子束光刻法制成的平面分离环谐振器阵列[145]，通过这种方法创建的平面分离环谐振器阵列的磁谐振频率在近红外波段[145]。由干涉光刻法制成的纳米汉堡六角形阵列[146]创建的大规模 2D 模板的实例如图 2.5.2(c)所示。该阵列通过三光束干涉光刻法制成，其中激光源通过角锥形棱镜[146]产生三个相干激光光束。图 2.5.2(d)给出了通过纳米压印-光刻方法制得的所谓镂空结构的 SEM 图像，该结构材料在近红外波段具有负折射率[147]。

　　图 2.5.3 和图 2.5.4 给出了以不同方法制造光学 3D 超材料的 SEM 图像。其中，图 2.5.3(a)为由电子束光刻法制造的近红外波段负折射率材料，由三个功能层组成[148]；图 2.5.3(b)为由电子束光刻制造的四层分离环谐振器[149]。图 2.5.3(c)为由离子束光刻法制成的可见光波段负折射率材料[150]。图 2.5.4(a)为由双光子聚合和化学金属化方法制造的镀银纳米弹簧，图中还有单元结构图[151]。图 2.5.4(b)为由直接激光刻录和化学气相沉积法制造的镀银纳米棒 3D 阵列[152]。

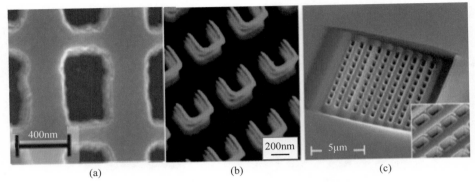

(a)   (b)   (c)

图 2.5.3 通过顺序层方法制作光学 3D 超材料

（a）电子束光刻法材料；（b）电子束光刻谐振器；（c）离子束光刻法材料

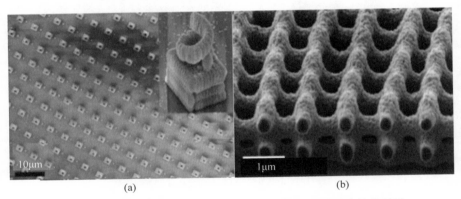

(a)   (b)

图 2.5.4 通过多光子聚合法制造的 3D 金属-电介质纳米结构材料

（a）镀银纳米弹簧及其单元结构图；（b）镀银纳米棒 3D 阵列

2.6 微波频段基于螺旋单元二维周期阵列的制备方法

　　超材料的单元几何尺寸与其工作频段相对应,由前面的讨论可知基于纳米技术的超材料制备技术通常适合于光波频段。相对而言,太赫兹频段和微波频段的超材料的几何尺寸要大许多,它们的制备与纳米级的光刻技术有很大不同。下面先从简单的微波频段螺旋结构的加工工艺开始,介绍螺旋结构和 Ω 形结构超材料的制备技术。

　　我们开发了一种微波频段螺旋结构超材料的制备技术,为了确保构成二维周期阵列的螺旋结构单元的特性,需要在结构一致性、刚性与弹性及阵列排列方法各方面进行研究与设计。其制备的具体步骤如下:

（1）将铜线按照预先计算好的参数缠绕在预制模板上，如图 2.6.1 所示，为确保各螺旋结构单元间的一致性，必须满足单元的结构尺寸和精度要求；

（2）将模板与缠绕的螺旋结构一起在马弗炉 300℃ 的温度下退火 10min，这相当于铜的再结晶温度（180～300℃）[153]；

（3）将线材进行淬火并冷却，然后进行回火处理，减弱其弹性性能；

（4）将螺旋线圈与模板分离，按照设计的参数和线圈上的标记进行切割，得到完全符合尺寸的螺旋结构单元。

$$(a)\qquad\qquad\qquad\qquad(b)\qquad\qquad\qquad(c)$$

图 2.6.1　不同螺旋上升角螺旋结构的模板照片

（a）右旋和左旋螺旋结构（7.1°）；（b）右旋和左旋螺旋结构（13.6°）；（c）右旋螺旋结构（53°）

然后可以用这些完全相同的螺旋结构单元构造出周期性的二维阵列，将这些螺旋结构单元插入预先切割好的泡沫塑料凹槽中，这种泡沫塑料材料非常容易得到，并且射频辐射是透明的。图 2.6.2 中的凹槽 AB 与泡沫塑料水平边缘的夹角等于螺旋单元上升角 α，并且在没有胶合的情况下，螺旋单元被牢固地固定在二维阵列中。在这种二维阵列中，螺旋单元的安装和布置可以根据特定的实验条件而变化。

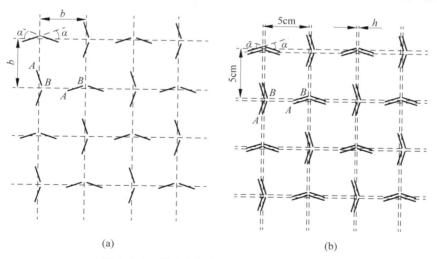

$$(a)\qquad\qquad\qquad\qquad\qquad(b)$$

图 2.6.2　样品中螺旋结构单元排列示意图

（a）单螺旋结构-1；（b）双螺旋结构-1（右旋和左旋）；（c）单螺旋阵列-2；（d）双螺旋阵列-2

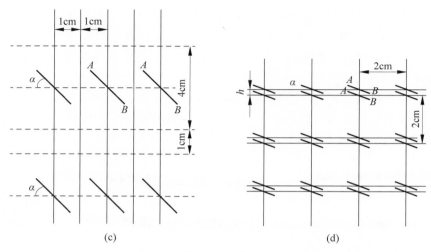

图 2.6.2（续）

　　根据设计计算，戈梅利国立大学研究了几种二维阵列实验构造方法，总共构造了超过 50 个阵列样本，包含 144～600 个单圈螺旋和双圈螺旋单元。其中几个单螺旋结构和双螺旋结构超材料透镜实验阵列的外观如图 2.6.3 所示。

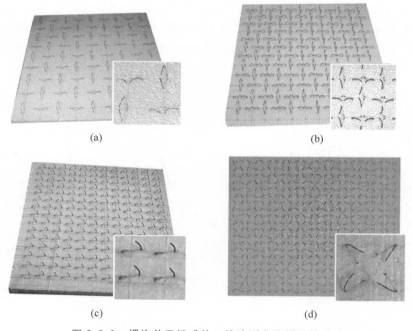

图 2.6.3　螺旋单元组成的二维阵列实验样品的照片

（a）单螺旋组合-1；（b）单螺旋组合-2；（c）单螺旋组合-3；（d）单螺旋组合-4；（e）双螺旋组合-1；（f）双螺旋组合-2

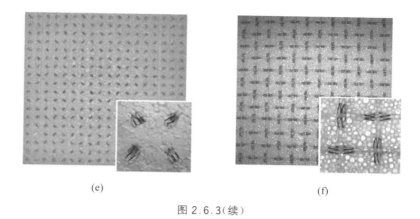

(e)   (f)

图 2.6.3（续）

2.7　太赫兹波段 Ω 形结构超材料制备方法

使用磁控溅射方法构造平面二维各向异性阵列是很有效的,还可以构建周期性多层介质,每一层由 Ω 形结构单元组成,如图 2.7.1 所示。通过 Ω 形结构单元可以建立磁和电的联系,在结构单元中由电磁场引起的电矩和磁矩彼此垂直。当两个 Ω 形结构单元位于一个平面并且它们的直线段相互垂直时,可以构造出单轴双向各向异性介质的结构单元。

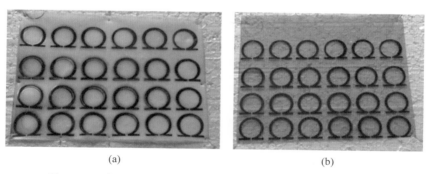

(a)   (b)

图 2.7.1　由 Ω 形结构单元构建的二维各向异性平面阵列的样品

(a) 氟塑料基片上的阵列;(b) 聚酰胺基片上的阵列

使用真空磁控溅射的方法在氟塑料和聚酰胺基片上形成了金属膜层。要注意选择溅射模式,使得由沉积原子的动能转化和冷凝过程中释放的热量不会造成基片温度大幅度升高,基片一般由耐热性低的材料制成,其温度在溅射过程中不能超过 $100\sim200℃$ 。

磁控溅射系统广泛用于真空镀膜技术。磁控溅射系统的作用原理是在电场和磁场的联合作用下,在辉光放电区形成高速等离子体流,高速的离子轰击阴极靶溅射出大量靶材原子,中性的靶材原子沉积在基片上成膜[154]。

戈梅利国立大学使用磁控溅射方法对氟塑料或聚酰胺基片进行金属化,借助掩模来进行铜靶材的溅射镀膜,掩模的切口形状与制造的 Ω 形结构单元的形状完全一致。

通过使用掩模进行磁控溅射镀膜,获得了二维各向异性平面阵列,照片如图 2.7.1 所示[155]。所使用的掩模由不锈钢板使用 YAG 固态激光器和坐标台在特定的程序控制下加工制造(激光器的参数为:波长 $\lambda = 1.064\mu m$,平均功率 $P_{cp} = 50W$,最大激光脉冲能量 790mJ,激光束发散度 0.8mrad,脉冲重复频率 50Hz,脉冲宽度 1ms)。

通过将铜溅射到氟塑料基片上的类似方式可以制造 Ω 形结构单元材料,如图 2.7.2 和图 2.7.3 所示。

(a)   (b)

图 2.7.2　制造矩形 Ω 形单元结构材料

(a) 掩模的制备;(b) 磁控溅射的真空设备

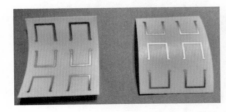
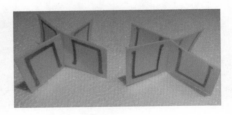

图 2.7.3　氟塑料基片上的 Ω 形铜质单元结构

根据戈梅利国立大学的设计和计算结果,在集成电路有限公司加工制造了太赫兹波段的超材料样品,如图 2.7.4 所示[105]。其中图 (a) 和图 (b) 分别是铝和钼阵列中的 Ω 单元;图 (c) 和图 (d) 分别为硅基片上的 Ω 形单元阵列的外观和光掩模的外观;放大倍数为 200 倍的光掩模照片,如图 (e) 所示[105]。

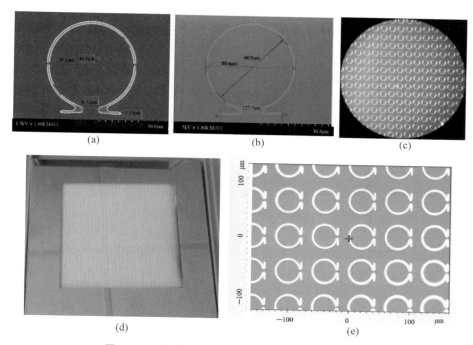

图 2.7.4　太赫兹波段的 Ω 形结构超材料样品照片

（a）铝 Ω 单元；（b）钼 Ω 单元；（c）Ω 单元阵列外观；（d）光掩模的外观；（e）200 倍放大光掩模的照片

　　基于分层制造或固体物生长的原理，借助 3D 打印技术，使用不同方式和不同材料，可以根据 3D 数字模型构造超材料单元，然后通过包括磁控溅射在内的各种方法进行金属化，如图 2.7.5 所示。

图 2.7.5　3D 打印机

2.8　太赫兹波段基于螺旋结构超材料的制备方法

目前,太赫兹波段的器件及相关技术正在快速发展,而该波段实际可以使用的材料却不多(如缺少具有明显非线性、手征性以及在光学波段极其普遍特性的材料),并且也缺少对于这些材料在太赫兹波段电磁特性的研究。因此,太赫兹波段超材料的概念和相关研究具有非常现实的意义,同时也是超材料科学研究领域的大趋势。

对于太赫兹波段的超材料,其人工谐振单元的特征尺寸必须在几十微米的量级,以确保特征尺寸上小于电磁波波长。为了达到与理论计算一致的响应,必须非常精确地调整和布置大阵列中的所有谐振单元腔。在目前成熟的技术中,仅通过传统的平面技术可以保证所需的尺寸和精度,但这样只能构建扁平的或层状的材料。对于这种基于平面单元的超材料,根本不可能设计其三个维度中的材料特性。此外,在大多数实验研究中,由于平面技术的限制,研究人员只能局限于单层单元(即单层超材料),很难进一步研究三维体状材料的电磁特性。同时,几乎所有超材料的应用领域都需要制造出具有特定三维电磁特性的大块实验样品。

为了获得太赫兹波段具有最优参数螺旋结构的材料样品,我们使用了由俄罗斯科学院西伯利亚分院半导体物理研究所(Rzhanov Institute of Semiconductor Physics Siberian Branch of Russian Academy of Sciences)用纳米结构方法(称为普林斯工艺)研发的样品。这种三维微米和纳米结构构造方法是将半导体应变膜与基板分离,然后将其折叠成具有空间结构的样品。该方法由俄罗斯科学院西伯利亚分院半导体物理研究所工作的普林斯于 1995 年提出。该方法广泛应用于发达国家(美国、日本、德国等)的科学实验室,但只有俄罗斯科学院西伯利亚分院半导体物理研究所以及戈梅利国立大学用这种方法构造出了螺旋结构电磁谐振单元阵列和超材料。

普林斯工艺[156-158]的新颖性和重要性在于从二维谐振单元到三维谐振单元的过渡,该工艺确保了谐振单元的尺寸和精度(特征尺寸从微米到纳米,直到原子尺寸),并且可以使用各种材料(电介质、金属、半导体)构造各种形状和结构的谐振单元,应变薄膜层的构造原理如图 2.8.1 所示。其中,图(a)显示了双层假晶应变薄膜从基底分离形成管的过程,图中 M 是使薄膜卷曲的力矩。图(b)是由半导体窄条应变膜折叠构造三维螺旋单元阵列。

文献[156]详细描述了该方法的本质,具体包括:在基板上生长双层膜,层与层之间存在相互的机械应力,当从基板上脱离时,双膜在应力的作用下发生弯曲,直到处于弹性能量最小的形状。因此,通过控制弹性变形和应变层的厚度,可以精

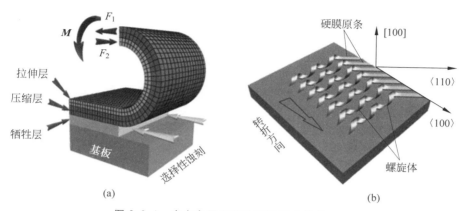

图 2.8.1　由应变异型膜构建三维壳体的原理

（a）双层假晶应变薄膜从基底分离形成管的过程；（b）半导体窄条应变膜折叠构造三维螺旋单元阵列

确获得从纳米到数百微米范围内的弯曲半径。例如，在两层相等厚度的双膜厚度 d 的最简单情况下，弯曲半径是与 $\dfrac{d}{\Delta a/a}$ 成正比的，其中 $\Delta a/a$ 是膜层固定栅格的失配参数，因此，附加的非应力膜层将导致弯曲半径的增加。半导体单晶机械性能的各向异性是基于异质应变结构构造螺旋结构的基础。弹性变形的能量

$$W = \frac{E}{1-\nu}\varepsilon^2 d$$

式中，W 是单位面积弹性变形能量，E 是杨氏模量，ν 是泊松比，ε 是变形量，d 是双层膜的厚度。由于图中[100]方向的杨氏模量小于[110]方向的（Si 和 Ge 的情况下为 1.3 倍），因此，与[100]方向成一定角度的窄带应变双层薄膜（图 2.8.2(b)）与基板脱离，并在某个方向上滚动形成三维螺旋体。螺旋线圈之间的步长由应变薄膜条带和滚动方向之间的角度确定。因此，通过控制膜生长阶段的膜层厚度和膜层机械应力可以确定螺旋的直径，而螺旋结构左旋或右旋的旋转方向、螺旋长度和步长都在光刻阶段通过控制膜层脱离基板的方向和大小确定[156]。

图 2.8.2 显示了由金属-半导体混合的纳米厚度薄膜构成右旋（图(a)）和左旋（图(b)）微线圈阵列的图像。在原始薄膜条带组分之后的括号中表示的是以纳米为单位的各层厚度。

两个半导体层作为螺旋结构的框架，而结构中的金属层与电磁场相互作用。如图 2.8.2 所示，金属-半导体纳米薄膜按照以下步骤构成平行的螺旋阵列：使用分子束外延方法在基底 n-Si（[100]方向）和 n-Si（[110]方向）上生长掺硼（$10^{20}\,\mathrm{cm}^{-3}$）的假晶应变双层膜 $Si_{0.6}Ge_{0.4}/Si$，$Si_{0.6}Ge_{0.4}/Si$ 的底层根据晶格失配度相对于 Si 基底压缩 1.6%；通过热真空喷涂在半导体结构的顶部沉积金属 Cr 层；

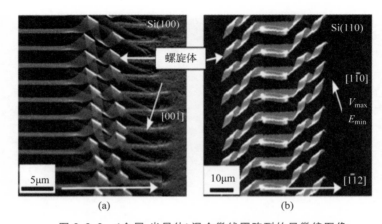

图 2.8.2　（金属-半导体）混合微线圈阵列的显微镜图像

（a）$Si_{0.6}Ge_{0.4}/Si/Cr(2.6/4/30nm)$薄膜条带；（b）$Si_{0.6}Ge_{0.4}/Si/Cr(10/70/20nm)$薄膜条带

通过光刻和顺序蚀刻工艺将金属-半导体膜结合到低掺杂硅基底上，形成 $Si_{0.6}Ge_{0.4}/Si/Cr$ 膜条带阵列；然后，将该结构置于氨溶液中依赖于 p^+ 掺杂的 SiGe/Si 薄膜的各向异性，对 n-Si 基底进行选择性蚀刻。由于硅衬底的各向异性蚀刻，在末端开始分离 $Si_{0.6}Ge_{0.4}/Si/Cr$ 条带并且移除基底材料后，薄膜条带卷成大块螺旋，如图 2.8.1（b）和图 2.8.2 所示，结构螺旋的卷曲同时在整个阵列上均匀进行。在光学显微镜监测下，该过程可以在螺旋结构卷曲的特定阶段停止蚀刻，使得中心部分的条带固定在基底上，而与基底分离的条带悬挂在蚀刻坑上。在液体蚀刻之后，将整体结构在超临界 CO_2 气体中干燥，这样可以避免毛细管力对薄膜微螺旋体的影响，也可以防止它们变形、黏附在基底上[156]。图 2.8.2 给出的阵列中所有螺旋结构是相同的，精确地固定在基底上，它们的轴彼此平行。这种结构手征性材料的电磁特性基本上取决于入射波的极化面相对于螺旋轴的角度。

为了消除超材料手征性特性的各向异性效应，我们设计了一种系统，其结构由方形单元的晶格沿着金属半导体螺旋结构的侧面按照精确位置和方向排列，如图 2.8.3 所示是由应变薄膜形成的螺旋形结构 InGaAs/GaAs/Ti/Au（16/16/3/50nm）的微线圈阵列[156]。由于存在四阶对称轴，这种微线圈阵列具有与入射波极化方向无关的手征性特性，即各向同性的。为了使用应变参杂膜 AlAs/$In_{0.2}Ga_{0.8}As$/GaAs/Ti/Au 在 GaAs（[100]方向）基底上构成这样的超材料，构造了在相对于卷曲方向[100]逆时针旋转 38°的条带阵列。当条带通过 AlAs 牺牲层的高选择性蚀刻从基底分离后，这些条带被转换成如图 2.8.3 所示的三维螺旋结构体。

双层应变膜 $In_{0.2}Ga_{0.8}As$/GaAs（001）具有两个相互垂直、能量相等的便于卷曲的方向（[100]类型）。同时，由于机械性能的各向异性，应变薄膜条带相对于

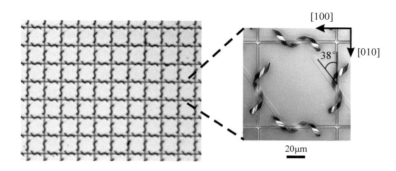

图 2.8.3　GaAs 基底正方形晶格上的金属-半导体微线圈阵列

[100]方向夹角小于 45°时(顺时针方向),应变薄膜条带卷曲成左旋螺旋结构;当夹角为逆时针方向时,应变薄膜条带卷曲成右旋螺旋结构。由于这些特征,本书研究的阵列中所有单元都是右旋螺旋结构的。

正如在俄罗斯科学院西伯利亚分院半导体物理研究所进行的初步实验研究显示的,当采用聚合物膜对上述阵列进行封装时,纳米膜螺旋结构实际上是不变形的。多层的这种复合膜可以构造由三维单元组成的三维阵列超材料。大多数实际应用需要的是具有三维电磁特性的三维超材料体。然而,现在只能在微波波段解决制造这种材料的问题,这些材料螺旋结构的特征间距和直径在几毫米的量级,并且螺旋结构可以通过人工制作,通过将金属线或带缠绕到基底上完成。

在俄罗斯科学院西伯利亚分院半导体物理研究所开发的技术基础上,可以对螺旋结构的尺寸通过光刻进行缩放(螺旋结构的直径可以从 1 微米到数百微米,螺旋结构的长度可以达到几纳米)。因此,可以使用非常大范围(从微波到光波)的螺旋结构来控制手征性超材料的谐振特性。这种超材料在设计功能器件方面有广阔的应用前景,这些功能器件可以控制极化、改变波的强度以及其他参数。这些应用对于太赫兹波段器件的研发尤其迫切,其中由于缺乏有效相位板(甚至是半波相位),极化转换的需求非常紧迫。

通过改变谐振单元的三维结构参数,可以获得超材料给定的三维电磁响应。制造具有新电磁特性的超材料,并研究其特性代表了超材料研究开发领域的新方向,尤其是针对太赫兹波段的应用研究。

俄罗斯科学院西伯利亚分院半导体物理研究所在独联体国家(CIS)中最早拥有纳米光刻技术,成为一个独特的实验研究基地,利用该技术可以制造大面积纳米结构,并且进一步发展基于三维单元的材料制造技术。

根据戈梅利国立大学太赫兹波段的设计和计算,俄罗斯科学院西伯利亚分院半导体物理研究所在世界上首次基于半导体和金属-半导体混合异质膜构造了三维微壳结构阵列。该技术属于纳米技术,目前通过该技术,可以大规模构造基于三维光滑谐振螺旋结构的超材料,也包括适用于太赫兹波段的三维螺旋结构。螺旋结构是超材料最有应用前景的结构单元,因为在电场和磁场的作用下,它们可以同时发生电偶极矩和磁矩。螺旋的特性是金属棒和开口环两者特性相结合的,但与传统超材料领域的结构单元不同,螺旋结构具有磁电特性或手征特性,因为它与其镜像不同。如果不需要超材料的手征性,可以通过在阵列中以相同密度布置右旋和左旋螺旋结构补偿材料的手征性。

卷曲纳米薄膜的方法基于金属-半导体纳米应变薄膜构造出直径为数百微米的螺旋结构,制造出谐振频率处于微波波段、厚度比趋肤层厚度大一个数量级的金属层。同时,在实验室条件下用螺旋结构阵列进行微波波段的实验研究不仅方便可行也非常经济,因为非常容易构造出各种结构的三维阵列;将它们固定在电磁波透波的基板上,根据位置和方向的要求将它们固定在透波材料的阵列中。以螺旋线阵列为模型的研究结果可以扩展到具有相同几何形状的金属-半导体膜螺旋结构中,其中金属层的厚度将显著超过微波波段螺旋结构的表层厚度[156]。

2.9 含有螺旋形金属复合材料的制造方法

对于给定空间分布和固定于空间位置的螺旋单元结构的形态,使用所谓的内嵌介质概念(host-media)是必要的。本书研究的复合材料是由戈梅利国立大学计算和设计,由白俄罗斯科学院别洛格金属聚合物研究所制造的。复合材料是基于铁素体填料和聚合物热塑塑料的混合物通过原始熔喷法(melt-blowing)制造的纤维材料。该方法的原理是不间断挤压出聚合物,然后在气流中拉伸成纤维状,随后以非织造纤维物质的形式沉积在成形基底上。工艺流程如图 2.9.1 所示。

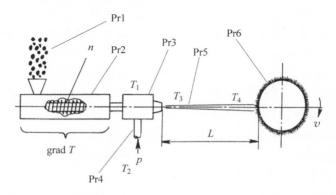

Pr1:聚合物颗粒;Pr2:螺杆挤压机;Pr3:喷头;Pr4:压缩空气;Pr5:气体聚合物混合流;Pr6:形成基底。

图 2.9.1 熔喷法制造非织造纤维材料的工艺过程

　　将颗粒化的聚合物和具有高磁导率的细沙状填料在挤压机中混合并加工。由两种材料组成的复合熔体通过喷头的出孔挤出。熔融的纤维随着气流被拉伸并输送至成形基底,最后以纤维网的形式沉积在基底上。

　　熔喷技术可以改变纤维材料的各种结构和性能参数,并且可以在材料成形的任何一个阶段改变这些参数。控制熔喷工艺过程的主要工艺参数有:挤压机不同区域的温度(T_1 和 T_2)、喷头温度(T_3)、挤压机螺杆的转速(n)、喷射气体的压力(p)和温度(T_4),以及从喷头到成形基底的距离(L)[159]。图 2.9.2～图 2.9.4 给出了通过熔喷工艺获得的一些材料样品的照片,并且还给出了它们的组成和层厚度。

　　图 2.9.2 给出了基于熔喷技术的不同复合材料样品,其中,图(a)为由 3mm 厚纯高压聚乙烯(LDPE)加铁氧体填料制成的 8mm 厚复合材料;图(b)为由 LDPE 加铁氧体填料制成的 12mm 厚复合材料;图(c)和图(d)分别是 12mm 厚和 3mm 厚 LDPE 材料;图(e)是 3mm 厚聚丙烯(PP)材料;金属螺旋结构仅出现在样品图(f)中,该样品基于 PTFE 薄膜和 27 个金属螺旋结构单元制成,其中还包括作为封装介质的胶水,这一样品可用作基于金属螺旋结构单元复合材料的原型。图 2.9.3

(a)　　　　　　　　　　(b)　　　　　　　　　　(c)

(d)　　　　　　　　　　(e)　　　　　　　　　　(f)

图 2.9.2　使用熔喷工艺制造的复合材料样品

(a) 样品 1:8mm 厚 LDPE 复合材料;(b) 样品 2:12mm 厚 LDPE 复合材料;(c) 样品 3:12mm 厚纯 LDPE 材料;
(d) 样品 4:3mm 厚纯 LDPE 材料;(e) 样品 5:3mm 厚 PP 材料;(f) 样品 6:螺旋结构与 PTFE 复合材料

是基于熔喷工艺制得的金属螺旋与 LDPE 复合材料样品与剖面结构图[160]。图 2.9.4
是基于熔喷工艺制得的其他复合材料样品,其中,图(a)为碳丝与 LDPE 复合材料;
图(b)为 10％金属屑与 LDPE 复合材料;图(c)为 50％锰-锌铁氧体(MMF)与
LDPE 复合材料;图(d)为 10％金属屑加 50％MMF 与 LDPE 复合材料。

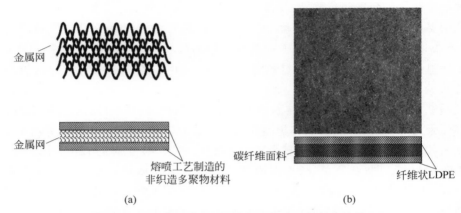

金属网

金属网

熔喷工艺制造的
非织造多聚物材料

碳纤维面料

纤维状LDPE

(a) (b)

图 2.9.3 复合材料中的层布局及熔喷工艺制得的样品

(a) LDPE＋金属网;(b) LDPE＋碳纤维面料 Busofit TP3/2

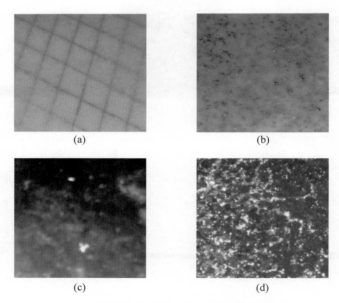

(a) (b)

(c) (d)

图 2.9.4 熔喷工艺制得的组合材料样品[160]

(a) 碳丝与 LDPE 复合材料;(b) 金属屑与 LDPE 复合材料;

(c) MMF 与 LDPE 复合材料;(d) MMF 加金属屑与 LDPE 复合材料

在戈梅利国立大学的微波暗室中测量了样品 1～6(图 2.9.2)的能量反射系数,反射系数 R 在 2.6～3.8GHz 频率范围内与频率的关系,如图 2.9.5 所示。

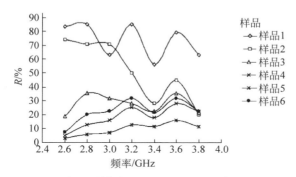

图 2.9.5　实验材料样品的反射系数与频率的关系曲线

对于法向入射的平面电磁波(EMW),电磁吸波材料(RPM)的能量反射系数 (R)和衰减系数(S)与频率的对应关系可以通过 2～27GHz 频率范围的波导线仪器测量,如图 2.9.6 所示。图中,曲线 i、ii、iii 分别对应不同成分材料(i:聚乙烯(PE)＋MMF(50% 质量,$d=50\sim200\mu m$);ii:PE＋MMF(50% 质量,$d=50\sim200\mu m$)＋玻璃球(10% 质量,$d=200\sim500\mu m$);iii:PE＋MMF(50% 质量,$d=50\sim200\mu m$)＋巴索菲特(Busofit)TP3/2 碳纤维面料)。

从图 2.9.6 的曲线可以看出,用玻璃球和碳布增强复合 RPM 代替部分聚合物黏合材料可以改善反射系数和衰减系数。这首先是由于功能性填料总量的增加,这些功能性填料使入射在复合材料上的电磁波产生磁的、介电的和焦耳的损失(遵守 EME 填充度的最小反射优化准则);其次,结合不同的能量损耗机制,最终改善

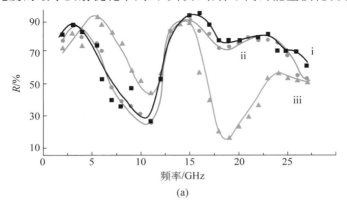

(a)

图 2.9.6　电磁吸波实验样品参数与频率的关系曲线[160]

(a) 反射系数 R;(b) 衰减系数 S

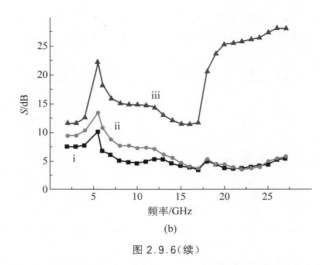

$$\text{(b)}$$

图 2.9.6(续)

了对于不均匀复合材料结构的电磁散射条件。将不同长度和直径的碳或金属纤维加入聚合物复合材料中可以扩展频带并增加电磁吸波材料 RPM 的吸收系数,这与加入分散填料的机制类似。

参考文献

[1] Wikipedia. Metamaterial[OL]. [2012-10-12]. https://en. wikipedia. org/wiki/Metamaterial.

[2] BOSE J C. On the rotation of plane of polarization of electric waves by a twisted structure [J]. Royal Society of London: Proceedings,1898,63: 146-152.

[3] EMERSON D T. The work of Jagadis Chandra Bose: 100 years of millimeter-wave research [J]. IEEE Transactions on Microwave Theory and Techniques,1997,45(12): 2267-2273.

[4] LINDMAN K F. Öfversigt af Finska Vetenskaps-Societetens förhandlingar [J]. A Matematik Och Naturvetenskaper,1914,57(3): 1-32.

[5] BROWN J. Artificial dielectrics having refractive indices less than unity[J]. Institution of Electrical Engineers: Proceedings,1953,100: 51-62.

[6] ROTMAN W. Plasma simulation by artificial dielectrics and parallel-plate media[J]. Antennas and Propagation IRE Transactions,1962,10(1): 82-95.

[7] ВЕСЕЛАГО В Г. Электродинамика веществ с одновременно отрицательными значениями эпсилон и мю[J]. Успехи физических наук,1967,7: 517-526.

[8] АГРАНОВИЧ В М, ГАРТШТЕЙН Ю Н. Пространственная дисперсия и отрицательное преломление света[J]. Успехи физических наук,2006,176(10): 1051-1068.

[9] СИВУХИН Д В. Об энергии электромагнитного поля в диспергирующих средах[J]. Оптика и спектроскопия,1957,3(4): 308-312.

[10] ПАФОМОВ В Е. К вопросу о переходном излучении и излучении Вавилова-Черенкова[J].

Журнал экспериментальной и теоретической физики,1959,36(6)：1853-1858.

[11] ПАФОМОВ В Е. Излучение Черенкова в анизотропных ферритах[J]. Журнал экспериментальной и теоретической физики,1956,30(4)：761-765.

[12] ПАФОМОВ В Е. Излучение от электрона, пересекающего пластину [J]. Журнал экспериментальной и теоретической физики,1957,33(4)：1074-1075.

[13] МАНДЕЛЬШТАМ Л И. Групповая скорость в кристаллической решетке[J]. Журнал экспериментальной и теоретической физики,1945,15：475-478.

[14] МАНДЕЛЬШТАМ Л И. Полное собрание трудов [М]. Москва：Издательство АН СССР,1950：5.

[15] МАНДЕЛЬШТАМ Л И. Лекции по оптике, теории относительности и квантовой механике[М]. Москва：Наука,1972.

[16] АГРАНОВИЧ В М, ГИНЗБУРГ В. Л. Кристаллооптика с учетом пространственной дисперсии и теория экситонов[М]. Москва：Наука,1965.

[17] McDONALD K T. Negative group velocity[J]. American Journal of Physics,2001,69(5)：607-614.

[18] LAMB H. On group-velocity[J]. Proceedings of the London Mathematical Society,1904, s2-1(1)：473-479.

[19] LAUE M. Die fortpflanzung der strahlung in dispergierenden medien. (The propagation of radiation in dispersive and absorbing media)[J]. Annals of Physics,1905,18(4)：523-566.

[20] ВЕСЕЛАГО В Г. Волны в метаматериалах：их роль в современной физике[J]. Успехи физических наук,2011,181(11)：1201-1205.

[21] SCHUSTER A. An introduction to the theory of optics[M]. London：Edward Arnold and Co,1928：397.

[22] POCKLINGTON H C. Growth of a wave-group when the group velocity is negative[J]. Nature,1905,71(1852)：607-608.

[23] PENDRY J B. Negative refraction makes a perfect lens[J]. Physical Review Letters,2000, 85：3966-3969.

[24] PENDRY J B, HOLDEN A J, ROBBINS D J, et al. Magnetism from conductors and enhanced nonlinear phenomena [J]. IEEE Transactions on Microwave Theory and Techniques,1999,47(11)：2075-2084.

[25] SCHELKUNOFF S A, FRIIS H T, TWERSKY V. Antennas：theory and practice[M]. New York：Willey & Sons,1952：584.

[26] SMITH D R, WILLIE P J, VIER D C, et al. Composite medium with simultaneously negative permeability and permittivity [J]. Physical Review Letters, 2000, 84 (18)：4184-4187.

[27] SHELBY R A, SMITH D R, SCHULTX S. Experimental verification of a negative index of refraction[J]. Science,2001,292：71-79.

[28] DOLLING G, ENKRICH C, WEGENER M, et al. Simultaneous negative phase and group velocity of light in a metamaterial[J]. Science,2006,312：892-894.

[29] DOLLING G, WEGENER M, SOUKOULIS C M, et al. Negative-index metamaterial at

780 nm wavelength[J]. Optics Letters,2007,32: 53-55.

[30] ZHANG S,FAN W J,MALLOY K J,et al. Near-infrared double negative metamaterials
[J]. Optics Express,2005,13(13): 4922-4930.

[31] ZHANG S,FAN W J,MALLOY K J,et al. Experimental demonstration of near-infrared
negative-index metamaterials [J]. Physical Review Letters, 2005, 95 (13): 137404-1-
137404-4.

[32] ARI SIHVOL A,MIKHAIL L. Metamaterials'2007 Congress[J]. Metamaterials,2008,
2(2-3):53-168.

[33] LAGARKOV A N,KISSEL V N. Near-perfect imaging in a focusing system based on a
left-handed material plate[J]. Physical Review Letters,2004,92(7): 077401-1-077401-4.

[34] GRBIC A,ELEFTHERIADES G. Overcoming the diffraction limit with a planar left-
handed transmission-line lens [J]. Physical Review Letters, 2004, 92 (11): 117403-1-
117403-4.

[35] ZHOU J,KOSCHNY T,KAFESAKI M. Saturation of the magnetic response of split-ring
resonators at optical frequencies[J]. Physical Review Letters,2005,95(22): 223902-1-
223902-4.

[36] SHALAEV V M,CAI W,CHETTIAR U K. Negative index of refraction in optical
metamaterials[J]. Optics Letters,2005,30(24): 3356-3358.

[37] PLUM E. Chirality and metamaterials: thesis for the degree of doctor of philosophy[D].
Southampton: University of Southampton,2010.

[38] ШАТРОВ А Д. Искусственная двумерная изотропная среда с отрицательным преломлением[C].
Тезисы докладов и сообщений II научной-технической конференции "Физика и технические
приложения волновых процессов". Самара: Самарский государственный университет,
2003: 4-6.

[39] ЛАГАРЬКОВ А Н, КИСЕЛЬ В Н. Электродинамические свойства простых тел из
материалов с отрицательными магнитной и диэлектрической проницаемостями [J].
Доклады Академии наук,2001,377(1): 40-43.

[40] KUZMIAK V,MARADUDIN A. Scattering properties of cylinder fabricated from a left-
handed material[J]. Physical Review B,2002,66(045116): 1-7.

[41] ABDEDDAIM R,GUIDA G,PRIOU A,et al. Negative permittivity and permeability of
gold square nanosphirals[J]. Applied Physics Letters,2009,94(8): 081907-1-081907-3.

[42] ШЕВЧЕНКО В В. Геометрооптическая теория плоской линзы из кирального метаматериала[J].
Радиотехника и электроника,2009,54(6): 696-700.

[43] NEMEC H. Tunable terahertz metamaterials with negative permeability [J]. Physical
Review B,2009,79(24): 241108-1-241108-4.

[44] WONGKASEM N,AKYURTLU A,MARX K A,et al. Fabrication of a novel micron scale
Y-structure-based chiral metamaterial: simulation and experimental analysis of its chiral
land negative index properties in the terahertz and microwave regimes[J]. Microsc. Res.
and Techn,2007,70(6): 497-505.

[45] ZHANG C,CUI T J. Negative reflections of electromagnetic waves in a strong chiral

medium[J]. Applied Physics Letters,2007,91(19)：194101-1-194101-3.

[46]　TRETYAKOV S,SIHVOLA A,JYLHA L. Backward-wave regime and negative refraction in chiral composites[J]. Photonics and Nanostructures-Fundamentals and Applications, 2005,3：107-115.

[47]　МАЛЬЦЕВ В П,ШАТРОВ А Д. Метаматериал на основе двумерной двухэлементной решетки из цилиндров с проводимостью поверхности вдоль право-и левовинтовых линий [J]. Радиотехника и электроника,2009,54(7)：832-837.

[48]　CAI W,CHETTIAR U K,KILDISHEV A V,et al. Optical cloaking with metamaterials [J]. Nature Photonics,2007,1：224-227.

[49]　ЩЕЛОКОВА А В,МЕЛЬЧАКОВА И В,СЛОБОЖАНЮК А П. Экспериментальные реализации маскирующих покрытий[J]. Успехи физических наук,2015,185(2)：181-206.

[50]　SCHURIG D,MOCK J J,JUSTICE B J,et al. Metamaterial electromagnetic cloak at microwave frequencies[J]. Science,2006,314(5801)：977-980.

[51]　GUVEN K,SAENZ E,GONZALO R,et al. Electromagnetic cloaking with canonical spiral inclusions[J]. New J. Phys,2008,10(11)：115037-1-115037-13.

[52]　PENDRY J B,SCHURIG D,SMITH D R. Controlling electromagnetic fields[J]. Science, 2006,312(5781)：1780-1782.

[53]　ДУБИНОВ А Е,МЫТАРЕВА Л А. Маскировки материальных объектов методом волнового обтекания[J]. Успехи физических наук,2010,180(5)：475-501.

[54]　PLUM E,FEDOTOV V A,SCHWANECKE A S,et al. Giant optical gyrotropy due to electromagnetic coupling[J]. Applied Physics Letters,2007,90(22)：223113-1-223113-4.

[55]　PLUM E,ZHOU J,DONG J,et al. Metamaterial with negative index due to chirality[J]. Physical Review B,2009,79(3)：035407-1-035407-6.

[56]　ZHANG S,PARK Y S,LI J,et al. Negative refractive index in chiral metamaterials[J]. Physical Review Letters,2009,102(2)：023901-1-023901-4.

[57]　MONZON C,FORESTER D. Negative refraction and focusing of circularly polarized waves in optically active media[J]. Physical Review Letters,2005,95(12)：123904-1-123904-4.

[58]　JIN Y,HE S. Focusing by a slab of chiral medium[J]. Optics Express,2005,13(13)：4974-4979.

[59]　CHENG Q,CUI T. Negative refractions in uniaxially anisotropic chiral media[J]. Physical Review B,2006,73(11)：113104-1-113104-4.

[60]　AGRANOVICH V M,GARTSTEIN Y N. Spatial dispersion and negative refraction of light[J]. Physics-Uspekhi,2006,49(10)：1029-1044.

[61]　LIU H,JACK N,WANG S B,et al. Strong light-induced negative optical pressure arising from kinetic energy of conduction electrons in plasmon-type cavities[J]. Physical Review Letters,2011,106(8)：087401-1-087401-4.

[62]　БОКУТЬ Б В,ГВОЗДЕВ В В,СЕРДЮКОВ А Н. Особые волны в естественно-гиротропных средах[J]. Журнал прикладной спектроскопии,1981,34(4)：701-706.

[63]　TRETYAKOV S,NEFEDOV I,SIHVOLA A,et al. Waves and energy in chiral nihility

[J]. Journal of Electromagnetic Waves and Applications,2003,17(5): 695-706.

[64] TRETYAKOV S, SIHVOLA A, JYLHA L. Backward-wave regime and negative refraction in chiral composites[J]. Photonics and Nanostructures Fundamentals and Applications,2005,3(2-3): 107-115.

[65] PENDRY J B. A chiral route to negative refraction[J]. Science, 2004, 306 (5700): 1353-1355.

[66] ZHOU J,DONG J,WANG B,et al. Negative refractive index due to chirality[J]. Physical Review B,2009,79(12): 121104-1-121104-4.

[67] XIONG X,SUN W,BAO Y,et al. Construction of a chiral metamaterial with a U-shaped resonator assembly[J]. Physical Review B,2010,81(7): 075119-1-075119-6.

[68] XIONG X,SUN W, BAO Y,et al. Switching the electric and magnetic responses in a metamaterial[J]. Physical Review B,2009,80(20): 201105-1-201105-4.

[69] FEDOTOV V A,MLADYONOV P L,PROSVIRNIN S L,et al. Planar electromagnetic metamaterial with a fish scale structure[J]. Physical Review E,2005,72(5): 056613-1-056613-4.

[70] PLUM E, FEDOTOV V A, ZHELUDEV N I. Optical activity in extrinsically chiral metamaterial[J]. Applied Physics Letters,2008,93(19): 191911-1-191911-3.

[71] PLUM E, LIU X X, FEDOTOV V A, et al. Metamaterials: optical activity without chirality[J]. Physical Review Letters,2009,102(11): 113902-1-113902-4.

[72] FEDOTOV V A,ROSE M,PROSVIRNIN S L,et al. Sharp trapped-mode resonances in planar metamaterials with a broken structural symmetry[J]. Physical Review Letters, 2007,99(14): 147401-1-147401-4.

[73] ZHANG S. Plasmon-Induced transparency in metamaterials[J]. Physical Review Letters, 2008,101(4): 047401-1-047401-4.

[74] LIU N,WEISS T,MESCH M,et al. Planar metamaterial analogue of electromagnetically induced transparency for plasmonic sensing[J]. Nano Letters,2010,10(4): 1103-1107.

[75] ZHELUDEV N I,PROSVIRNIN S L,PAPASIMAKIS N,et al. Lasing spaser[J]. Nature Photonics,2008,2(6): 351-354.

[76] PLUM E, FEDOTOV V A, KUO P, et al. Towards the lasing spaser: controlling metamaterial optical response with semiconductor quantum dots[J]. Optics Express, 2009,17(10): 8548-8551.

[77] FEDOTOV V A,MLADYONOV P L,PROSVIRNIN S L,et al. Asymmetric propagation of electromagnetic waves through a planar chiral structure[J]. Physical Review Letters, 2006,97(16): 167401-1-167401-4.

[78] LINDELL I V,SIHVOLA A H,KURKIJARVI J. The last Hertzian, and a harbinger of electromagnetic chirality[J]. IEEE Antennas and Propagation Magazine, 1992, 34 (3): 24-30.

[79] TINOCO I, FREEMAN M P. The optical activity of oriented copper helices. I. Experimental[J]. Journal of Physical Chemistry,1957,61(9): 1196-1200.

[80] GANSEL J K,THIEL M,RILL M S,et al. Gold helix photonic metamaterial as broadband

circular polarizer[J]. Science,2009,325(5947): 1513-1515.

[81]　YANG Z Y,ZHAO M,LU P X,et al. Ultrabroadband optical circular polarizers consisting of double-helical nanowire structures[J]. Optics Letters,2010,35(18): 2588-2590.

[82]　WU L,YANG Z,ZHAO M,et al. Polarization characteristics of the metallic structure with elliptically helical metamaterials[J]. Optics Express,2011,19(18): 17539-17545.

[83]　XIONG X,CHEN X C,WANG M,et al. Optically nonactive assorted helix array with interchangeable magnetic/electric resonance[J]. Applied Physics Letters,2011,98(7): 071901-1-071901-3.

[84]　HEGSTROM R A,KONDEPUDI D K. The handedness of the universe[J]. Scientific American,1990,262(1): 108-115.

[85]　Wikipedia. ДНК[OL]. [2016-02-23]. https://ru. wikipedia. org/wiki/Дезоксирибонуклеиновая_кислота. t.

[86]　WATSON J D,CRICK F H C. A structure for deoxyribose nucleic acid[J]. Nature,1953,171(4356): 737-738.

[87]　MANDELKERN M,ELIAS J,DONEDEN G,et al. The dimensions of DNA in solution [J]. Journal of Molecular Biology,1981,152(1): 153-161.

[88]　GREGORY S,BARLOW K,MCLAY K. The DNA sequence and biological annotation of human chromosome 1[J]. Nature,2006,441(7091): 315-321.

[89]　ROBINSON B H,SEEMAN N C. The design of a biochip: a self-assembling molecular-scale memory device[J]. Protein Engineering,1987,1(4): 295-300.

[90]　Wikipedia. DNA[OL]. [2016-09-11]. http://en. wikipedia. org/wiki/DNA_nanotechnology.

[91]　SEEMAN N C. Nanotechnology and the double helix[J]. Scientific American Reports,2007,17(9): 30-39.

[92]　SEEMAN N. An overview of structural DNA nanotechnology[J]. Molecular Biotechnology,2007,37(3): 246-257.

[93]　ROTHEMUND P W K. Folding DNA to create nanoscale shapes and patterns[J]. Nature,2006,440(7082): 297-302.

[94]　CASTRO C E,KILCHHERR F,DO-NYUN K,et al. A primer to scaffolded DNA origami [J]. Nature Methods,2011,8(3): 221-229.

[95]　PINHEIRO A V,HAN D,SHIH W M,et al. Challenges and opportunities for structural DNA nanotechnology[J]. Nature Nanotechnology,2011,6(12): 763-772.

[96]　SHIH W M,QUISPE J D,JOYCE G F. A 1. 7-kilobase single-stranded DNA that folds into a nanoscale octahedron[J]. Nature,2004,427(6975): 618-621.

[97]　SERVICE R F. DNA nanotechnology grows up[J]. Science,2011,332(6034): 1140-1143.

[98]　PASTEUR L. Recherches sur les relations qui peuvent exister entre la forme crystalline,la composition chimique et le sens de la polarisation rotatoire[J]. Annales de chimie et de physique,1848,24: 442-459.

[99]　PRELOG V. Chirality in chemistry-Nobel Lecture (Reprinted from Croatica Chemica Acta,1975)[J]. Croatica Chemica Acta,2006,79(3): XLIX-LVII.

[100]　BUNN C W. Chemical crystallography [M]. 2nd ed. London: Oxford University

Press,1961.

[101] NYE J F. Physical properties of crystals[M]. London: Oxford University Press,1957.

[102] SOMMERFELD A. Optics[M]. New York: Academic Press,1964.

[103] ALDER S L,DASHEN R F. Current algebras and applications to particle physics[M]. New York: W. A. Benjamin,Inc. ,1968.

[104] ARAGO D F. Sur une modification remarquable qu' eprouvent les rayons lumineux dans leur passage a travers certains corps diaphanes, et sur quelques autres nouveaux phenomnnes d'optique[J]. Mem. Inst. ,1811,1: 93.

[105] BIOT J B. Phernomenes de polarisation successive,observers dans des fluides homogenes [J]. Bull. Soc. philomatique,1815: 190-192.

[106] BIOT J B. Memoire sur un nouveau genre d'oscillations que les molecules de la lumiere eprouvent en traversant certains cristaux[J]. Mem. Inst. ,1812,1: 372.

[107] BIOT J B. Mémoire sur la polarization circulaire et sur ses applications à la chimie organique,Mémoires de l'Académie des sciences de l'Institut[J]. Mem. Acad. Science, 1835,13: 39-175.

[108] BIOT J B. Méthodes mathématiques et expérimentales,pour discerner les mélanges et les combinaisons définies ou non définies qui agissent sur la lumière polarisé suivies d'applicationsauxcombinaisons de l'acide tartrique avec l'eau, l'alcool, et l'esprit de bois [J]. Mémoires de l'Académie des sciences de l'Institut,Mem. Acad. Science,1838,15: 93-279.

[109] LINDMAN K F. Über eine durch ein isotropes system von spiralformigen resonatoren erzeugte rotations polarisation der elektromagnetischen Wellen[J]. Annals of Physics, 1920,63(4): 621-644.

[110] LINDMAN K F. Über die durchein aktives Raumgitter erzeugte rotationspolarisation der elektromagnetischen Wellen[J]. Annals of Physics,1922,69: 270-284.

[111] PICKERING W H. Private communication[Z]. experiment performed at Caltech. 1945.

[112] KUEHL S A,GROVE S S,KUEHL E. Manufacture of microwave chiral materials and their electromagnetic properties[M]. Advances in complex electromagnetic materials. Dodrecht,Springer Netherlands,2007,NATO ASI,2007,3(28): 317-332.

[113] ВЕСЕЛАГО В Г, ЖУКОВ А А, КОРПУХИН А А, и др. Способ изготовления метаматериала (варианты)[P]: пат. 2522694 РФ: МПК H01Q1/38 (2012),2014-07-20.

[114] MOSER H O,JIAN L,LIU G,et al. A metamaterial and methods for producing the same [P]. WIPO Patent PCT/SG2009/000098,March 19,2009.

[115] НАЗАРОВ М М,БАЛЯ В К,РЯБОВ А Ю, и др. Получение метаматериалов терагерцового диапазона методом лазерной гравировки[J]. Оптический журнал,2012,79(4): 77-84.

[116] ЖИЛИН А А, ТАГАНЦЕВ Д К, ШЕПИЛОВ М П, и др. Основы нового метода получения оптических метаматериалов[J]. Оптический журнал,2012,79(4): 69-76.

[117] TAKEBE H,KAZANSKY P G,RUSSELL P S,et al. Effect of poling conditions on second-harmonic generation in fused silica[J]. Optics Letters,1996,21(7): 468-470.

[118] AN H,FLEMING S. Second-order optical nonlinearity and accompanying near-surface

structural modifications in thermally poled soda-lime silicate glasses[J]. Journal of the Optical Society of America B,2006,23(11): 2303-2309.

[119]　KAMEYAMA A, YOKOTANI A, KUROSAWA K. Second-order optical nonlinearity and change in refractive index in silica glasses by a combination of thermal poling and X-ray irradiation[J]. Journal of Applied Physics,2004,95(8): 4000-4006.

[120]　QUIQUEMPOIS Y, GODBOUT N, LACROIX S. Model of charge migration during thermal poling in silica glasses: evidence of a voltage threshold for the onset of a second-order nonlinearity[J]. Physical Review A,2002,65(4): 043816-1-043816-14.

[121]　DOREMUS R H. Mechanism of electrical polarization of silica glass[J]. Applied Physics Letters,2005,87(23): 232904-1-232904-2.

[122]　АТРАЩЕНКО А В,КРАСИЛИН А А,КУЧУК И С, и др. Электрохимические методы синтеза гиперболических метаматериалов[J]. Наносистемы: физика, химия, математика, 2012,3(3): 31-51.

[123]　BARNAKOV Y A,KIRIY N,BLACK P,et al. Toward curvilinear metamaterials based on silver-filled alumina templates[J]. Optical Materials Express,2011,1(6): 1061-1064.

[124]　MOON J M,WEI A. Uniform gold nanorod arrays from polyethylenimine-coated alumina templates[J]. Journal of Physical Chemistry B,2005,109(49): 23336-23341.

[125]　WURTZ G A,POLLARD R,HENDREN W,et al. Designed ultrafast optical nonlinearity in a plasmonic nanorod metamaterial enhanced by nonlocality[J]. Nature Nanotechnology, 2011,6(2): 107-111.

[126]　WANG Z,BRUST M. Fabrication of nanostructure via self-assembly of nanowires within the AAO template[J]. Nanoscale Research Letters,2007,2(1): 34-39.

[127]　LIU L, LEE W, HUANG Z, et al. Fabrication and characterization of flow-through nanoporous gold nanowires /AAO composite membranes[J]. Nanotechnology, 2008, 19(33): 335604-335609.

[128]　CHOI J, SAUER G, NIELSCH K, et al. Hexagonally arranged monodisperse silver nanowires with adjustable diameter and high aspect ratio[J]. Chemistry of Materials, 2003,15(3): 776-779.

[129]　LI X,WANG Y,SONG G,et al. Synthesis and growth mechanism of Ni nanotubes and nanowires[J]. Nanoscale Research Letters,2009,4(9): 1015-1020.

[130]　HUANG X,LI L,LUO X,et al. Orientation-controlled synthesis and ferromagnetism of single crystalline co nanowire arrays[J]. Journal of Physical Chemistry C,2008,112(5): 1468-1472.

[131]　PANG Y,MENG G,ZHANG Y,et al. Copper nanowire arrays for infrared polarizer[J]. Applied Physics A,2003,76(4): 533-536.

[132]　KARTOPU G, HABOUTI S, Es-SOUNI M. Synthesis of palladium nanowire arrays with controlled diameter and length[J]. Materials Chemistry and Physics, 2008, 107 (2-3): 226-230.

[133]　MARUO S, NAKAMURA O, KAWATA S. Three-dimensional microfabrication with two-photon-absorbed photo polymerization[J]. Optics Letters,1997,22(2): 132-134.

[134] CHANDA D,SHIGETA K,GUPTAET S,et al. Large-area flexible 3D optical negative index metamaterial formed by nanotransfer printing[J]. Nature Nanotechnology,2011, 6(7): 402-407.

[135] ZHOU Y, CHEN X, FU Y, et al. Fabrication of large-area 3D optical fishnet metamaterial by laser interference lithography [J]. Applied Physics Letters,2013, 103(12): 123116-1-123116-4.

[136] FISCHER J, WEGENER M. Three-dimensional direct laser writing inspired by stimulated emission depletion microscopy [J]. Optical Materials Express,2011,1(14): 615-624.

[137] VASILANTONAKIS N,TERZAKI K,SAKELLARI I,et al. Three-dimensional metallic photonic crystals with optical bandgaps [J]. Advanced Materials,2012,24: 1101-1105.

[138] CAO Y Y,DONG X Z,TAKEYASU N,et al. Morphology and size dependence of silver microstructures in fatty salts-assisted multiphoton photoreduction micro fabrication[J]. Applied Physics A,2009,96(2): 453-458.

[139] WILLIAMS J D,SUN P,SWEATT W C,et al. Metallic-tilted woodpile photonic crystals in the midinfrared[J]. J. Micro/Nanolith. MEMS MOEMS, 2010, 9 (2): 023011-1-023011-4.

[140] LIN S Y,MORENO J,FLEMING J G. Three-dimensional photonic-crystal emitter for thermal photovoltaic power generation[J]. Applied Physics Letters, 2003, 83 (2): 380-382.

[141] RADKE A,GISSIBL T, KLOTZBÜCHER T,et al. Three-dimensional bichiral plasmonic crystals fabricated by direct laser writing and electroless silver plating[J]. Advanced Materials,2011,23(27): 3018-3021.

[142] VORA K,KANG S, SHUKLA S,et al. Fabrication of disconnected three-dimensional silver nanostructures in a polymer matrix[J]. Applied Physics Letters,2012,100(6): 063120-1-063120-3.

[143] CHETTIAR U K, XIAO S, KILDISHEV A V, et al. Optical metamagnetism and negative-index metamaterials [J]. MRS Bull,2008,33(10): 921-926.

[144] ENKRICH C,PÉREZ-WILLARD F,GERTHSEN D,et al. Focused-ion-beam nanofabrication of near-infrared magnetic metamaterials [J]. Advanced Materials, 2005, 17 (21): 2547-2549.

[145] FETH N,ENKRICH C,WEGENER M,et al. Large-area magnetic metamaterials via compact interference lithography [J]. Optics Express,2007,15(2): 501-507.

[146] WU W,KIM E,PONIZOVSKAYA E,et al. Optical metamaterials at near and mid-IR range fabricated by nanoimprint lithography [J]. Applied Physics A, 2007, 87 (2): 143-150.

[147] DOLLING G, WEGENER M, LINDEN S. Realization of a three-functional-layer negative-index photonic metamaterial [J]. Optics Letters,2007,32(5): 551-553.

[148] LIU N,GUO H O,FU L,et al. Three-dimensional photonic metamaterials at optical frequencies [J]. Nature Materials,2008,7(1): 31-37.

[149] VALENTINE J,ZHANG S,ZENTGRAF T,et al. Three-dimensional optical metamaterial

with a negative refractive index [J]. Nature, 2008, 455(7211): 376-379.

[150] FORMANEK F, AKEYASU N, TANAKA T, et al. Three-dimensional fabrication of metallic nanostructures over large areas by two-photon polymerization [J]. Optics Express, 2006, 14(2): 800-809.

[151] RILL M S, PLET C, THIEL M, et al. Photonic metamaterials by direct laser writing and silver chemical vapour deposition [J]. Nature Materials, 2008, 7(7): 543-546.

[152] Nanoscribe. High-speed 3D microfabrication [OL]. [2016-01-05]. http://www. nanoscribe. de/en/.

[153] РАХШТАДТ А Г, БРОСТРЕМ В А. Справочник металлиста: в 5 т [M]. Москва: Машиностроение, 1976.

[154] ДАНИЛИН Б С, СЫРЧИН В К. Магнетронные распылительные системы [M]. Москва: Радио и связь, 1982.

[155] АТРАЩЕНКО А В, КРАСИЛИН А А, КУЧУК И С, и др. Электрохимические методы синтеза гиперболических метаматериалов [J]. Наносистемы: физика, химия, математика, 2012, 3(3): 31-51.

[156] НАУМОВА Е В, ПРИНЦ В Я, ГОРОД С В, и др. Киральные метаматериалы терагерцового диапазона на основе спиралей из металл-полупроводниковых нанопленок [J]. Автометрия, 2009, 45(4): 12-22.

[157] PRINZ V Y, SELEZNEV V A, GUTAKOVSKY A K, et al. Free-standing and overgrown InGaAs//GaAs nanotubes, nanohelices and their arrays [J]. Physica E, 2000, 6(1): 828-831.

[158] НАУМОВА Е В, ПРИНЦ В Я. Структура с киральными электромагнитными свойствами и способ ее изготовления (варианты) [P]: 2317942, РФ: МПК B82B 3/00 (2006): 27-02-2008.

[159] ГОЛЬДАДЕ В А, МАКАРЕВИЧ А В, ПИНЧУК Л С, и др. Полимерные волокнистые melt-blown материалы [M]. Гомель: Институт механики металло-полимерных систем НАН Беларуси, 2000.

[160] ALEX S, CONSTANTIN S. Metamaterials-2008 congress in pamplona: electromagnetic characterization of metamaterials [J]. Metamaterials, 2009, 3(3-4): 113-184.

第 ③ 章

微波频段螺旋结构手性超材料特性及优化设计

3.0 引言

螺旋结构是自然界典型的手性结构,具有显著的手征特性和广泛的应用。本章重点研究基于二维金属螺旋结构阵列的复合电磁手性材料超材料设计机理与结构优化方法;探讨电磁波极化转换的基本理论和复合手性介质与电磁波的相互作用与传播特性;简单介绍相应极化转换功能器件的设计。具体各节内容安排如下:首先,基于偶极子理论阐述电磁波照射螺旋结构后的极化转换基本理论及二维金属螺旋结构阵列单元的优化设计方法;其次,通过理论和实验研究使用具有最佳形状的平滑螺旋结构体实现电磁波对圆柱形物体的无反射绕射现象,并探讨电磁能量损耗与金属元件总数及空间优化排列分布方法;接着,3.4 节~3.6 节分别探讨分析不同入射角情况下单层和多层螺旋结构阵列电磁波传播特性及各向异性问题,推导其波方程的解析解,建立超材料在微波频段的波数随频率变化的关系,它类似于胆甾型液晶在光波波段波数与频率的关系;最后,介绍 Ω 形螺旋多层结构复合材料的微波电动力学、手征性及其传播特性。本章内容可以作为基于螺旋结构超材料的极化转换器的理论和设计基础[1-2]。

3.1 基于螺旋结构的电磁波极化机理

在超材料出现以前,大多数文献研究螺旋结构主要是带馈电的圆柱形有源螺旋天线,以及如何研制具有轴向辐射椭圆极化电磁波的类螺旋结构天线[3]。文献[4]采用了一种由相同导电单元组成的含有介电层的栅格结构进行极化变换,这是一种与本书的研究对象最接近的人造结构装置。其中,介电层是基板,在其一侧上有相同曲折线形状的导电单元构成栅格结构,这些曲折线彼此平行,相对于电磁波的线性极化平面成 45°。此外,选择栅格的结构参数以保证电磁波电场矢量两个相互垂直分量具有所需的相位变化,通过天线极化器后电磁波可以实现极化转换。因只有通过极化器后才能得到圆极化波,因此,该极化器不能应用于基于反射面的天线系统中。对于特定方向入射的电磁波,这类极化器都会将任意方向的线极化波转换为圆极化波。圆极化波是由每个螺旋单元中相互关联的电矩和磁矩作用形成的,而电矩和磁矩对反射波作用的绝对值是相等的。

相关研究证明由金属螺旋结构组成的二维阵列可用于微波的电磁极化,特别是获得圆极化电磁波。与大多数已知文献不同,本节研究和计算的是由两匝金属螺旋组成的二维阵列,其阵列的螺旋元件是无源的。本节还将探讨由于电偶极矩和磁偶极矩(下文简称电矩和磁矩)分量的作用在垂直于轴的方向上形成圆极化波的机理,并研究微波电磁辐射与金属螺旋结构阵列的相互作用和金属螺旋结构最佳参数设计。

3.1.1　螺旋单元产生的电矩和磁矩的计算

电磁波在螺旋结构单元上的散射特性取决于螺旋形状几何尺寸与波长的比值。当螺旋单元的线性几何尺寸远小于入射波长时,可以采用辐射理论的偶极子近似方法[5]。在这种情况下,可以从螺旋单元的电矩和磁矩入手,研究主要由外部磁场感应和相互作用在每个螺旋单元中同时出现的电矩和磁矩及由此产生的手性特征。

首先,可以根据电磁理论计算出螺旋线结构的电矩和磁矩的所有分量,其发射波的极化率取决于它们的比率。设 l 为沿螺线方向的坐标,L 为螺线的长度,$s(l)$ 为沿螺旋线方向的导体电子位移,则螺旋线结构的电矩矢量可以表示为

$$p = \int P \mathrm{d}V = \int Q N_\mathrm{e} s(l) \mathrm{d}V = -e N_\mathrm{e} S_\mathrm{w} \int_{-\frac{L}{2}}^{\frac{L}{2}} s(l) \mathrm{d}l \qquad (3.1.1)$$

式中,$Q = -e$ 是电子电荷,$\mathrm{d}V = S_\mathrm{w} \mathrm{d}l$ 是螺旋形单元的体积,S_w 是导线的横截面积,N_e 是电子的体积密度。

考虑一个由半径为 r、长度为 L 组成的螺旋线。螺旋线的高度为 $H = h N_\mathrm{c}$,螺旋线相对于垂直于螺旋线轴平面的上升角为 α,螺旋线的轴与 Ox 轴重合,N_c 为螺旋线的匝数,单元结构如图 3.1.1 所示。

对于螺旋体其扭矩 q 与螺距 h 之间有以下比例关系:

$$h = \frac{2\pi}{|q|} \qquad (3.1.2)$$

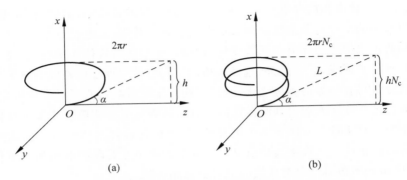

图 3.1.1　螺旋形状示意图

(a) 单匝螺旋线；(b) 多匝螺旋线

q 的符号取决于螺旋线的旋转方向。对于 $q>0$，如图 3.1.1 所示螺旋线形成右螺旋形状。当螺旋线长度约为入射波波长一半时，将考虑主谐振。在这种情况下，电流强度随远离螺旋线中心而单调减小，至螺旋线边缘时变为零。

文献[6]给出了从螺旋线中心到边缘电流强度线性下降的模型。但是，更精确的模型是从螺旋线中心到边缘的谐波电流减小模型。这种模型对应驻波的稳态振荡，在螺旋线的边缘处电流等于零，其最高强度对应螺旋线长度约为波长一半时的谐振情况。以下将讨论谐波电流随坐标 x 变化的关系。这很重要，因为可以用傅里叶关系分析该螺旋线中电流分布随 x 减小的关系。

分析结果表明，螺旋线电矩和磁矩的 y 分量消失了，这与螺旋线的匝数无关，是电流分布相对于螺旋线中心对称的一种属性。随着匝数的增加，相比于 x 分量，螺旋线电矩和磁矩 z 分量的绝对值减小。因此，沿螺旋轴线的偶极矩分量起主要作用。

考虑到导电电子位移与时间的单调关系为

$$s(x,t)=s(x)\exp(-\mathrm{i}\omega t) \tag{3.1.3}$$

式中，ω 是螺旋电流的角频率。此时，导电电子位移 s 和电流 I 之间满足以下关系：

$$s=-\frac{\mathrm{i}}{eN_{c}\omega S_{w}}I \tag{3.1.4}$$

由式(3.1.1)和式(3.1.4)，可以得到众所周知的螺旋线电偶极矩 x 分量的表达式[7-8]：

$$p_{x}=\frac{\mathrm{i}}{\omega}\int_{x_{1}}^{x_{2}}I(x)\mathrm{d}x \tag{3.1.5}$$

由式(3.1.1)和式(3.1.5)，并考虑螺旋单元的几何参数，可以按照下式计算磁矩的 x 分量：

$$m_x = \frac{1}{2} r^2 q \int_{x_1}^{x_2} I(x) \mathrm{d}x \tag{3.1.6}$$

从式(3.1.5)和式(3.1.6),可以得出电矩投影与磁矩在螺旋轴上分量之间的关系:

$$p_x = \frac{2\mathrm{i}}{\omega r^2 q} m_x \tag{3.1.7}$$

这是一般关系,不依赖于螺旋线的电流分布[9],这是因为在垂直于螺旋轴方向上辐射圆极化波时螺旋矩的 x 分量起主要作用。

我们可以根据式(3.1.7)分析以下三种常用螺旋线中电流分布情况下的电磁矩关系,即直流电情况、从螺旋线中心到边缘电流线性下降的情况和电流相对坐标谐振的情况,但实际上式(3.1.7)具有普遍意义,适用于分析更广泛的电流分布下的电磁矩关系。在人造螺旋结构超材料中,每个螺旋中的电流不仅会在入射波作用下变化,还在该结构中其他螺旋线的影响下变化。但是,对于电流的任何变化,电矩和磁矩的 m_x 和 p_x 分量都以相同的方式变化,并且关系式(3.1.7)仍然有效。因此,以下给出的螺旋单元几何参数甚至在超材料中螺旋线单元比例显著增加的情况下仍然能得到圆极化波。

3.1.2　螺旋体圆极化波被动辐射机理与参数的计算

在偶极子近似中,发射波的电场强度的形式为[5,10]

$$\boldsymbol{E}(\boldsymbol{R}, t) = \frac{\mu_0}{4\pi r} \left([\ddot{\boldsymbol{p}}, \boldsymbol{n}] \boldsymbol{n} + \frac{1}{c} [\boldsymbol{n}, \ddot{\boldsymbol{m}}] \right) \tag{3.1.8}$$

式中,$\boldsymbol{R}$ 为从螺旋中心到观察点的矢量,μ_0 为磁导率,r 为从螺旋线中心到观测点的距离,$\boldsymbol{n}$ 为单位矢量,c 是真空中的光速,向量上的点表示对时间的两阶微分运算:

$$\ddot{\boldsymbol{p}} = \frac{\partial^2 \boldsymbol{p}}{\partial t^2} \tag{3.1.9}$$

$$\ddot{\boldsymbol{m}} = \frac{\partial^2 \boldsymbol{m}}{\partial t^2} \tag{3.1.10}$$

考虑螺旋线在 y 轴方向上的辐射波。在这种情况下,激发螺旋体的入射波沿 z 轴的负向传播,如图 3.1.2 所示,图中电流的方向用箭头表示,电流强度与箭头的长度成正比,φ 是极化角。

在下述的实验中,螺旋体位于泡沫透波材料板上。因此,当入射角等于 45°时,螺旋体阵列的反射波仅由每个螺旋体在 y 轴方向上的辐射波形成。所有的辐射波具有相同的相位和极化,从而它们相互叠加。因此,从阵列反射的波与每个螺旋体在 y 轴方向上的辐射波有相同的极化。

实验的这种几何形状简化了辐射波的研究,在单螺旋体情况下,其辐射强度显著低于入射波的强度。

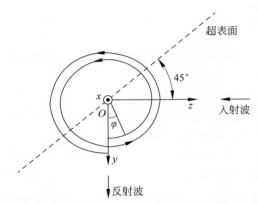

图 3.1.2　两匝螺旋体的电流分布及螺旋方向与入射波和反射波方向的关系示意图

设 $\boldsymbol{c}_0$ 为接收天线的单位矢量,该单位矢量位于 xOz 平面,且与入射波的电场矢量即 x 轴成 θ 角(图 3.1.3)。

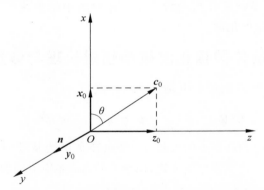

图 3.1.3　接收天线方向与坐标轴的关系示意图

在这种情况下,天线接收信号的强度为

$$I = \langle (\boldsymbol{E}\boldsymbol{c}_0)^2 \rangle_t \tag{3.1.11}$$

式中,尖括号表示对时间求平均值的运算。为了方便进一步的计算,用以下形式表示螺旋体电矩和磁矩的非零分量:

$$p_x = p_{x_0} s_0, \quad p_z = p_{z_0} s_0 \tag{3.1.12}$$

$$m_x = \mathrm{i} m_{x_0} s_0, \quad m_z = \mathrm{i} m_{z_0} s_0 \tag{3.1.13}$$

使用式(3.1.8)~式(3.1.10)、式(3.1.12)和式(3.1.13),得到天线接收信号的强度为

$$I = \frac{\mu_0^2 \omega^4}{32\pi^2 R^2} \mid s_0 \mid^2 \left[\left(p_{x_0}^2 + \frac{1}{c^2} m_{z_0}^2 \right) \cos^2\theta + \left(p_{z_0}^2 + \frac{1}{c^2} m_{x_0}^2 \right) \sin^2\theta + \right.$$

$$\left. \left(p_{x_0} p_{z_0} - \frac{1}{c^2} m_{x_0} m_{z_0} \right) \sin 2\theta \right] \tag{3.1.14}$$

对于螺旋体辐射的圆极化波,应满足如下关系:

$$|p_z| \ll |p_x|, \quad \frac{1}{c}|m_z| \ll |p_x|$$

同时考虑式(3.1.14)后,得到辐射圆极化波的条件为

$$|p_x| = \frac{1}{c}|m_x| \tag{3.1.15}$$

当满足式(3.1.15)时,信号强度 I 与角度 θ 无关(I 为常数),螺旋体的手征特性最为明显,因为入射波的电场在螺旋体中不仅激发了电矩,也激发了磁矩。

为了确定螺旋体可能产生圆极化波的参数,采用式(3.1.15)来计算具有任意电流分布螺旋体电矩和磁矩的谐振条件,满足

$$\frac{\lambda}{2} = L \tag{3.1.16}$$

式中,λ 是入射波的波长。

考虑到图 3.1.1 螺旋体的几何参数关系,有

$$L\cos\alpha = 2\pi r N_c \tag{3.1.17}$$

可以得到三角函数方程确定的螺旋体的仰角 α:

$$4N_c \tan\alpha = \cos\alpha \tag{3.1.18}$$

或者

$$\sin^2\alpha + 4N_c\sin\alpha - 1 = 0 \tag{3.1.19}$$

对于角度 α 的正值,式(3.1.19)的根为

$$\alpha = \arcsin(-2N_c + \sqrt{4N_c^2 + 1}) \tag{3.1.20}$$

表 3.1.1 列出了可辐射圆极化波时,螺旋体匝数对应的仰角值。

表 3.1.1　可辐射圆极化波时,螺旋体匝数对应的仰角值

N_c	1	2	3	4	5	6	7	8
$\alpha/(°)$	13.65	7.10	4.75	3.60	2.90	2.40	2.00	1.80

从表中可以看出,螺旋体匝数在奇数和偶数时,都可以辐射圆极化波。分析结果表明,螺旋体获取圆极化辐射波的最佳仰角随着匝数的增加而迅速减小,螺旋体辐射波强度随匝数增加而下降,因此,最佳匝数为 $N_c = 1$ 或 $N_c = 2$。

对于单匝螺旋体,必须消除电矩和磁矩垂直于螺旋体轴线的磁矩分量 p_z 和 m_z 的影响。因此,为了获得圆极化波,单匝螺旋体的末端面应当迎着入射波入射方向。在双匝螺旋体中,电流分布更加对称,并且相对于螺旋体末端面任何方向入射的电磁波都会辐射圆极化波。

根据研究结果,可以确定螺旋体的参数值,当频率 $\nu = 3\text{GHz}$ 的线极化波照射

该螺旋体时可以发射圆极化波。组成该螺旋体的导线长度必须符合谐振条件,即 $L=5cm$。从表 3.1.1 中得到螺旋体的仰角值:$\alpha=7.1°$,在 $N_c=2$ 时,螺旋体的半径由公式(3.1.17)计算得到:$r=3.95\times10^{-3}$ m,由 $h=\dfrac{L\sin\alpha}{N_c}$ 可以计算螺旋体螺距,得到 $h=3.1\times10^{-3}$ m。

为了验证理论计算,按照上述的参数制作了一个作为极化转换器的两匝螺旋体实验样品,如图 3.1.4 所示。在 3.1.3 节中将着重讨论二维两匝螺旋体阵列对电磁反射波的研究结果。

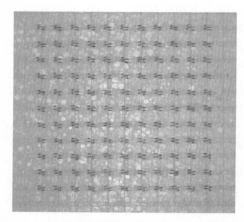

图 3.1.4 安装在泡沫板上的二维两匝螺旋体阵列

3.1.3 二维手性结构反射的实验研究

为了研究二维手性结构阵列电磁反射波的极化特性,本书使用了一种基于线性极化场的接收天线分析方法,具体螺旋结构制作方法如 2.6 节中介绍的,实验在戈梅利国立大学微波暗室中进行。通过仿真实验研究了在 2.6～3.9GHz 的二维螺旋体阵列反射波的椭圆率相对入射波频率的变化关系。反射波的椭圆率 K 直接由偏振图计算得到,即信号电平最小值与最大值的比率,信号电平由接收指示器得到。该研究结果如图 3.1.5 和图 3.1.6 所示。图 3.1.5 为两匝螺旋体超表面的反射电磁波偏振图,线极化入射波的谐振频率为 2.85GHz。图 3.1.6 为规则排列的双匝螺旋体阵列超表面反射波椭圆率随频率的变化曲线。

从图 3.1.6 的曲线中可以看出,在频率为 2.8～2.9GHz 时样品椭圆率达到最大值。根据理论计算,该实验样品在入射频率为 3GHz 时反射圆极化波。相比计算频率,实验观察到的频移可以由超材料螺旋体元件对电磁波的延缓来解释。这种波速的下降可能是由于电磁波在螺旋体中产生了显著的电矩和磁矩。

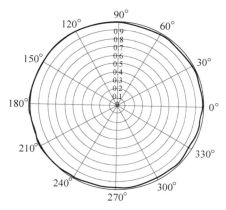

图 3.1.5　两匝螺旋体超表面的反射电磁波偏振图

螺旋体参数：$L=5\text{cm}$；$r=3.95\times10^{-3}\text{m}$；$N_c=2$；$\alpha=7.1°$；$h=3.1\times10^{-3}\text{m}$

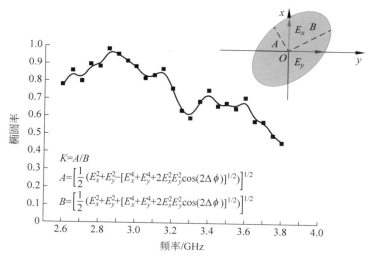

$K=A/B$

$$A=\left[\frac{1}{2}(E_x^2+E_y^2-[E_x^4+E_y^4+2E_x^2E_y^2\cos(2\Delta\phi)]^{1/2})\right]^{1/2}$$

$$B=\left[\frac{1}{2}(E_x^2+E_y^2+[E_x^4+E_y^4+2E_x^2E_y^2\cos(2\Delta\phi)]^{1/2})\right]^{1/2}$$

图 3.1.6　规则排列的双匝螺旋体阵列超表面反射波椭圆率随频率的变化曲线

　　线极化入射波可以看成"右"和"左"两个圆极化波的叠加。具有最佳参数的右螺旋体在谐振频率时只辐射左圆极化波，并且它不与极化方向相反的波相互作用。因此，这种右螺旋体在谐振频率时可以看成右圆极化波的"正交振荡器"。换句话说，最佳参数螺旋体相对于左或右圆极化波是透明的，这取决于螺旋体的旋转方向。

　　以上阐述了基于螺旋结构复合介质的电磁波极化转换器的理论基础和实验验证，研究结果表明，当同时激活电场和磁场时，即入射波的极化面的方向是任意的，螺旋结构表现出最佳的特性。这是螺旋结构与其他超材料结构(如线形和环形谐振器)相比的优点[11-15]。使用基于螺旋元件的二维阵列,可以旋转电磁波的极化面而不改变其椭圆率,但螺旋结构必须具有适当仰角才能做到这一点[16-17]。螺旋结构复合介质的应用包括了将线极化波转换为圆极化波,这一结论已经过实验验证[18-19]。

3.2 手性螺旋体结构参数的最优设计

3.1 节研究了在线极化波入射波照射下螺旋体反射圆极化波的情况,以及通过二维两匝螺旋体阵列的实验验证了这种极化转换。然而,随后的研究结果表明,使用单匝螺旋体时,极化转换波的强度将显著增强。因此,本节将单匝螺旋体作为产生圆极化波的首选方案,并且预先计算好单匝螺旋体的最佳形状。实验研究使用由完全相同的单匝螺旋体组成的二维阵列,由螺旋体反射的电磁波具有相同的极化且相位一致,这使得它们互相叠加,结果是一个强度相当大的圆极化波被阵列反射。在此基础上将重点介绍单个螺旋体结构最优参数设计与计算,并证明这种螺旋体具有同等重要的介电性、磁性和手征特性,据此可以进一步广泛应用最佳形状螺旋体。

当螺旋体长度等于入射波波长的一半时,为主谐振情况。在这种情况下,电流随着远离螺旋体中心而单调减小,至其边缘时变为零。当圆极化波沿垂直于螺旋轴方向入射时,起主要作用的是沿着 Ox 轴的电矩和磁矩的分量 p_x 和 m_x,如图 3.2.1 所示。

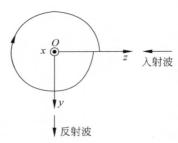

图 3.2.1　螺旋体与坐标轴的关系

下面以圆极化仅由 p_x 和 m_x 分量的作用而产生为条件来计算和确定螺旋体参数。在这种情况下,沿 Oy 和 Oz 轴线的力矩分量只能扭曲圆极化波,应尽量减少它们的影响。由于螺旋体中的电流相对于其中心成对称分布,所以 p_z 和 m_z 分量消失。由于螺旋体中存在偶数匝数,p_y 和 m_y 分量的值可以显著降低。同时,实验表明,要增加极化转换波的强度,需减少螺旋体的匝数。如果要满足主谐振条件,螺旋体的仰角(即由螺旋的切平面与垂直于螺旋轴的平面形成的角度)将增加。

为了定性分析螺旋体仰角 α 对反射波强度的影响,考虑入射波电场在螺旋体中引起的有效电矩:

$$p = q^{ef} l^{ef} \tag{3.2.1}$$

式中,q^{ef} 是由导体电子位移在半匝螺旋体中引起的一个有效电荷,l^{ef} 是在螺旋体中引起偶极矩的有效臂。

随着作用场的谐波随时间的变化,根据 $e^{-i\omega t}$ 和角频率 ω 的理论,有

$$q^{\text{ef}} = \frac{i}{\omega} I^{\text{ef}} \qquad (3.2.2)$$

式中,i 是虚数单位,I^{ef} 是螺旋体中的有效电流。根据欧姆定律,有

$$I^{\text{ef}} \sim E_{\text{s}} \qquad (3.2.3)$$

式中,符号"~"表示等价关系。

$$E_{\text{s}} = E \sin\alpha \qquad (3.2.4)$$

E 为螺旋体任意点的电场分量,α 为螺旋体仰角,入射波的电场矢量沿螺旋轴振荡。同时,

$$l^{\text{ef}} \sim L \sin\alpha \qquad (3.2.5)$$

式中,L 是螺旋体螺线的总长度。运用偶极子辐射理论,可得到螺旋体发射的波的强度对螺旋体仰角 α 的定性依赖关系:

$$I \sim \sin^4\alpha \qquad (3.2.6)$$

因此,最优选择的是具有最大仰角的螺旋体,即单匝螺旋体。此时,圆极化波辐射条件为式(3.1.15)。

在这种情况下,垂直于螺旋轴的电矩分量 p_y、p_z 和磁矩分量 m_y、m_z 对极化波不应有贡献。这种条件也可以在螺旋匝数为奇数的情况下实现。为此,需要将螺旋体的边缘定向于入射波的方向(螺旋体围绕 Ox 轴线旋转),如图 3.2.1 所示。尽管阵列单元是具有圆柱形的螺旋体,根据透视规则,更接近观察者的螺旋体末端显得更大。

这种配置下,由于电流沿螺旋线的对称分布,$p_z = 0$,$m_z = 0$。p_y 和 m_y 分量不会为零,但这些电偶极矩和磁矩分量在 Oy 轴方向上不会产生辐射,因此不会扭曲圆极化波。

3.1 节阐述了基于一般关系式(3.1.7)螺旋体最佳参数的计算。式(3.1.7)适用于沿螺旋体的任何电流分布,并且电流可以是由入射波或其他螺旋体的磁场激发引起的。因此,不仅可揭示单个螺旋体的最佳性能,也可以描述当螺旋体密度很大时超材料中的电磁偶极矩关系。

在主谐振条件下,螺旋体最佳仰角可以由式(3.2.7)计算:

$$\alpha = \arcsin(-2N_{\text{c}} + \sqrt{4N_{\text{c}}^2 + 1}) \qquad (3.2.7)$$

式中,N_{c} 是螺旋体的匝数。

为了对所得结果进行实验验证,求出了螺旋体在线极化入射波频率 $\nu = 3\text{GHz}$ 时,可以反射出圆极化波对应的单匝螺旋体的参数,如 2.6 节所述,将铜线在模板上缠制成单匝线圈阵列。具体单匝螺旋体实验样品的参数为:$N_{\text{c}} = 1$,$\alpha = 13.6°$,

$L=0.05\mathrm{m}, r=7.75\times10^{-3}\mathrm{m}, h=0.012\mathrm{m}, d=1\times10^{-3}\mathrm{m}$。二维阵列样品是由 180 个单匝左旋螺旋体在泡沫基板上规则排列而成的,如图 3.2.2 所示。

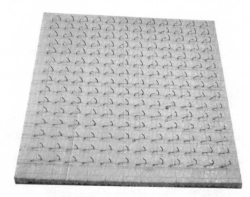

图 3.2.2　由 180 个单匝左旋螺旋体在泡沫基板上规则排列而成的二维阵列样品

为了减少墙壁反射的影响,并创造接近"自由空间"的条件,在戈梅利国立大学的微波暗室进行了这项实验研究。为了测量极化特性,实验使用了一种基于线极化场接收天线(喇叭天线)的方法。

下面介绍实验研究二维螺旋体阵列样品的反射波和透射波的情况,β 为入射波矢量方向与螺旋体轴线之间的夹角,在不同的 β 下测量,分别取 $\beta=0°$、$45°$ 和 $90°$。螺旋体的端面迎着入射波入射方向,实验测量如图 3.2.3 所示。实验结果如图 3.2.4~图 3.2.7 所示。图中的实线对应透射波的关系曲线,虚线对应反射波的关系曲线。

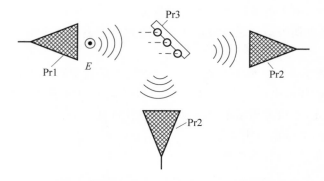

Pr1、Pr2:发射和接收天线;Pr3:二维阵列实验样品。

图 3.2.3　测量反射波和透射波特性的实验方案

从二维螺旋体阵列反射波的椭圆率随频率变化曲线(图 3.2.4)可以看出,反射波的椭圆率不受入射波矢量方向的影响,并且在频率等于 2.8GHz 时其值达到 0.9。

这符合理论计算结果。透射波的极化接近线极化,结果示于图 3.2.4。但是在矢量 E 与螺旋体轴线同向时($\beta=0°$),当频率在 3.1～3.2GHz 时,椭圆率由 0 急剧增加到 0.7,随着频率增加到 3.4GHz 又快速降至 0.2,在频率大于 3.4GHz 后,椭圆率继续下降,但要缓慢得多。

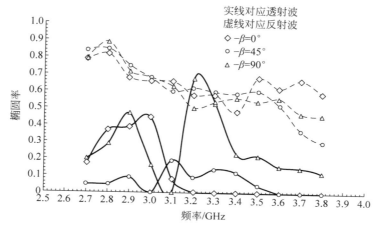

图 3.2.4　反射波和透射波椭圆率随频率变化的曲线

图 3.2.5 和图 3.2.6 分别显示了反射波和透射波极化椭圆主轴的旋转角度随频率的变化关系。在这种情况下,计算的垂直或水平面上极化椭圆主轴旋转角度取决于入射波矢量 E 的振动方向。正如图 3.2.5 所示,当 $\beta=0°$ 时,反射波主轴的旋转角度处在 40°～90°,负号表示迎着波方向看过去,极化椭圆主轴沿逆时针方向旋转。对于如图 3.2.6 所示透射波,没有观察到稳定的极化椭圆主轴旋转角,对于 $\beta=45°$ 和 $\beta=90°$ 两种情况,在 3.0～3.2GHz 极化椭圆主轴旋转角急剧变化。

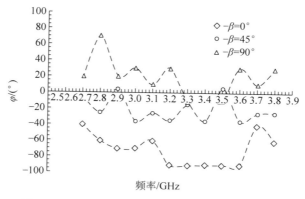

图 3.2.5　反射波的极化方位角随频率变化的曲线

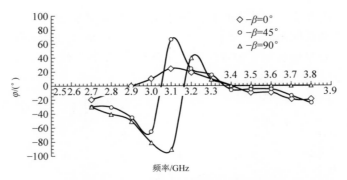

图 3.2.6　透射波的极化方位角随频率变化的曲线

图 3.2.7 显示了反射系数 K_{omp} 和透射系数 K_{np} 随频率变化的关系。从图中可以看出,当矢量 $\boldsymbol{E}$ 沿螺旋体的轴线($\beta=0°$)振荡时,大部分电磁波透射通过样品。对于 $\beta=45°$ 和 $\beta=90°$ 两种情况,反射波的强度取决于频率,在 $2.9\sim3.2\mathrm{GHz}$ 反射系数增加,并在 $3\mathrm{GHz}$ 谐振频率处达到最大值。

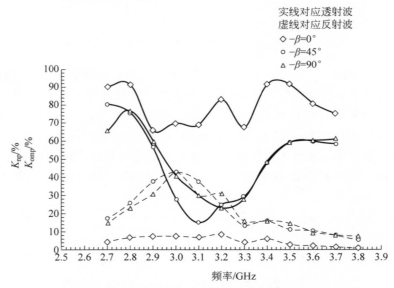

图 3.2.7　反射系数和透射系数随频率的变化曲线

复合介质材料中每个螺旋体同时具有电学、磁学和手征特性,其在电磁场中的行为可以用方程来描述:

$$\boldsymbol{p} = \varepsilon_0 \alpha_{ee} \boldsymbol{E} + \mathrm{i}\sqrt{\varepsilon_0 \mu_0}\, \alpha_{em} \boldsymbol{H} \qquad (3.2.8)$$

$$\boldsymbol{m} = \alpha_{mm} \boldsymbol{H} - \mathrm{i}\sqrt{\frac{\varepsilon_0}{\mu_0}}\, \alpha_{me} \boldsymbol{E} \qquad (3.2.9)$$

式中，α_{ee} 和 α_{mm} 分别是介电极化率和磁化率张量，α_{em} 和 α_{me} 是表征螺旋体手征特性的伪张量，ε_0 和 μ_0 分别是介电常数和磁导率。由动力学参数对称原理，可以得出如下关系：

$$\alpha_{em} = \alpha_{me}^{T} \tag{3.2.10}$$

式中，符号 T 表示张量的转置，在方程(3.2.8)和方程(3.2.9)中引入了虚单位 i。因此，对于不吸波的螺旋体，伪张量 α_{em} 仅具有实数部分。在方程(3.2.8)和方程(3.2.9)中伪张量 α_{em} 与 $\sqrt{\varepsilon_0 \mu_0}$ 和 $\sqrt{\dfrac{\varepsilon_0}{\mu_0}}$ 相乘，因此，表征结构整体手征特性的参数是无量纲的。

同时根据式(3.1.15)、式(3.2.8)和式(3.2.9)，得到

$$\alpha_{ee}^{(11)} = \alpha_{mm}^{(11)} \tag{3.2.11}$$

$$\alpha_{ee}^{(11)} = \pm \alpha_{em}^{(11)} \tag{3.2.12}$$

式中，$\alpha^{(ik)}$ 为涉及的张量和伪张量的分量，符号"+"对应右旋螺旋体，符号"−"对应左旋螺旋体。式(3.2.11)和式(3.2.12)表明具有最佳形状的螺旋体呈现相同的介电、磁性和手征特性。

实验结果验证了具有最佳形状的螺旋体呈现相同的三种特性，实验包括了在垂直于最佳形状螺旋体的轴向上入射圆极化波的情况。

最佳形状螺旋体具有广泛的应用范围，如可用于制造吸波涂层和具有负折射率的电磁超材料。在电场和磁场激励下，这种螺旋体呈现出最佳的性能，即入射波的极化面可以是任意方向的。相比于其他超材料组成的单元(如线形和环形谐振器)，这是显著的优点。

上述研究结果可以得出结论，目前已经具备基于螺旋结构复合介质的电磁波极化转换器的理论基础，可以将线极化波转换为圆极化波。

在微波频段，将线极化波转换为圆极化波的方法和装置包括：计算螺旋体的参数，使得当线极化入射波照射由相同金属螺旋体组成的规则有序阵列时，激发出电矩和磁矩，在它们的相互作用下，在垂直于入射波的方向上只辐射组成线极化入射波两种圆极化波中的一种极化波[18-19]。

实际上，通过基于螺旋体的二维阵列，还可以实现电磁波的极化面旋转，而不改变其椭圆率。当然，要做到这一点，螺旋体结构必须有适当的仰角。

3.3　圆柱目标无反射的电磁波绕射仿真

正如 2.2 节指出的，电磁波非反射地绕过圆柱形物体的主要思想是，物体的隐身涂层(或覆盖层)应该使入射波的波前弯曲，导致入射波绕过目标物体，绕过物体

后保持原来的入射方向,如图 3.3.1 所示。这是由涂层物质的异质性实现的。众所周知,如果介质的折射率连续变化,则射线被连续折射,其轨迹将是平滑的曲线[20]。

介电常数和磁导率张量描述了介质的特征,所以为了得到电磁波绕射圆柱形物体的条件,必要先找到这些张量的分量。文献[21]给出了有关各种几何形状涂层张量及其分量计算的完整资料。文献[22]和文献[23]给出了实际使用中最简单的表达式,它们是在圆柱坐标系中的张量分量表达式:

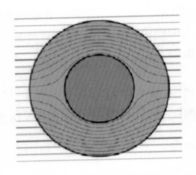

图 3.3.1 绕射的路径示意图

$$\varepsilon_{rr} = \mu_{rr} = \frac{b}{b-a}\left(\frac{r-a}{r}\right)^2, \quad \varepsilon_{zz} = \mu_{zz} = \varepsilon_{\phi\phi} = \mu_{\phi\phi} = \frac{b}{b-a} \tag{3.3.1}$$

式中,a 和 b 分别是圆柱形壳体的内外半径,r 是距被隐身物体中心的距离,如图 3.3.2 所示。

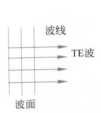

波线

TE波

波面

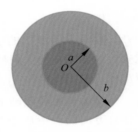

图 3.3.2 由外壳包裹的圆柱体的横截面(入射方向通常垂直于其纵轴)

实际上,在壳中很难实现折射率的连续变化,因此需用离散结构取代它。同时也没有必要使用多层结构,可用不同参数的人工涂层,也可以使用复合材料。

这些材料中金属单元的分布可以使用描述极化率与介电常数关系的克劳修斯-莫索蒂(Clausius-Mossotti)公式来确定。

$$\frac{\varepsilon - 1}{\varepsilon + 2} = \frac{4\pi}{3}N\alpha \tag{3.3.2}$$

式中,ε 是介电常数,N 为单位体积内的单元数,α 是它们的极化率。为了减少复合材料的能量损失,应减少金属单元的总数。

文献[22]考虑了式(3.3.1)张量的分量,并进行了绕射波的实验研究。其壳体由标准螺旋体组成,但作为一种近似假定,即圆柱形物体的吸波层的半径远大于物体本身的半径。可以通过采用两种类型螺旋体来避免这一近似[24]。第一种与张量的径向分量相关,另一种则与方位角分量相关。实践中一般不使用标准螺旋体,而使用具有最佳形状的平滑螺旋体,因为它们更容易制造,并且三个特性在所有轴向的分量都是相等的,这也是这种螺旋体的重要特征。

3.3.1　最优形状螺旋体人造无反射微波绕射结构

根据文献[22]和文献[25]中的理论计算方法,计算了介电常数 ε、螺旋体的密度 n 和螺旋匝数 N 与远离圆柱体目标物体中心的距离 r 的关系,见表 3.3.1。

表 3.3.1　人造结构的参数

序号	r/cm	ε	N
1	9	0.025	12
2	11	0.149	12
3	13	0.296	10
4	15	0.436	10

采用以下结构参数进行计算:目标圆柱体的半径 $a=8\mathrm{cm}$,结构体的半径 $b=16\mathrm{cm}$,结构体的厚度 $h=1\mathrm{cm}$,仰角为 $6.3°$ 的两匝螺旋体的手征特性参数等于 $14\mathrm{cm}^{-3}$。样品中使用的螺旋排列方案如图 3.3.3 所示。

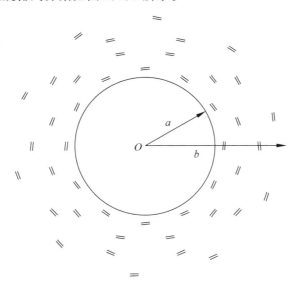

图 3.3.3　样品中螺旋体的排列方案

根据该方案,制作了人造手性螺旋结构复合材料样品,其中使用了最佳形状平滑螺旋体,以实现用圆柱形物体微波绕射的可能性,样品如图 3.3.4 所示。

样品由仰角为 $6.3°$ 的右旋和左旋螺旋体组成,参数计算工具为应用软件包 COMSOL Multiphysics,选择泡沫为基材,因为这种泡沫是一种透波材料。

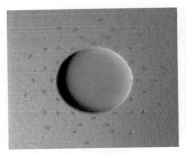

图 3.3.4　具有四排最佳形状光滑螺旋体的人造结构样品照片

3.3.2　最优形状平滑螺旋体圆柱目标的微波绕射仿真

采用有限元方法对无限多层人造结构进行了仿真。设频率为 3.1GHz,波的初始相位为 0°,其仿真结果如图 3.3.5 和图 3.3.6 所示。

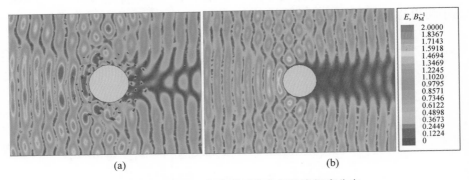

图 3.3.5　圆柱形物体附近的电场强度幅度分布

（a）有人造结构包围的金属圆柱体；（b）无人造结构包围的金属圆柱体

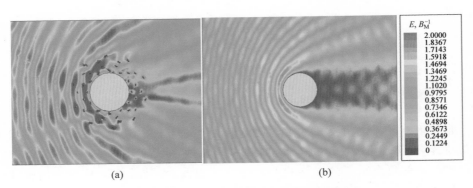

图 3.3.6　圆柱形物体附近的电场强度幅度分布

（a）有人造结构包围的金属圆柱体；（b）无人造结构包围的金属圆柱体

图 3.3.7 显示了具有人造结构圆柱体情况的透射波强度随入射波频率的变化曲线。计算了离圆柱体边缘不同距离上的透射波强度：L 分别取 11cm、14cm 和 30cm。

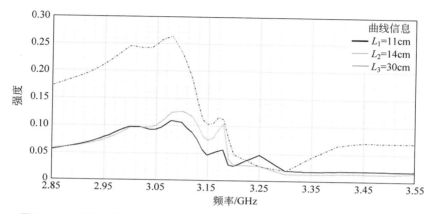

图 3.3.7　具有人造结构圆柱体情况的透射波强度随入射波频率的变化曲线

图 3.3.8 显示了没有人造结构圆柱体情况的透射波强度随入射波频率的变化曲线。由图 3.3.7 和图 3.3.8 的分析可以看出，频率为 3.1GHz 时，有人造结构情况下各测量点上透射波相对于入射波的强度大于没有人造结构的情况。

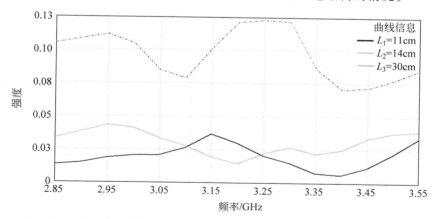

图 3.3.8　没有人造结构圆柱体情况的透射波强度随入射波频率的变化曲线

根据图 3.3.3 的方案制作了一个样品，它由 14 层最佳形状光滑螺旋体组成，高度为 20cm，如图 3.3.9 所示，同时还有一个半径为 8cm、高度为 20cm 的金属圆柱体，每个泡沫板上固定了两层螺旋体。

图 3.3.9　最佳形状光滑螺旋体的三维多层人造结构照片

在微波暗室对 2.85～3.55GHz 进行了实验研究。实验装置如图 3.3.10 所示。

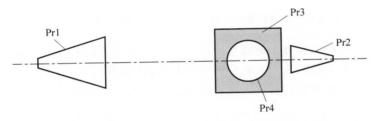

Pr1：发射天线；Pr2：接收天线；Pr3：基于最佳平滑螺旋体的人造结构；Pr4：金属圆柱体。

图 3.3.10　实验方案示意图

图 3.3.11 显示了有人造结构圆柱体情况时,实验测得的透射波与入射波强度比率随频率变化的关系。透射波强度在不同的距离 L 上测量,L 分别为 11cm、14cm 和 30cm。

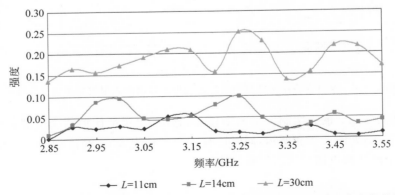

图 3.3.11　有人造结构圆柱体情况时,透射波与入射波强度比率随频率变化的关系

图 3.3.12 显示了没有人造结构时,透射波与入射波强度比率随频率变化的
关系。

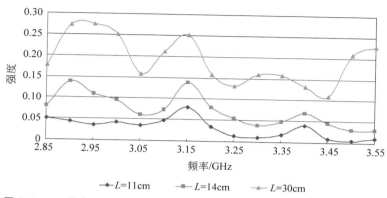

图 3.3.12　没有人造结构时,透射波与入射波强度比率随频率变化的关系

从图 3.3.5 和图 3.3.6 可以看出,频率为 3.1GHz 时,人造结构包围的圆柱体
后面电磁波波前基本恢复,阴影面积减小,但与无人造结构的圆柱体情况相比,散
射相当大。

从图 3.3.7 和图 3.3.8 的仿真结果可以得出,频率为 3.1GHz 时,人造结构包
围的圆柱体后面透射波强度达到 25%,强度大约是无人造结构圆柱体后面透射波
的 2 倍。而图 3.3.11 和图 3.3.12 的实验结果表明,频率为 3.2GHz 时,有涂层的
圆柱体后面透射波强度达到最大,并且在相同频率下强度大约是无涂层圆柱体后
面透射波的 1.5 倍。

上述理论和实验研究证明,可以使用具有最佳形状的平滑螺旋结构体实现电
磁波对圆柱形物体的无反射绕射。为了减少超材料中的能量损耗,应减少其金属
元件的总数,同时避免元件密集地排列于超材料内靠近目标的区域。为保证特定
的折射率梯度所需螺旋单元的空间排列分布的进一步研究可参见文献[24]和文
献[26]~文献[28]。

3.4　不同入射角下电磁波与微螺旋体阵列的相互作用

3.4.1　倾斜入射时的几何关系

本节将探讨电磁波对嵌有金属微螺旋体的单轴双向异性板的反射和透射现
象,如图 3.4.1 所示,螺旋体的轴线为 x 轴,介质中的电磁波沿着 xOz 平面矢量 k
传播。

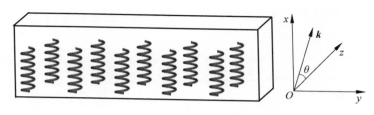

图 3.4.1　几何关系示意图

以下本构方程可以描述单轴双向异性介质的属性：

$$\begin{cases} \boldsymbol{D} = \boldsymbol{\varepsilon} \cdot \boldsymbol{E} + \mathrm{i}\sqrt{\varepsilon_0\mu_0}\,\boldsymbol{\kappa} \cdot \boldsymbol{H} \\ \boldsymbol{B} = \boldsymbol{\mu} \cdot \boldsymbol{H} - \mathrm{i}\sqrt{\varepsilon_0\mu_0}\,\boldsymbol{\kappa}^\mathrm{T} \cdot \boldsymbol{E} \end{cases} \tag{3.4.1}$$

式中，$\boldsymbol{D}$、$\boldsymbol{B}$、$\boldsymbol{E}$ 和 $\boldsymbol{H}$ 分别是磁感应矢量、磁通量、电场强度和磁场强度，$\boldsymbol{\varepsilon}$、$\boldsymbol{\mu}$ 和 $\boldsymbol{\kappa}$ 分别是介电常数、磁导率和归一化手性参数张量，符号 T 代表转置操作。

将关联方程（3.4.1）代入麦克斯韦方程后，得到相对于矢量 $\boldsymbol{E}$ 的波方程：

$$\nabla \times (\boldsymbol{\mu}^{-1} \cdot (\nabla \times \boldsymbol{E})) - \omega^2\varepsilon_0\mu_0(\boldsymbol{\varepsilon} - \boldsymbol{\kappa} \cdot \boldsymbol{\mu}^{-1} \cdot \boldsymbol{\kappa}^\mathrm{T}) \cdot \boldsymbol{E} -$$

$$\omega\sqrt{\varepsilon_0\mu_0}[\nabla \times (\boldsymbol{\mu}^{-1} \cdot \boldsymbol{\kappa}^\mathrm{T} \cdot \boldsymbol{E}) + \boldsymbol{\kappa} \cdot \boldsymbol{\mu}^{-1} \cdot (\nabla \times \boldsymbol{E})] = 0 \tag{3.4.2}$$

方程（3.4.2）的通解具有以下一般形式：

$$\boldsymbol{E} = \boldsymbol{E}_0 \mathrm{e}^{\mathrm{i}(\boldsymbol{k} \cdot \boldsymbol{r} - \omega t)} \tag{3.4.3}$$

式中，$\boldsymbol{k}$ 和 $\boldsymbol{r}$ 分别为波矢量和半径矢量。

3.4.2　介质中波的传播特性

目前，具有手征特性的导电螺旋体阵列很容易制造且成本相当低廉[29]，但为了制造具有各向同性的手性介质，需要得到螺旋体不规则混合的介质，这不仅非常困难而且价格昂贵。这是研究规则排列螺旋体阵列电磁特性的原因之一[30]。如果所有螺旋体的轴线以相同方向排列，则样品整体上是单轴对称的，在天然晶体和人造介质中常常是这样的。这也是研究规则排列螺旋体阵列电磁特性的一个原因。

文献[31]～文献[35]详细研究了单轴双向异性介质中的电磁波传播。文献[36]研究了在垂直入射时单轴双向异性介质层中的反射波和透射波。文献[37]和文献[38]则阐述了双向异性介质的数值方法。

对于单轴介质，介电常数、磁导率和手征特性张量具有以下形式：

$$\boldsymbol{\varepsilon} = \varepsilon_0 \begin{pmatrix} \varepsilon_1 & 0 & 0 \\ 0 & \varepsilon_2 & 0 \\ 0 & 0 & \varepsilon_2 \end{pmatrix}, \quad \boldsymbol{\mu} = \mu_0 \begin{pmatrix} \mu_1 & 0 & 0 \\ 0 & \mu_2 & 0 \\ 0 & 0 & \mu_2 \end{pmatrix}, \quad \boldsymbol{\kappa} = \begin{pmatrix} \alpha_1 & 0 & 0 \\ 0 & \alpha_2 & 0 \\ 0 & 0 & \alpha_2 \end{pmatrix}$$

$$\tag{3.4.4}$$

$$\Delta\varepsilon = \frac{\varepsilon_1 - \varepsilon_2}{2}, \quad \bar{\varepsilon} = \frac{\varepsilon_1 + \varepsilon_2}{2}$$

考虑到介质的对称性,波方程(3.4.2)可以表示成矩阵形式:

$$
\begin{pmatrix}
k^2\mu_2^{-1}\cos^2\theta-\dfrac{\omega^2}{c^2}(\varepsilon_1-\mu_1^{-1}\alpha_1^2) & \mathrm{i}\,\dfrac{\omega}{c}k\cos\theta(\mu_2^{-1}\alpha_2+\mu_1^{-1}\alpha_1) & -k^2\mu_2^{-1}\sin\theta\cos\theta \\[2mm]
-\mathrm{i}\,\dfrac{\omega}{c}k\cos\theta(\mu_2^{-1}\alpha_2+\mu_1^{-1}\alpha_1) & k^2(\mu_2^{-1}\sin^2\theta+\mu_1^{-1}\cos^2\theta)-\dfrac{\omega^2}{c^2}(\varepsilon_2-\mu_2^{-1}\alpha_2^2) & 2\mathrm{i}\,\dfrac{\omega}{c}k\mu_2^{-1}\alpha_2\sin\theta \\[2mm]
-k^2\mu_2^{-1}\sin\theta\cos\theta & -2\mathrm{i}\,\dfrac{\omega}{c}k\mu_2^{-1}\alpha_2\sin\theta & k^2\mu_2^{-1}\sin^2\theta-\dfrac{\omega^2}{c^2}(\varepsilon_2-\mu_2^{-1}\alpha_2^2)
\end{pmatrix}\cdot
$$

$$
\begin{pmatrix} E_{Ox} \\ E_{Oy} \\ E_{Oz} \end{pmatrix}=0 \tag{3.4.5}
$$

式中,ω 为入射波频率,ε_1 和 ε_2 为介电常数张量的主值,μ_1 和 μ_2 为磁导率张量的主值,α_1 和 α_2 为手性张量的主值,k 为本征模式的波数,$c=1/\sqrt{\varepsilon_0\mu_0}$ 为真空中的光速,θ 为 z 轴与介质本征矢量 $\boldsymbol{k}$ 之间的夹角。

从波方程(3.4.5)可以得到电场强度矢量 $\boldsymbol{E}$ 分量之间的关系,m 代表本征模态,取值 1,2,3,4:

$$
E_{Ox}^m=-\mathrm{i}\,\frac{k_m(\theta_m)\cos\theta_m\left(k_m^2(\theta_m)(\mu_1^{-1}\cos^2\theta_m+\mu_2^{-1}\sin^2\theta_m)-\dfrac{\omega^2}{c^2}(\varepsilon_2+\mu_2^{-1}\alpha_2^2)-2\dfrac{\omega^2}{c^2}\mu_1^{-1}\alpha_2\alpha_1\right)}{\dfrac{\omega}{c}\left[(\mu_1^{-1}\alpha_1-\mu_2^{-1}\alpha_2)k_m^2(\theta_m)\cos^2\theta_m+2\dfrac{\omega^2}{c^2}\alpha_2(\varepsilon_1-\mu_1^{-1}\alpha_1^2)\right]}E_{Oy}^m
$$

$$\tag{3.4.6}$$

$$
E_{Oz}^m=-\mathrm{i}\,\frac{k_m(\theta_m)\mu_2^{-1}\sin\theta_m\left(k_m^2(\theta_m)(\mu_1^{-1}\cos^2\theta_m+\mu_2^{-1}\sin^2\theta_m)-\dfrac{\omega^2}{c^2}(\varepsilon_2+\mu_2^{-1}\alpha_2^2)-2\dfrac{\omega^2}{c^2}\mu_1^{-1}\alpha_2\alpha_1\right)}{\dfrac{\omega}{c}\left[(\mu_1^{-1}\alpha_1-\mu_2^{-1}\alpha_2)k_m^2(\theta_m)\mu_2^{-1}\sin^2\theta_m-(\mu_1^{-1}\alpha_1+\mu_2^{-1}\alpha_2)\dfrac{\omega^2}{c^2}(\varepsilon_2-\mu_2^{-1}\alpha_2^2)\right]}E_{Oy}^m
$$

$$\tag{3.4.7}$$

令方程(3.4.5)的行列式等于零,可以得到特征方程,由方程可以得到介质本征模的波数:

$$
k^4\left\{\mu_2^{-1}\left[(\mu_1^{-1}\cos^2\theta+\mu_2^{-1}\sin^2\theta)(\varepsilon_1\sin^2\theta+\varepsilon_2\cos^2\theta)-\right.\right.
$$

$$
\left.\left.\mu_2^{-1}\mu_1^{-1}(\alpha_1\sin^2\theta+\alpha_2\cos^2\theta)^2\right]\right\}-k^2\frac{\omega^2}{c^2}\left[\frac{2}{\mu_2}\left(\varepsilon_1-\frac{\alpha_1^2}{\mu_1}\right)\left(\varepsilon_2+\frac{\alpha_2^2}{\mu_2}\right)\sin^2\theta+\right.
$$

$$
\left.\left(\varepsilon_2-\frac{\alpha_2^2}{\mu_2}\right)\left(\frac{\varepsilon_2}{\mu_2}+\frac{\varepsilon_1}{\mu_1}+2\frac{\alpha_1\alpha_2}{\mu_1\mu_2}\right)\cos^2\theta\right]+\frac{\omega^4}{c^4}\left(\varepsilon_2-\frac{\alpha_2^2}{\mu_2}\right)^2\left(\varepsilon_2-\frac{\alpha_1^2}{\mu_1}\right)=0 \tag{3.4.8}
$$

通过对本征模波数的数值分析,确定了本征模波数随入射角变化的关系,结果如图 3.4.2 所示。数值计算采用以下参数:$L=5.5\,\mathrm{mm}$,$\omega=19.1\,\mathrm{GHz}$,$\Delta\varepsilon=0.45$,$\alpha_1=0.3$,$\alpha_2=0$,$\bar{\varepsilon}=13.45$,$\mu_1=\mu_2=1.2+\mathrm{i}0.1$。图 3.4.2 表明当法向入射时,平面波的双折射达到最大值。

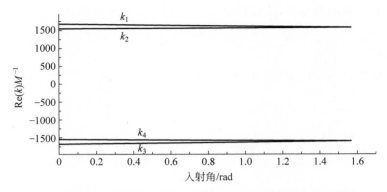

图 3.4.2　本征模波数的实部与入射角的关系曲线

3.4.3　边界条件下的解、反射和透射系数

根据所有波矢量切向分量在样品边界连续的条件,可以得到

$$k_0\sin\theta_i = k_1(\theta_1)\sin\theta_1 = k_2(\theta_2)\sin\theta_2 \tag{3.4.9}$$

式中,k_0 是入射波的波数。由这些等式可以计算第一模和第二模的折射角 θ_1 和 θ_2,它们是入射角 θ_i 的函数。这同样适用于第三模和第四模

$$k_0\sin\theta_i = k_3(\theta_3)\sin\theta_3 = k_4(\theta_4)\sin\theta_4 \tag{3.4.10}$$

波数 k_3 和 k_4 是负的,对应于样品背面的反射波。此时,θ_3 和 θ_4 的负值满足式(3.4.10)。

图 3.4.3 和图 3.4.4 分别显示了与折射角 θ_1 和 θ_2 对应的本征模波数实部和虚部随入射角变化的关系。根据矢量 **E** 和矢量 **H** 的切向分量在介质边界上($z=0$ 和 $z=L$,其中 L 是介质板的厚度)连续的条件得到以下方程组:

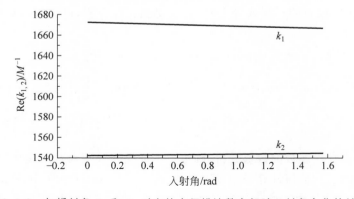

图 3.4.3　与折射角 θ_1 和 θ_2 对应的本征模波数实部随入射角变化的关系

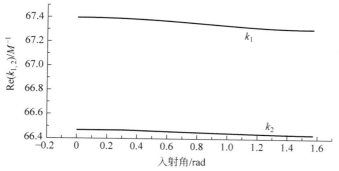

图 3.4.4　与折射角 θ_1 和 θ_2 对应的本征模波数虚部随入射角变化的关系

介质板入射表面,令 $z=0$,则

$$E_{Ox}^{i} + E_{Ox}^{r} = \sum_{m=1}^{4} E_{Ox}^{m} \tag{3.4.11}$$

$$E_{Oy}^{i} + E_{Oy}^{r} = \sum_{m=1}^{4} E_{Oy}^{m} \tag{3.4.12}$$

$$-\frac{c}{\omega}k_{i}\cos\theta_{i}E_{Oy}^{i} + \frac{c}{\omega}k_{i}\cos\theta_{i}E_{Oy}^{r} = \sum_{m=1}^{4}\left(-\frac{c}{\omega}\mu_{1}^{-1}k_{m}(\theta_{m})\cos\theta_{m}E_{Oy}^{m} + \mathrm{i}\mu_{1}^{-1}\alpha_{1}E_{Ox}^{m}\right)$$

$$\tag{3.4.13}$$

$$\frac{c}{\omega}k_{i}(\cos\theta_{i}E_{Ox}^{i} - \sin\theta_{i}E_{Oz}^{i}) - \frac{c}{\omega}k_{i}(\cos\theta_{i}E_{Ox}^{r} + \sin\theta_{i}E_{Oz}^{r})$$

$$= \sum_{m=1}^{4}\left[\frac{c}{\omega}\mu_{2}^{-1}k_{m}(\theta_{m})(\cos\theta_{m}E_{Ox}^{m} - \sin\theta_{m}E_{Oz}^{m}) + \mathrm{i}\mu_{2}^{-1}\alpha_{2}^{-1}E_{Oy}^{m}\right] \tag{3.4.14}$$

介质板出射表面,令 $z=L$,则

$$\sum_{m=1}^{4} E_{Ox}^{m}\exp(\mathrm{i}k_{m}(\theta_{m})\cos\theta_{m}L) = E_{Ox}^{\tau}\exp(\mathrm{i}k_{\tau}\cos\theta_{\tau}L) \tag{3.4.15}$$

$$\sum_{m=1}^{4} E_{Oy}^{m}\exp(\mathrm{i}k_{m}(\theta_{m})\cos\theta_{m}L) = E_{Oy}^{\tau}\exp(\mathrm{i}k_{\tau}\cos\theta_{\tau}L) \tag{3.4.16}$$

$$\sum_{m=1}^{4}\left(-\frac{c}{\omega}\mu_{1}^{-1}k_{m}(\theta_{m})\cos\theta_{m}E_{Oy}^{m} + \mathrm{i}\mu_{1}^{-1}\alpha_{1}E_{Ox}^{m}\right)\exp(\mathrm{i}k_{m}(\theta_{m})\cos\theta_{m}L)$$

$$= -\frac{c}{\omega}k_{\tau}\cos\theta_{\tau}E_{Oy}^{\tau}\exp(\mathrm{i}k_{\tau}\cos\theta_{\tau}L) \tag{3.4.17}$$

$$\sum_{m=1}^{4}\left[\frac{c}{\omega}\mu_{2}^{-1}k_{m}(\theta_{m})(\cos\theta_{m}E_{Ox}^{m} - \sin\theta_{m}E_{Oz}^{m}) + \mathrm{i}\mu_{2}^{-1}\alpha_{2}^{-1}E_{Oy}^{m}\right]\exp(\mathrm{i}k_{m}(\theta_{m})\cos\theta_{m}L)$$

$$= \frac{c}{\omega}k_{\tau}(\cos\theta_{\tau}E_{Ox}^{\tau} - \sin\theta_{\tau}E_{Oz}^{\tau})\exp(\mathrm{i}k_{\tau}\cos\theta_{\tau}L) \tag{3.4.18}$$

式中，E_O^i、E_O^r 和 E_O^τ 分别是入射波、反射波和透射波的幅度，E_O^m 是介质中本征模的幅度。为了减少未知数，还必须考虑本征模的极化。

因此分量 E_{Oz} 和 E_{Ox} 可以用分量 E_{Oy} 表示。这表明介质中有 4 个未知数：$E_{Oy}^m (m=1,2,3,4)$，对应样品之外的波有 2 个未知数 E_{Oy}^τ 和 E_{Oy}^r。

如果对于入射波有以下关系式：

$$\begin{cases} E_{Ox} = E_{op} \cos\theta_i \\ E_{Oz} = -E_{op} \sin\theta_i \end{cases} \tag{3.4.19}$$

式中，下标"p"指在入射平面上的向量，对于透射波和反射波，有以下关系：

$$\begin{cases} E_{Ox}^\tau = E_p^\tau \cos\theta_\tau \\ E_{Oz}^\tau = -E_p^\tau \sin\theta_\tau \\ E_{Ox}^r = -E_p^r \cos\theta_r \\ E_{Oz}^r = -E_p^r \sin\theta_r \end{cases} \tag{3.4.20}$$

如果在 $z=0$ 和 $z=L$ 的样品边界上是同一介质（如空气），就有 $\theta_i = \theta_r = \theta_\tau$。因此，4 个未知变量 E_{Ox}^τ、E_{Oz}^τ 和 E_{Ox}^r、E_{Oz}^r 减少为 2 个未知变量 E_p^τ 和 E_p^r。因此，可以得到一个包含 8 个未知数和 8 个方程的方程组：$E_{Oy}^m, E_{Oy}^\tau = E_s^\tau, E_{Oy}^r = E_s^r,$ E_p^τ, E_p^r。

由方程组（3.4.11）～方程组（3.4.18），可以得到电磁波倾斜入射情况下单轴双向异性板边界问题的精确解。根据以下参数：$L=5.5\text{mm}, \omega=19.1\text{GHz}, \Delta\varepsilon = 0.45, \alpha_1 = 0.3, \alpha_2 = 0, \bar\varepsilon = 13.45, \mu_1 = \mu_2 = 1.2 + \text{i}0.1$，对方程组进行数值解计算，其结果如图 3.4.5～图 3.4.9 所示。

图 3.4.5 和图 3.4.6 显示，当入射波极化平行或垂直于入射平面时，透射系数和反射系数随入射角变化有不同的曲线。图 3.4.7 和图 3.4.8 显示了不考虑样品对波的吸收情况时，透射系数和反射系数随入射角变化的曲线。图 3.4.6 和图 3.4.8

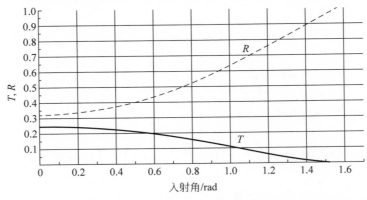

图 3.4.5 透射系数和反射系数随入射角变化的曲线（当入射波极化垂直于入射平面时）

表明,当入射波极化平行于入射平面时,在一定入射角下可能出现介质板反射波消失的情况,这类似于各向同性介质中的布儒斯特现象。

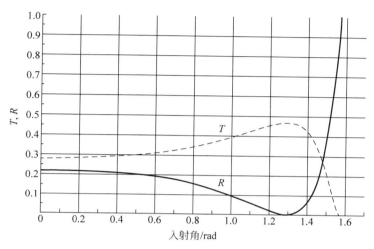

图 3.4.6　透射系数和反射系数随入射角变化的曲线(当入射波极化平行于入射平面时)

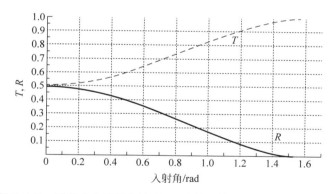

图 3.4.7　不考虑介质吸收情况下,透射系数和反射系数随入射角
变化的曲线(当入射波极化垂直于入射平面时)

图 3.4.9 表明,当入射波极化平行于入射平面时,反射波椭圆率在零反射角附近变化很大。反射波极化有不同的类型:线极化、圆极化、椭圆极化、接近圆极化。

自 17 世纪末以来,巴舍林(Bartholin)、惠更斯(Huygens)、马勒斯(Malus)已经研究了光线在两种介质边界反射和折射时的偏振效应。1815 年,布儒斯特建立了总偏振角度和相对折射率之间的关系,$\tan \varphi_{Br} = n$。布儒斯特角 φ_{Br} 即位于入射平面上的电场矢量不被反射时的入射角。上述效应可以认为是布儒斯特的类似效应,但是对于含有金属微螺旋体双向异性板的情况,其折射率 n 是三个参数的函

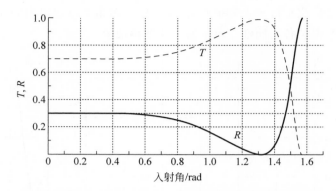

图 3.4.8 不考虑介质吸收情况下,透射系数和反射系数随入射角
变化的曲线(当入射波极化平行于入射平面时)

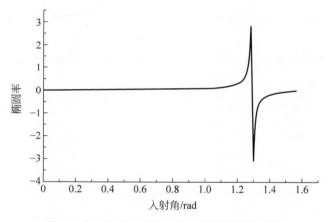

图 3.4.9 反射波椭圆率随入射角变化的曲线

数:ε、μ 和 κ。此时,与"纯粹"的各向同性介质不同,参数 $\mu \neq 1$ 和 $\kappa \neq 0$,同时,介质的磁性和手征特性还影响波的反射系数和透射系数。在运用以上三个参数进行计算时,介质的介电特性以金属螺旋体为主,而板的各向异性可以忽略。因此,布儒斯特效应仅在入射波极化位于入射平面的情况下,才以一般形式出现。

3.4.4 节中,对于具有显著各向异性的实验样品,可以观察到两种极化的布儒斯特类似现象,即当入射波极化平行和垂直于入射平面时的情况。

3.4.4 各向异性超材料的特性及布儒斯特效应

对于文献[29]中研究的介质(图 3.4.10),法向入射情况时介质的介电常数和手性张量具有以下形式:

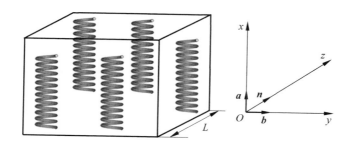

图 3.4.10　几何关系示意图

$$\boldsymbol{\varepsilon} = \varepsilon_0 \begin{pmatrix} \varepsilon_1 & 0 & 0 \\ 0 & \varepsilon_2 & 0 \\ 0 & 0 & \varepsilon_2 \end{pmatrix}, \quad \boldsymbol{\alpha} = \begin{pmatrix} \alpha_1 & 0 & 0 \\ 0 & 0 & 0 \\ 0 & 0 & 0 \end{pmatrix}, \quad \Delta\varepsilon = \frac{\varepsilon_1 - \varepsilon_2}{2}, \quad \bar{\varepsilon} = \frac{\varepsilon_1 + \varepsilon_2}{2}$$

(3.4.21)

该介质中本征模的波数为

$$k_{1,2}^2 = \frac{\dfrac{\omega^2}{c^2}\varepsilon_2 \{\varepsilon_1(1 + \sin^2\theta) + \varepsilon_2\cos^2\theta - 2\alpha_1^2\sin^2\theta \pm \cos^2\theta\sqrt{(\varepsilon_1 - \varepsilon_2)^2 + 4\varepsilon_2\alpha_1^2}\}}{2(\varepsilon_1\sin^2\theta + \varepsilon_2\cos^2\theta - \alpha_1^2\sin^4\theta)}$$

(3.4.22)

$$k_{3,4} = -k_{2,1}$$

(3.4.23)

上述关系式与文献[39]中的完全一致。

在关系式和数值分析中,使用本构方程,其中 $\mu_1 = \mu_2 = 1$(不考虑介质的磁性)。众所周知,在空间弱色散介质中,手征特性效应为一阶小量,磁性效应为二阶小量[5,40]。本节采用的本构方程中,本书保留了零阶(介电常数)和一阶(手征性)的所有项,忽略了二阶及以上的所有项。实际上,在这种情况下,在磁导率关系式中保存这些项是不合适的,并可能导致错误。因为人造磁性不是造成空间色散唯一的二阶效应。若要考虑空间强色散效应,必须保留二阶近似中的所有二阶项。在这种情况下,本构方程变得更加复杂:除了磁导率张量的二阶项,还包括了电场的空间二阶导数[41]。

带有螺旋体阵列介质的磁性应分为两种情况:一种是介质中的螺旋体(所谓的主介质)具有磁性的情况;另一种是介质中包含谐振微螺旋体或类似阵列单元的情况,它们具有明显的环路部分。在文献[29]中情况不同的是构造了一个实验样品,是由非谐振长螺旋体平行排列的阵列。因此,这种情况下,可以采用空间弱色散模型,并且可以忽略介质磁性。这种方法广泛应用于晶体光学。在这种具体情况下,通过与文献[29]中实验结果相比较,表明使用该模型是合理的。

数值计算的结果如图 3.4.11～图 3.4.17 所示。为了与非谐振螺旋体的实验结果[29]进行比较,选择了实际材料的参数值。并假设所有情况下,磁导率相同且为 μ_0。

计算采用了以下参数值: $L=5.5\text{mm},\omega=19.1\text{GHz},\theta_i=0.52\text{rad},\Delta\varepsilon=0.45$, $\bar{\varepsilon}=3.45,\alpha_1=0.3$。

图 3.4.11 和图 3.4.12 表明反射系数对于平行和垂直极化的入射波随入射角变化具有非单调关系。对于不同极化的入射波,在某个入射角反射波的强度接近于零。这表明电磁波在这些入射角情况下几乎完全通过样品。对于各向异性板,入射波极化不同时,这些角度是不同的,而不考虑手征特性,但手性可以将两个极化角度结合在一起。

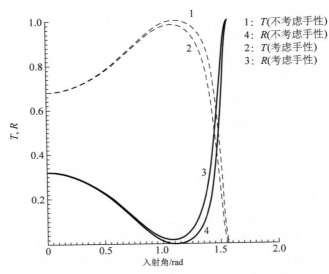

图 3.4.11 透射系数和反射系数随入射角的变化关系(入射波极化平行于入射平面)

通过解边界值问题,可以确定电磁波完全透射通过样品的入射角。对于平行极化,透射波在任意入射角都有几乎相同的偏振(图 3.4.13)。当入射角接近完全透射情况的角度时,反射波的椭圆率会发生很大变化。反射波的极化可有不同的类型:线极化、圆极化、椭圆极化和接近圆极化,具有两个旋转方向。

对于垂直极化,透射波和反射波是椭圆极化的;椭圆率取决于入射角,如图 3.4.14 和图 3.4.15 所示。在法向入射时,透射波是圆极化的,如图 3.4.14 所示。因此,通过边界问题的解,可以将该涂层设计为四分之一波片,也可以确定入射角的值,该入射角时,反射波接近线极化且与入射波极化正交,如图 3.4.15 所示。

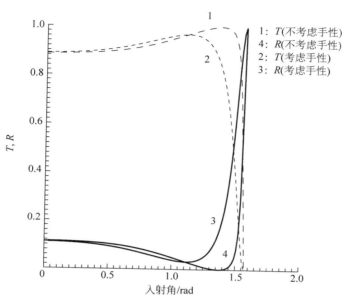

图 3.4.12　透射系数和反射系数随入射角的变化关系（入射波极化垂直于入射平面）

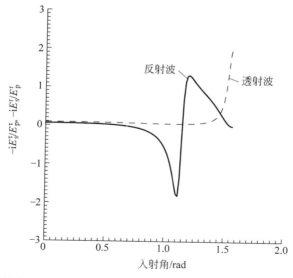

图 3.4.13　透射波和反射波椭圆率随入射角变化的曲线（入射波极化平行于入射面）

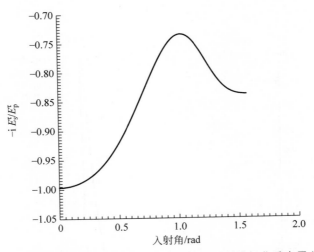

图 3.4.14　透射波椭圆率随入射角变化的曲线(入射波极化垂直于入射面)

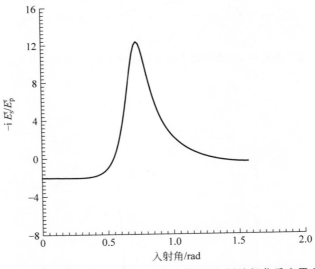

图 3.4.15　反射波椭圆率随入射角变化的曲线(入射波极化垂直于入射面)

　　应当注意的是,在任意频率和入射角时,边界问题的解都满足能量守恒定律。反射系数和透射系数也以非常高的精度满足 $R+T=1$ 的关系。南非斯泰伦博斯大学法向入射实验结果[29]与理论分析的对比表明:二者在垂直极化情况下是一致的,即当螺旋体的方向垂直于入射波的矢量(图 3.4.16)的情况。

　　反射波和透射波强度随样品厚度变化的曲线如图 3.4.17 所示。图 3.4.17 显示了反射系数和透射系数的强干涉现象,因此需要考虑在样品内部的多次反射问题。在某些厚度上,样品的非反射性能较弱。

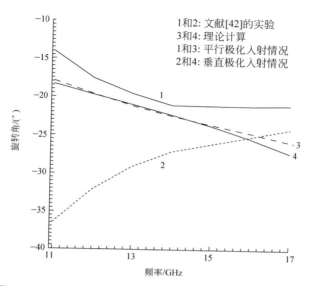

图 3.4.16　透射波极化椭圆主轴的旋转角随频率的变化关系

$L = 5.5\text{mm}$；$\theta_i = 0\text{rad}$；$\Delta\varepsilon = 0.45$；$\overline{\varepsilon} = 3.45$；$\alpha_1 = 0.3$

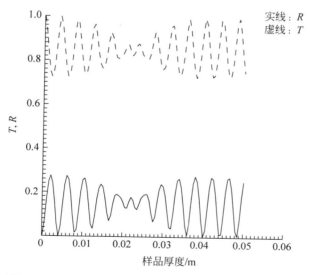

图 3.4.17　透射系数和反射系数随样品厚度的变化关系（对于平行极化入射的情况）

$\omega = 19.1\text{GHz}$；$\theta_i = 0.52\text{rad}$；$\Delta\varepsilon = 0.45$；$\overline{\varepsilon} = 3.45$；$\alpha_1 = 0.3$

考虑到样品内电磁波的多次反射,针对含有旋光性、介电性和磁性单元的人造各向异性板,需要解电磁波在介质表面倾斜入射时的边界问题,以确定透射系数和反射系数,以及反射和透射时对入射波的极化转换关系。在入射波极化平行于入射平面时,在特定的入射角,电磁波可以完全透射过介质,该成果可用于控制电磁波的极化。

通过平行排列的非谐振长螺旋体分析,对于透射波,某螺旋体阵列样品可以用作四分之一波片。分析结果表明,与入射波相比,反射波的极化平面可以旋转 90°。对比法向入射情况的实验研究结果,可以得出结论,对文献[29]中描述的样品可以用材料有效参数进行建模,并且可以预测倾斜入射情况下的实验结果。

3.5 多层复合螺旋结构阵列中的电磁波

基于螺旋体阵列的复合介质具有磁性各向异性,可通过建模进行仿真,如以多层介质的形式,其中第一层具有各向异性介电常数和手征特性[29],第二层为各向异性磁导率(可以是微波透波的磁材料),如图 3.5.1 所示。

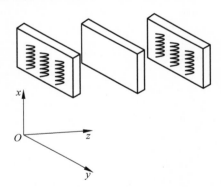

图 3.5.1　几何关系示意图

如果满足条件 $D \ll \lambda$,可以使用长波近似。这里 D 是层结构的周期,而 λ 是微波波长。这种多层介质的等效参数可以描述为

$$\begin{cases} \varepsilon_t^{eff} = x\varepsilon_t^1 + (1-x)\varepsilon_t^2 \\ \varepsilon_a^{eff} = x\varepsilon_a^1 + (1-x)\varepsilon_a^2 \\ \mu_t^{eff} = x\mu_t^1 + (1-x)\mu_t^2 \\ \mu_a^{eff} = x\mu_a^1 + (1-x)\mu_a^2 \\ \kappa_a^{eff} = x\kappa_a^1 + (1-x)\kappa_a^2 \end{cases} \quad (3.5.1)$$

式中,t 代表切向,a 代表轴向,x 是层的相对厚度,$x = d^1/D$,$1 - x = d^2/D$,d^1 和 d^2 分别为层 1、2 的厚度,$D = d^1 + d^2$,为层结构的周期,上标 1 和 2 分别表示层 1 和层 2。由于假定第一层具有各向异性介电常数和手性性质,而第二层具有各向异性磁导率,这种结构的等效参数可以用下式描述:

$$
\begin{cases}
\varepsilon_t^{\text{eff}} = x\varepsilon_t^1 \\
\varepsilon_a^{\text{eff}} = x\varepsilon_a^1 \\
\mu_t^{\text{eff}} = (1-x)\mu_t^2 \\
\mu_a^{\text{eff}} = (1-x)\mu_a^2 \\
\kappa_a^{\text{eff}} = x\kappa_a^1
\end{cases}
\tag{3.5.2}
$$

综上所述,该结构的本构方程可以表示为

$$
\begin{cases}
\boldsymbol{D} = \varepsilon_0(\varepsilon_t \boldsymbol{I}_t + \varepsilon_a \boldsymbol{aa}) \cdot \boldsymbol{E} - \mathrm{i}\sqrt{\varepsilon_0 \mu_0}\,\kappa_a \boldsymbol{aa} \cdot \boldsymbol{H} \\
\boldsymbol{B} = \mu_0(\mu_t \boldsymbol{I}_t + \mu_a \boldsymbol{aa}) \cdot \boldsymbol{H} + \mathrm{i}\sqrt{\varepsilon_0 \mu_0}\,\kappa_a \boldsymbol{aa} \cdot \boldsymbol{E}
\end{cases}
\tag{3.5.3}
$$

这里假设

$$
\varepsilon_t^{\text{eff}} = \varepsilon_t, \quad \varepsilon_a^{\text{eff}} = \varepsilon_a, \quad \mu_t^{\text{eff}} = \mu_t, \quad \mu_a^{\text{eff}} = \mu_a, \quad \kappa_a^{\text{eff}} = \kappa_a
\tag{3.5.4}
$$

3.5.1　本征模态

由于沿传播方向的场分量为零,因此可以将介质中的场表示为分量的形式,分量分别为相对于螺旋轴(其单位向量为 $\boldsymbol{a}$)的纵向和横向。

$$
\begin{cases}
\boldsymbol{E} = E_a \boldsymbol{a} + E_b \boldsymbol{b} \\
\boldsymbol{H} = H_a \boldsymbol{a} + H_b \boldsymbol{b}
\end{cases}
\tag{3.5.5}
$$

在这里,同样有 $\boldsymbol{b} = \boldsymbol{z}_0 \times \boldsymbol{a}$。

可以确定电磁场中该介质本征模波数和椭圆率的解析形式,即 E_a 和 E_b 之间的关系:

$$
n_\pm^2 = k_0^2 \left[\frac{\varepsilon_a \mu_t + \mu_a \varepsilon_t}{2} \pm \sqrt{\left(\frac{\varepsilon_a \mu_t - \mu_a \varepsilon_t}{2} \right)^2 + \varepsilon_t \mu_t \kappa_a} \right]
\tag{3.5.6}
$$

$$
E_b = \frac{\mathrm{i} k_0 \kappa_a n_\pm}{n_\pm^2 - k_0^2 \varepsilon_t \mu_a} E_a, \quad H_b = \frac{\mathrm{i} k_0 \kappa_a n_\pm}{n_\pm^2 - k_0^2 \varepsilon_a \mu_t} H_a
\tag{3.5.7}
$$

为了得到更直观的物理表示,可以考虑手性参数为 $\kappa_a = 0$ 时的极限情况。在这种情况下有:

$$
n_+^2 = k_0^2 \varepsilon_a \mu_t, \quad n_-^2 = k_0^2 \varepsilon_t \mu_a
\tag{3.5.8}
$$

显然,第一种情况描述了平面本征模的情况,其分量为:$E_a \neq 0$,$H_a = 0$;在第二种情况下其分量为:$H_a \neq 0$,$E_a = 0$。

众所周知,对于单轴非手性介质,如果入射波极化平行或垂直于轴(其单位矢量为 a),则不会发生极化转换,即两个极化不关联。在费奥多罗夫的著作[43]中,当式(3.5.9)成立时,可预测双折射的补偿效应。

$$\varepsilon_a \mu_t = \varepsilon_t \mu_a, \quad n_+ = n_-$$

(3.5.9)

在已知的天然晶体中,无一可以满足该条件。但现代技术的发展可以制造具有指定属性的材料。

3.5.2 双折射补偿的影响

当某层的厚度 x 达到一定值时,结构的有效参数将有比例关系。从关系式 $(\varepsilon_a \mu_t = \varepsilon_t \mu_a)$ 可以得到

$$\frac{\Delta \varepsilon}{\bar{\varepsilon}} = \frac{\Delta \mu}{\bar{\mu}}$$

(3.5.10)

上式表明磁各向异性补偿了介电各向异性,且不存在线性双折射现象。式中,

$$\bar{\varepsilon} = \frac{\varepsilon_t + \varepsilon_a}{2}, \quad \Delta \varepsilon = \frac{\varepsilon_t - \varepsilon_a}{2}, \quad \bar{\mu} = \frac{\mu_t + \mu_a}{2}, \quad \Delta \mu = \frac{\mu_t - \mu_a}{2}$$

由于参数的频散,只能在某些频率满足该条件,所以这种结构也可以作为频率选择性透波器件。

以下对基于线性双折射补偿效应的实验装置进行了计算。实验装置如图 3.5.2 所示。样品厚度为 $L = \frac{\pi}{2\vartheta}$,其中 $\vartheta = \frac{k_0 \kappa_a}{2}$ 为极化面的单位旋转角。

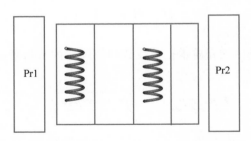

Pr1:偏振器;Pr2:分析仪,偏振器和分析仪平面之间的夹角为 90°。

图 3.5.2　实验装置示意图

在这个模型中,假设 μ_t 和 μ_a 是常数,介电常数与频率是通常的色散关系,可以通过函数 $\varepsilon_t = k_t \omega + b_t$,$\varepsilon_a = k_a \omega + b_a$ 建模。透射波强度随入射波频率变化的关系具有频率选择特性,如图 3.5.3 所示。

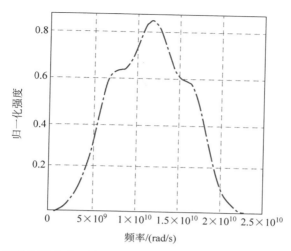

图 3.5.3　透射波强度随入射波频率变化的曲线,入射波沿着螺旋轴方向极化

3.6　螺旋结构体的法向入射波

3.6.1　问题描述

本节研究的对象是具有手征特性的人造各向异性微波介质。本书将文献[29]研究的人造各向异性介质作为例子。该介质每层都是在聚合物板内的金属缠绕尼龙棒螺旋线圈阵列。所有螺旋线圈都朝向相同的方向,所以介质板具有单轴对称性[44-46]。每个后续的介质层中金属缠绕尼龙棒的螺旋线圈阵列围绕垂直于该层平面的轴线旋转特定的角度。结果,整个样品具有类似于胆甾型液晶的螺旋结构,如图 3.6.1 所示。图层中的螺旋轴绕 z 轴旋转;入射波沿 z 轴传播;每个介质层的厚度为 $0.5\sim1.0\mathrm{mm}$,这样螺旋结构周期与入射微波的波长相近[47]。

文献[48]和文献[49]给出了平面波在具有其他物理性质螺旋体介质中传播的研究结果,例如手性薄膜这样的介质。在文献[50]中研究了一种没有局部手性的简单螺旋体结构,即手性绿矿石,并对与该领域相关的工作进行了综述。

每层中的所有螺旋体都朝向矢量 $\boldsymbol{a}$ 的方向。矢量 $\boldsymbol{a}$ 按照以下函数关系围绕结构轴旋转:

$$\boldsymbol{a}(z)=\boldsymbol{U}(z)\cdot\boldsymbol{a}(0)$$

式中,$\boldsymbol{U}(z)=\exp(qz\boldsymbol{z}_0\times\boldsymbol{I})$ 是围绕单位矢量的旋转矩阵,$\boldsymbol{I}$ 为单位并向量,$\boldsymbol{U}(z)$ 具有矩阵表达式:

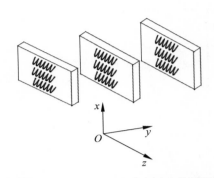

图 3.6.1 法向入射波在人造螺旋体介质中传播问题的坐标系

$$U(z) = \begin{pmatrix} \cos(qz) & -\sin(qz) & 0 \\ \sin(qz) & \cos(qz) & 0 \\ 0 & 0 & 1 \end{pmatrix} \qquad (3.6.1)$$

螺旋体的扭转参数 q 仅取决于其几何结构。参数 q 的符号表示螺旋体的空间旋转方向。$q > 0$ 时,表示是右旋螺旋体。假设螺旋体的螺旋螺距远大于各层的厚度。这种情况下,在垂直于局部矢量 a(旋转坐标系的 x 轴)的方向上局部属性是均匀的。

考虑到上述情况,在所选定坐标系中本构方程为

$$\begin{cases} \boldsymbol{D} = \varepsilon_0 (\varepsilon_t \boldsymbol{I}_t + \varepsilon_a \boldsymbol{a}\boldsymbol{a}) \cdot \boldsymbol{E} - \mathrm{i}\sqrt{\varepsilon_0 \mu_0}\, \kappa_a \boldsymbol{a}\boldsymbol{a} \cdot \boldsymbol{H} \\ \boldsymbol{B} = \mu_0 (\mu_t \boldsymbol{I}_t + \mu_a \boldsymbol{a}\boldsymbol{a}) \cdot \boldsymbol{H} + \mathrm{i}\sqrt{\varepsilon_0 \mu_0}\, \kappa_a \boldsymbol{a}\boldsymbol{a} \cdot \boldsymbol{E} \end{cases} \qquad (3.6.2)$$

局部介电常数和磁导率张量是对称的单轴并向量,其中 ε_t 和 μ_t 为它们的横向分量(相对于矢量 a),ε_a 和 μ_a 为它们的纵向分量,$\boldsymbol{I}_t = \boldsymbol{I} - \boldsymbol{a}\boldsymbol{a}$。$\kappa_a$ 为手性参数,假设介质中包含微螺旋体,不具有磁性特性,且 $\mu_t = \mu_a = 1$。

平面波法向入射后,在螺旋体结构层中传播电磁波的电场和磁场可以通过函数来描述:

$$\boldsymbol{E}_e = [A_{1e}\boldsymbol{b}(0) - A_{2e}\boldsymbol{a}(0)]\mathrm{e}^{-\mathrm{i}k_0 z + \mathrm{i}\omega t}$$

$$\boldsymbol{H}_e = \frac{1}{\eta_0}[A_{2e}\boldsymbol{b}(0) - A_{1e}\boldsymbol{a}(0)]\mathrm{e}^{-\mathrm{i}k_0 z + \mathrm{i}\omega t}$$

式中,$k_0 = \omega\sqrt{\varepsilon_0 \mu_0}$ 为真空中的波数,$\eta_0 = \sqrt{\mu_0/\varepsilon_0}$ 为自由空间的波阻抗,$\boldsymbol{b} = \boldsymbol{z}_0 \times \boldsymbol{a}$ 为样品反射的电磁波。

$$\boldsymbol{E}_r = [A_{1r}\boldsymbol{b}(0) + A_{2r}\boldsymbol{a}(0)]\mathrm{e}^{\mathrm{i}k_0 z + \mathrm{i}\omega t}$$

$$\boldsymbol{H}_r = \frac{1}{\eta_0}[A_{1r}\boldsymbol{a}(0) - A_{2r}\boldsymbol{b}(0)]\mathrm{e}^{\mathrm{i}k_0 z + \mathrm{i}\omega t}$$

而透射波有

$$\boldsymbol{E}_\tau = [A_{1\tau}\boldsymbol{b}(L) + A_{2\tau}\boldsymbol{a}(L)]\mathrm{e}^{-\mathrm{i}k_0 z + \mathrm{i}\omega t}$$

$$\boldsymbol{H}_\tau = \frac{1}{\eta_0}[A_{2\tau}\boldsymbol{b}(L) - A_{1\tau}\boldsymbol{a}(L)]\mathrm{e}^{-\mathrm{i}k_0 z + \mathrm{i}\omega t}$$

式中, $\boldsymbol{a}(L)$ 和 $\boldsymbol{b}(L)$ 分别为旋转角度为 qL 的单位矢量。

$$\boldsymbol{b}(L) = \exp(qL\boldsymbol{z}_0 \times I) \cdot \boldsymbol{b}(0)$$

$$\boldsymbol{a}(L) = \exp(qL\boldsymbol{z}_0 \times I) \cdot \boldsymbol{a}(0)$$

介质中的电场强度矢量是四个平面波[51]叠加的形式:

$$\boldsymbol{E} = \sum_{m=1}^{4} A_m \frac{\boldsymbol{a} - \mathrm{i}\rho_m\boldsymbol{b}}{\sqrt{1 + \rho_m^2}} \mathrm{e}^{-\mathrm{i}k_m z + \mathrm{i}\omega t}$$

式中, k_m 及 ρ_m 分别是本征模的波数和椭圆率。以矢量 $\boldsymbol{E}$ 表示的磁场强度关系式为

$$\boldsymbol{H} = \frac{\mathrm{i}}{\omega\mu_0}\boldsymbol{z}_0 \times I \cdot \frac{d}{d_z}\boldsymbol{E} - \frac{\mathrm{i}}{\mu_0}\kappa_{\mathrm{a}}\boldsymbol{a}\boldsymbol{a} \cdot \boldsymbol{E}$$

针对本节研究的螺旋体结构介质,考虑到其局部手征特性,其电磁场本征模的波数和椭圆率关系式为

$$\left\{
\begin{aligned}
&k_{1,2} = k_0\left[\bar{\varepsilon} - \frac{\kappa_{\mathrm{a}}^2}{4} + \eta^2 \pm \sqrt{4\eta^2\left(\bar{\varepsilon} - \frac{\kappa_{\mathrm{a}}^2}{4}\right)^2 + (\Delta\varepsilon + \eta\kappa_{\mathrm{a}})^2}\right]^{\frac{1}{2}} \\
&k_{3,4} = -k_{1,2} \\
&\rho_{1,2} = k_0 \frac{2\eta^2 + \Delta\varepsilon + \eta\kappa_{\mathrm{a}} \pm \sqrt{4\eta^2\left[\bar{\varepsilon} - \left(\frac{\kappa_{\mathrm{a}}^2}{4}\right)\right] + (\Delta\varepsilon + \eta\kappa_{\mathrm{a}})^2}}{2\eta k_{1,2}} \\
&\rho_{3,4} = -\rho_{1,2}
\end{aligned}
\right. \tag{3.6.3}$$

这里考虑了以下关系式:

$$\bar{\varepsilon} = \frac{\varepsilon_{\mathrm{t}} + \varepsilon_{\mathrm{a}}}{2}, \quad \Delta\varepsilon = \frac{\varepsilon_{\mathrm{t}} - \varepsilon_{\mathrm{a}}}{2}, \quad \eta = \frac{\kappa_{\mathrm{a}}}{2} + \frac{q}{k_0}$$

根据旋转坐标系中的关系式(3.6.3)计算的本征模波数随频率变化的曲线如图 3.6.2 所示。该频率曲线反映出一种类似于胆甾型液晶的光学特性。

根据矢量 $\boldsymbol{E}$ 和 $\boldsymbol{H}$ 的切向分量在介质边界 $z=0$ 和 $z=L$ 上连续的条件,可以得到八个线性方程组成的方程组:

$$A_{2\mathrm{e}} + A_{2\mathrm{r}} = \sum_{m=1}^{4} A_m \frac{1}{\sqrt{1 + \rho_m^2}}$$

$$A_{1\mathrm{e}} + A_{1\mathrm{r}} = \sum_{m=1}^{4} A_m \frac{-\mathrm{i}\rho_m}{\sqrt{1 + \rho_m^2}}$$

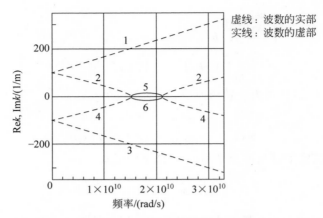

图 3.6.2 频率函数离散方程的解

$\bar{\varepsilon}=3.45$；$\Delta\varepsilon=0.45$；$\kappa_\mathrm{a}=0.3$；$q=100\mathrm{rad/m}$

$$-A_{1\mathrm{e}}+A_{1\mathrm{r}}=\sum_{m=1}^{4}A_m\frac{1}{\sqrt{1+\rho_m^2}}\left[-\mathrm{i}\frac{c}{\omega}(q-k_m\rho_m)-\mathrm{i}\kappa_\mathrm{a}\right]$$

$$A_{2\mathrm{e}}-A_{2\mathrm{r}}=\sum_{m=1}^{4}A_m\frac{1}{\sqrt{1+\rho_m^2}}\left[-\frac{c}{\omega}(q\rho_m-k_m)\right]$$

$$A_{2\tau}\mathrm{e}^{-\mathrm{i}k_0L}=\sum_{m=1}^{4}A_m\frac{1}{\sqrt{1+\rho_m^2}}\mathrm{e}^{-\mathrm{i}k_mL}$$

$$A_{1\tau}\mathrm{e}^{-\mathrm{i}k_0L}=\sum_{m=1}^{4}A_m\frac{-\mathrm{i}\rho_m}{\sqrt{1+\rho_m^2}}\mathrm{e}^{-\mathrm{i}k_mL}$$

$$-A_{1\tau}\mathrm{e}^{-\mathrm{i}k_0L}=\sum_{m=1}^{4}A_m\frac{1}{\sqrt{1+\rho_m^2}}\mathrm{e}^{-\mathrm{i}k_mL}\left[-\mathrm{i}\frac{c}{\omega}(q-k_m\rho_m)-\mathrm{i}\kappa_\mathrm{a}\right]$$

$$-A_{2\tau}\mathrm{e}^{-\mathrm{i}k_0L}=\sum_{m=1}^{4}A_m\frac{1}{\sqrt{1+\rho_m^2}}\mathrm{e}^{-\mathrm{i}k_mL}\left[\frac{c}{\omega}(q\rho_m-k_m)\right]$$

式中，$c=1/\sqrt{\varepsilon_0\mu_0}$ 是真空中的光速。

文献[52]和文献[53]给出了在各种极化波入射时布拉格衍射区域附近的透射波和反射波特性。还应当注意的是，任意频率边界值问题的解是满足能量守恒定律的。

考虑到螺旋体结构介质中局部手性对电磁波布拉格反射的影响，令式(3.6.3)中 $k_2=0$，可以得到布拉格反射区域边界的频率值：

$$\omega_1=\frac{q}{\sqrt{\mu_0\varepsilon_0}\,(\sqrt{\varepsilon_\mathrm{t}}-\kappa_\mathrm{t})},\quad \omega_2=\frac{q}{\sqrt{\mu_0\varepsilon_0}\,(\sqrt{\varepsilon_\mathrm{a}}-\kappa_\mathrm{a})}\tag{3.6.4}$$

通过分析式(3.6.4),可以发现局部手性可以使布拉格反射区域边界移动。在当前情况下,$\kappa_t = 0$,所以只移动了一个边界。

在没有吸收的情况下,手性参数受到条件 $|\kappa_a| < |\sqrt{\varepsilon_a}|$ 的限制,所以 ω_2 的值由于局部手性可能在 $\frac{1}{2}\omega_2|_{\kappa_a=0} < \omega_2 < \infty$ 范围内。当然,局部手性也使布拉格衍射区变宽,布拉格反射区的宽度为

$$\Delta d = \omega_2 - \omega_1 = \frac{q}{\sqrt{\mu_0 \varepsilon_0}}\left(\frac{1}{\sqrt{\varepsilon_a - \kappa_a}} - \frac{1}{\sqrt{\varepsilon_a}}\right)$$

根据表达式确定此值的相对变化为

$$\frac{\Delta d}{d_0} = -\frac{\sqrt{\varepsilon_t}\,\kappa_a}{(\sqrt{\varepsilon_t} - \sqrt{\varepsilon_a})(\sqrt{\varepsilon_a} - \kappa_a)}$$

式中,$d_0 = \frac{q}{\sqrt{\mu_0 \varepsilon_0}}\left(\frac{1}{\sqrt{\varepsilon_a}} - \frac{1}{\sqrt{\varepsilon_t}}\right)$,为没有局部手性时布拉格反射区的宽度。布拉格反射区的频移及频率相对变化范围明显取决于局部手性参数。

可以由德弗里公式(3.6.5)确定人造周期结构介质中电磁波极化面的旋转角度:

$$\nu = -k_0\left[\frac{\kappa_a}{2} + \frac{(\Delta\varepsilon + \kappa_a \eta)^2}{8\eta(\bar{\varepsilon} - \eta^2)}\right] \tag{3.6.5}$$

在没有局部手性的情况下(即当 $\kappa_a = 0$ 时),德弗里公式(3.6.5)简化[54]为

$$\nu = -\frac{k_0^4(\Delta\varepsilon)^2}{8q(\bar{\varepsilon}k_0^2 - q^2)} \tag{3.6.6}$$

对极化入射波进行数值计算,其线极化是沿着第一层内螺旋轴(即矢量 $\boldsymbol{a}(0)$)以及垂直于该轴(即矢量 $\boldsymbol{b}(0)$)的两个方向。样品的厚度为 $L = 0.155\text{m}$。当入射波沿着螺旋轴方向极化时,反射波强度随频率和参数 κ_a 变化的曲线如图 3.6.3 所示。

当 $\kappa_a = 0.3$、$\varepsilon_a = 3.9$、$\varepsilon_t = 3$ 时,布拉格衍射区相对宽度值达到 0.94,即相当于该区域宽度的比例。计算结果的分析还表明,当手性参数 κ_a 从 0 增加到 0.6 时,布拉格衍射区高频端附近衍射波的相对椭圆率变化达到 0.07。这证明局部手性对衍射波的极化影响较小,其极化保持为近圆极化且取决于微螺旋体结构。

在两种线极化波沿螺旋轴和垂直于该轴的两个方向入射的情况下,计算得到的透射波和反射波强度随频率变化曲线如图 3.6.4 和图 3.6.5 所示。比较这些图中的曲线,容易看出该波段边界问题的解满足能量守恒定律。

为了与文献[55]中胆甾型液晶的研究结果进行比较,反射波强度随频率变化的关系如图 3.6.6 所示。

图 3.6.7 给出了根据图中参数计算的透射波极化面旋转角度随频率及参数 κ_a

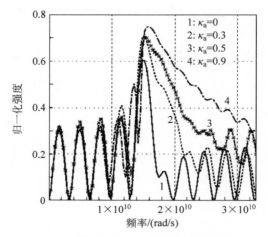

图 3.6.3 反射波强度随入射波频率变化的关系

$\overline{\varepsilon}=3.45$；$\Delta\varepsilon=0.45$；$q=100\text{rad/m}$；$L=0.155\text{m}$

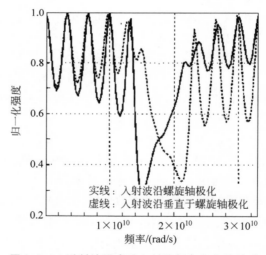

图 3.6.4 透射波强度随入射波频率变化的关系

$\overline{\varepsilon}=3.45$；$\Delta\varepsilon=0.45$；$\kappa_a=0.3$；$q=100\text{rad/m}$；$L=0.155\text{m}$

变化的关系。容易证明在没有局部手性(对于 $\kappa_a=0$)的情况下,透射波的极化方位角随频率的变化关系可以由德弗里公式描述。

曲线的峰值可以通过德弗里公式的特性解释:它在布拉格反射区的中心将变成无穷大。值得注意的是,当局部手性参数的符号与螺旋体参数符号相反时,局部手性可以很大程度上补偿液晶型旋转的共振效应(图 3.6.7, $\kappa_a=-0.3$)。如果两个螺旋体的旋转方向相同,则共振峰变得更加明显($\kappa_a=0.3$)。

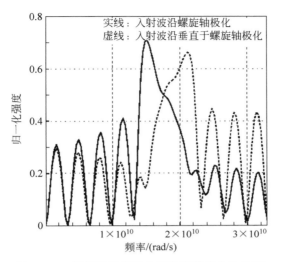

图 3.6.5 反射波强度随入射波频率变化的关系

$\bar{\varepsilon} = 3.45$；$\Delta\varepsilon = 0.45$；$\kappa_a = 0.3$；$q = 100\text{rad/m}$；$L = 0.155\text{m}$

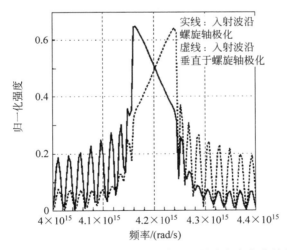

图 3.6.6 胆甾型液晶的反射波强度随入射波频率变化的关系

$\bar{\varepsilon} = 2.04$；$\Delta\varepsilon = 0.04$；$\kappa_a = 0$；$q = 2 \times 10^7 \text{rad/m}$；$L = 3 \times 10^{-5}\text{m}$

文献[56]提出了一种由多导线螺旋体双阵列组成的各向同性极化旋转器。根据本文计算和分析结果,本书提出了一种电磁波极化转换器,与文献[56]中提出的方案不同,由于不是基于谐振的原理,它可以用在宽频带的场合。

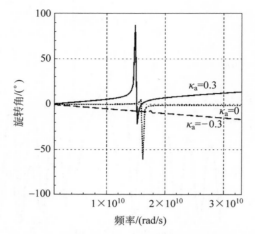

图 3.6.7　透射波极化面旋转角度随频率变化的关系

$\bar{\varepsilon}=3.45$；$\Delta\varepsilon=0.45$；$q=100\mathrm{rad/m}$；$L=0.155\mathrm{m}$

3.6.2　数值分析

　　基于边界问题的精确解,可以描述为电磁波在周期结构介质上的布拉格衍射问题,同时考虑来自样品边界的多个菲涅尔反射,这使我们能够根据人造螺旋结构的参数完全模拟电磁波的透射和反射。

　　基于边界问题的数值解,图 3.6.8 给出了透射系数 T 和反射系数 R 随样品厚度变化关系的计算结果。计算的初始参数值为：$\Delta\varepsilon=0.45$,$\bar{\varepsilon}=3.45$,$\mu=1$,$\kappa=0.3$,$\omega=18.16\mathrm{GHz}$,$q=100\mathrm{rad/m}$。

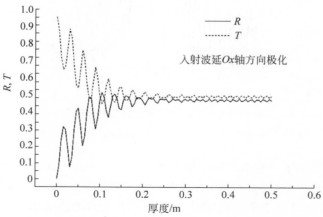

图 3.6.8　透射系数 T 和反射系数 R 随样品厚度的变化关系

图 3.6.9～图 3.6.12 给出了透射波和反射波极化面旋转角与椭圆率随入射波频率变化的关系,计算时的层厚度取 $L=0.015\text{m}$,它对应于图 3.6.8 中的第一个最大峰值。

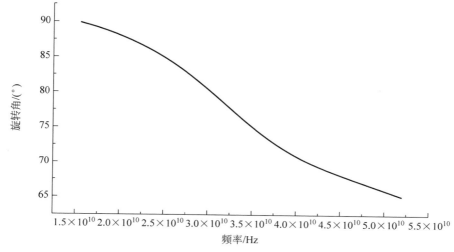

图 3.6.9　透射波极化面旋转角度随频率变化的关系

椭圆角 e 的单位是度,并满足关系 $\tan e=A^{-1}$,其中 A 是椭圆长轴与短轴的比率[57]。由图 3.6.10 可看出,在某些频率处反射波极化面旋转角的符号有变化。在谐振频率附近的窄带中,透射波在谐振频率附近的极化接近线性,如图 3.6.11 所示,反射波具有接近圆形的极化,如图 3.6.12 所示。

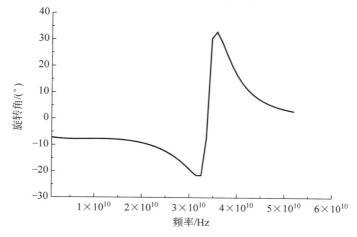

图 3.6.10　反射波极化面旋转角度随频率变化的关系

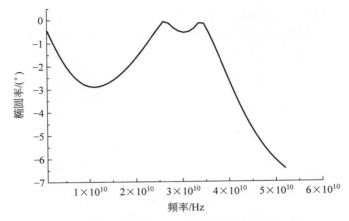

图 3.6.11　透射波极化面椭圆率随频率变化的关系

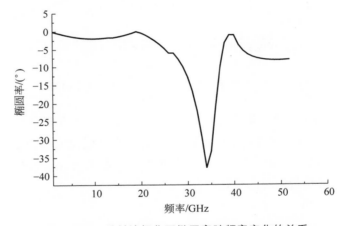

图 3.6.12　反射波极化面椭圆率随频率变化的关系

　　对于基于螺旋单元结构多层介质中的电磁波传播场,我们推导了其波方程的解析解,给出了电磁波极化面旋转角改进的德弗里公式,并构建了极化面旋转角随频率变化的关系[53-54,58]。结果表明,通过边值问题的精确解,可以描述周期性结构超材料中电磁波的布拉格衍射,也可以研究介质边界的多次反射波问题,即可以根据所需超材料的参数允许模拟其电磁波的透射和反射现象。

　　基于上述结论,我们不仅可以研究超材料元件的最佳参数,还可以研究多层螺旋结构整体的最优参数,建立起超材料在微波波段的波数随频率变化的关系(它类似于胆甾型液晶在光波波段波数与频率的关系)。同时通过改变介质的局部手性参数以及局部单元结构参数可以使布拉格反射区的边界移动,也可以改变布拉格反射区的宽度。

3.7　Ω 形螺旋结构人工复合材料的微波电动力学

本节主要研究含有 Ω 形人造金属螺旋结构的介质[47,59-61]。多层结构介质中，每一层在聚合物板内排列金属 Ω 阵列。各层中所有 Ω 单元排列的方向都相同，所以它具有单轴对称性。每个后续图层中的 Ω 阵列围绕垂直于层界面的轴旋转某一角度。结果，整个介质获得类似于胆甾型液晶的螺旋结构，如图 3.7.1 所示。每一层的厚度为 0.5～1.0mm，这使得螺旋结构周期接近微波波段的入射波波长。

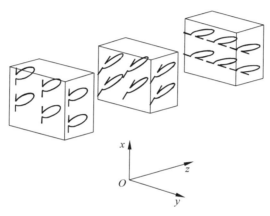

图 3.7.1　坐标系及几何关系示意图

Ω 单元的轴绕 Oz 轴旋转，入射波沿着 Oz 轴传播

在第一阶段，求描述这种介质中电磁场波方程的解析解。Ω 结构的介电常数和磁导率参数是各向异性的，而且与空间坐标有关，所以，求解电磁场波方程复杂性高。

在第二阶段，转换到旋转坐标系后，我们确定了该螺旋结构介质的电磁场本征模波数和椭圆率的解析形式，并研究了旋转坐标系内本征模波数随频率变化的关系。

对于所研究的螺旋结构，介电常数、磁导率和 Ω 参数的局部张量具有以下形式：

$$\boldsymbol{\varepsilon} = \begin{pmatrix} \varepsilon_{11} & 0 & 0 \\ 0 & \varepsilon_{22} & 0 \\ 0 & 0 & \varepsilon_{33} \end{pmatrix}, \quad \boldsymbol{\mu} = \begin{pmatrix} 1 & 0 & 0 \\ 0 & \mu_{22} & 0 \\ 0 & 0 & 1 \end{pmatrix}, \quad \boldsymbol{\kappa} = \begin{pmatrix} 0 & \kappa_{12} & 0 \\ 0 & 0 & 0 \\ 0 & 0 & 0 \end{pmatrix}$$

式中，$\varepsilon_{11} = \varepsilon_{介质} + \varepsilon_{11\Omega}$，$\varepsilon_{22} = \varepsilon_{介质}$，$\varepsilon_{33} = \varepsilon_{介质} + \varepsilon_{33\Omega}$。假设含有 Ω 阵列的介质不具有磁性。可以用以下本构方程来描述 Ω 形螺旋结构的性质[62-66]：

$$\begin{cases} \boldsymbol{D} = \varepsilon_0 \varepsilon(z) \boldsymbol{E} + \mathrm{i}\sqrt{\varepsilon_0 \mu_0} \kappa(z) \boldsymbol{H} \\ \boldsymbol{B} = \mu_0 \mu(z) \boldsymbol{H} - \mathrm{i}\sqrt{\varepsilon_0 \mu_0} \tilde{\kappa}(z) \boldsymbol{E} \end{cases} \tag{3.7.1}$$

式中，

$$\boldsymbol{\varepsilon}(z) = \boldsymbol{U}(z) \, \boldsymbol{\varepsilon} \, \tilde{\boldsymbol{U}}(z)$$

$$\boldsymbol{\mu}(z) = \boldsymbol{U}(z) \, \boldsymbol{\mu} \, \tilde{\boldsymbol{U}}(z)$$

$$\boldsymbol{\kappa}(z) = \boldsymbol{U}(z) \, \boldsymbol{\kappa} \, \tilde{\boldsymbol{U}}(z)$$

$\boldsymbol{U}(z)$ 为绕 z 轴的旋转矩阵（单位向量 $\boldsymbol{n}$）[62]。

$$\boldsymbol{U}(z) = \begin{pmatrix} \cos(qz) & -\sin(qz) & 0 \\ \sin(qz) & \cos(qz) & 0 \\ 0 & 0 & 1 \end{pmatrix}$$

螺旋的旋转参数 q 仅取决于结构的几何参数，与螺旋螺距 h_s 的关系为

$$h_s = \frac{2\pi}{|q|}$$

参数 q 的符号取决于螺旋结构的空间旋转方向。在 $q > 0$ 时，为右旋螺旋结构。这里假设螺旋结构沿 z 轴的螺距远大于各层的厚度，如图 3.7.2 所示。图中，h_s 为螺旋单元的螺距，d 为结构的周期，矢量 $\boldsymbol{n}$ 为由每一层 Ω 阵列决定的对称轴，z 为螺旋单元的轴。

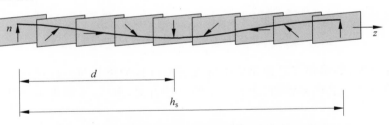

图 3.7.2　由 Ω 单元层组成的螺旋结构介质宏观模型

在这种情况下，垂直于局部矢量 $\boldsymbol{a}$ 方向上（旋转坐标系的 x 轴）的局部属性是均匀的。

针对该介质，将上述条件代入麦克斯韦方程进行变换后，可以得到介质的波动方程：

$$\mathrm{rot}(\mu^{-1}(z)\mathrm{rot}\boldsymbol{E}) + \varepsilon_0 \mu_0 \left[\varepsilon(z) - \kappa(z)\mu^{-1}(z)\tilde{\kappa}(z) \right] \frac{\partial^2 \boldsymbol{E}}{\partial t^2} -$$

$$\mathrm{i}\sqrt{\varepsilon_0 \mu_0} \left\{ \mathrm{rot}\left[\mu^{-1}(z)\tilde{\kappa}(z)\frac{\partial \boldsymbol{E}}{\partial t} \right] + \kappa(z)\mu^{-1}(z)\mathrm{rot}\frac{\partial \boldsymbol{E}}{\partial t} \right\} = 0 \tag{3.7.2}$$

由波动方程（3.7.2）可以得到色散方程：

$$k^4 \mu_{22}^{-1} - k^2 [2q^2 \mu_{22}^{-1} + \omega^2 \varepsilon_0 \mu_0 (\varepsilon_{11} + \varepsilon_{22} \mu_{22}^{-1} - \alpha_{12}^2 \mu_{22}^{-1})] +$$

$$q^4 \mu_{22}^{-1} - q^2 \omega^2 \varepsilon_0 \mu_0 (\varepsilon_{11} \mu_{22}^{-1} + \varepsilon_{22} - 2\alpha_{12}^2 \mu_{22}^{-1}) + \omega^4 \varepsilon_0 \mu_0 (\varepsilon_{11} - \alpha_{12}^2 \mu_{22}^{-1}) \varepsilon_{22} = 0$$

通过转换到旋转坐标系的方法,得到含有螺旋结构介质的电磁场本征模波数和椭圆率解析形式:

$$
\begin{cases}
k_{1,2} = k_0 \left[\dfrac{1}{2} (\varepsilon_{11}\mu_{22} + \varepsilon_{22} - \kappa_{12}^2) + \dfrac{q^2}{k_0^2} \pm \left(\dfrac{1}{4} (\varepsilon_{11}\mu_{22} - \varepsilon_{22} - \kappa_{12}^2)^2 + \right. \right. \\
\qquad\quad \left. \left. \dfrac{q^2}{k_0^2} [(\varepsilon_{11} + \varepsilon_{22})(\mu_{22} + 1) - \kappa_{12}^2 (1 + 2\mu_{22}^{-1})] \right)^{\frac{1}{2}} \right]^{\frac{1}{2}} \\
k_{3,4} = -k_{1,2}
\end{cases}
$$

$$(3.7.3)$$

式中,$k_0 = \omega \sqrt{\varepsilon_0 \mu_0}$ 为真空中的波数。

$$\gamma_m = -\frac{q^2 + k_m^2 \mu_{22}^{-1} - \omega^2 \varepsilon_0 \mu_0 (\varepsilon_{11} - \kappa_{12}^2 \mu_{22}^{-1})}{q [k_m (1 + \mu_{22}^{-1}) + \omega \sqrt{\varepsilon_0 \mu_0} \kappa_{12} \mu_{22}^{-1}]} \qquad (3.7.4)$$

应当指出的是,由天然旋光晶体引起的光学效应一般都非常差。当创建人造螺旋结构时,可以改变各种参数,例如螺旋的螺距、总长度和螺旋的仰角。能够在微波波段提供显著的回旋度及其相关效应。

3.7.1　局部 Ω 参数对其布拉格反射的影响

对于 Ω 单元规则排列形成的人造各向异性结构。由于在空间中 Ω 单元的均匀旋转,介质结构整体上具有螺旋对称性。我们需要找到在这种介质中电磁场传播波动方程的解。通过转换到旋转坐标系后,可以确定具有螺旋结构介质的电磁场本征模波数(由式(3.7.3)给出),以及由式(3.7.4)给出椭圆率的解析表达式。

在旋转坐标系中本征模波数随频率变化的关系如图 3.7.3 所示。众所周知,这种类型的频率函数关系具有胆甾型液晶的光学特性。

当电磁波在 Ω 形螺旋阵列介质中传播时,为了研究局部 Ω 参数对布拉格反射的影响,令式(3.7.3)中的波数 k_2 等于零,获得布拉格反射区边界的频率表达式:

$$
\begin{cases}
\omega_1 \approx \dfrac{q}{\sqrt{\varepsilon_0 \mu_0} \sqrt{\varepsilon_{22}\mu_{22}}} \left[1 - \dfrac{\kappa_{12}^2 \mu_{22}^{-1} (2\varepsilon_{11} - \varepsilon_{22}\mu_{22})}{2\varepsilon_{11}(\varepsilon_{11} - \varepsilon_{22}\mu_{22})} \right] \\
\omega_2 \approx \dfrac{q}{\sqrt{\varepsilon_0 \mu_0} \sqrt{\varepsilon_{11}}} \left[1 + \dfrac{\kappa_{12}^2 \mu_{22}^{-1}}{2(\varepsilon_{11} - \varepsilon_{22}\mu_{22})} \right]
\end{cases}
$$

$$(3.7.5)$$

式(3.7.5)的分析表明,局部 Ω 参数可以改变布拉格反射区的边界及其宽度。

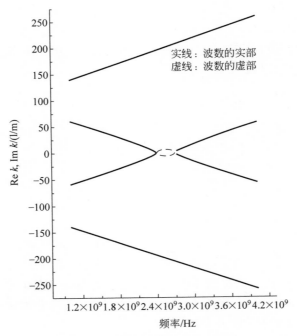

图 3.7.3　本征模波数随频率变化的关系
$\varepsilon_{11}=3.9$；$\varepsilon_{22}=3$；$\mu_{11}=3.9$；$\mu_{22}=3$；$\kappa=0.3$；$q=100\mathrm{rad/m}$

布拉格反射区边界的变化大小与系数 κ_{12}^2 成比例。在 $\varepsilon_{22}\ll\varepsilon_{11}$ 和 $\mu_{22}\rightarrow1$ 的情况下，从式(3.7.5)可以得到布拉格反射区边界的表达式：

$$\begin{cases} \omega_1 \approx \dfrac{q}{\sqrt{\varepsilon_0\mu_0}\sqrt{\varepsilon_{22}\mu_{22}}}\left(1-\dfrac{\kappa_{12}^2}{\varepsilon_{11}}\right) \\[3mm] \omega_2 \approx \dfrac{q}{\sqrt{\varepsilon_0\mu_0}\sqrt{\varepsilon_{11}}}\left(1+\dfrac{\kappa_{12}^2}{2\varepsilon_{11}}\right) \end{cases} \quad (3.7.6)$$

3.7.2　电磁波极化平面旋转与内含 Ω 形螺旋结构体的相互作用

本节主要解决电磁波极化平面旋转与内含 Ω 形螺旋结构体相互作用的问题。在 3.7.1 节中，波数 k_1 和 k_2 表示在旋转坐标系中螺旋结构体的旋转(图 3.7.2)。

在实验室坐标系中，电磁波极化面旋转的比旋度可以表示成

$$\nu = \frac{1}{2}\left[(k_1-q)-(k_2+q)\right] \quad (3.7.7)$$

为了确定电磁波极化面旋转的比旋度，我们得到改进的德弗里公式：

$$\nu = \frac{k_0^2}{2(k_0^2 \bar{\varepsilon} \bar{\mu} - q^2)} q \left[\Delta\varepsilon\Delta\mu + \frac{\kappa_{12}^2}{4}(1 - 2\mu_{22}^{-1}) \right] + \frac{k_0^2}{4q} \left(\bar{\varepsilon}\Delta\mu - \bar{\mu}\Delta\varepsilon + \frac{\kappa_{12}^2}{2} \right)^2$$

$$(3.7.8)$$

这里有以下关系式：

$$\bar{\varepsilon} = \frac{\varepsilon_{11} + \varepsilon_{22}}{2}, \quad \Delta\varepsilon = \frac{\varepsilon_{11} - \varepsilon_{22}}{2}, \quad \bar{\mu} = \frac{\mu_{22} + 1}{2}, \quad \Delta\mu = \frac{1 - \mu_{22}}{2}$$

利用式(3.7.8)，可以计算人造周期结构中极化面的比旋度，同时考虑其介电、磁和磁电特性。透射波极化面旋转角随频率变化的关系如图 3.7.4 所示。

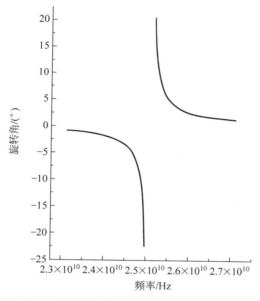

图 3.7.4　透射波极化面旋转角与频率的关系曲线

$\varepsilon_{11} = 3.9; \varepsilon_{22} = 3; \mu_{11} = 1; \mu_{22} = 1.1; \kappa = 0.3; q = 100 \text{rad/m}; L = 0.155 \text{m}$

由改进德弗里公式描述的极化旋转角和频率的关系式可以看出，在布拉格反射区的中心部位，极化旋转角变为无穷大。

在没有磁和磁电特性的特殊情况下，式(3.7.8)转变为通常在胆甾型液晶光学采用的德弗里公式[54]。

3.7.3　Ω 形结构阵列参数的计算和优化

Ω 形及矩形 Ω 单元可以构造超材料阵列，用作强吸收和弱反射的电磁波材料。

本节的目的是研究微波与经典矩形 Ω 形状单元阵列超材料的相互作用，并开发基于这种结构的单侧和双侧"理想"微波吸波装置。

这是一种空间规则排列的粒子（Ω单元）二维阵列超表面，其单元尺寸远小于入射波的波长，在基板上布置平面Ω谐振单元阵列可以构造出三维超材料样品。

电磁波吸收的理论和方法研究有着悠久的历史。文献[67]～文献[69]研究了大量吸波电磁材料，特别是在微波波段的吸波材料。然而，这些材料中，吸收结构位于反射电磁波的金属表面上，因为其主要目的是减少来自金属表面电磁波的反射。近来，研究人员更感兴趣于薄吸收层的研究，这些吸收层无需背面涂敷反射涂层。当然，薄反射层可以包括在吸波材料结构中，但是通常期望的是远离谐振频率的宽带电磁波能无损透射过该层。此外，对于红外和可见光波，除了基于光子晶体的厚层电磁吸收体，实际上已经不可能使用表面反射的技术途径了。

薄型的电波吸收层可以由多种方式实现，但人们只对少数几种方法进行过短期的研究。一种方法是将材料参数相反的两层超材料结合[70]；另一种方法是将薄导电片与开环谐振阵列结合，开环谐振阵列用于产生必要的磁响应[71]，以及带有金属基板的多层吸收结构[72-73]。

本节主要研究最简单的情况，即单吸收层的情况。由于吸收层的厚度不能小于其组成部分超材料单元的厚度，这样我们能确定吸收层的最小厚度。众所周知，超材料由电小尺寸（即远小于波长）的谐振单元阵列组成，超材料与入射电磁场的相互作用表现出不寻常的特性：波的负折射、绕射波效应、极化控制、完全吸波特性等。本节研究完全吸收入射电磁波单层超材料的实现途径。

由天线理论可知，无限周期性电磁偶极子阵列可以完全吸收法向入射的平面电磁波[74]，无限阵列的周期为p，小于电磁波的波长。该阵列的每个单元包含一个单轴电极化粒子和一个单轴磁极化粒子。首先，我们研究在法向和倾斜入射时吸波材料对入射波的吸收。吸波材料一般由至少两层介质组成，具有一定的厚度。当入射波偏离法线时，阵列的谐振频率发生偏移。出现这种情况是因为吸波层的有效厚度随入射角变化而变化。然而，若所研究的吸波材料是极薄的一层，当入射角变化时谐振频率不会剧烈变化。若改变入射角，会影响结构中电磁波的相互作用，也会影响材料的吸波效率。下面研究电磁波与该类结构的相互作用。

由前面的分析可知，入射波的电磁场激发了电矩$\boldsymbol{p}$和磁矩$\boldsymbol{m}$，且它们是正交的：电偶极矩沿着电场矢量方向，磁矩沿着磁场矢量方向。无限周期阵列的偶极矩将产生沿正向（入射波传播方向）的二次波，二次波的电场振幅为

$$E_f = \frac{-\mathrm{j}\omega}{2S}\left(\eta_0 p + \frac{1}{\eta_0}m\right) \tag{3.7.9}$$

式中，$S = p^2$为周期阵列的单元面积，$\mathrm{j}\omega p / S$为电流的表面密度，$\mathrm{j}\omega m / S$为"磁"流的表面密度，$\eta_0 = \sqrt{\dfrac{\varepsilon_0}{\mu_0}}$为周围空间的波阻抗。

文献[75]中给出了电流和磁流阵列产生平面电场波的公式推导。在相反的方向(反射方向)上,同样由电流和磁流产生波的振幅为

$$E_b = \frac{-\mathrm{j}\omega}{2S}\left(\eta_0 p - \frac{1}{\eta_0}m\right) \tag{3.7.10}$$

虽然由电流激发的二次波电场在材料层两侧是相同的,但由"磁"电流激发的二次波电场符号却不同。可以清楚地看到,可以选择特定的偶极矩,使得二次波的场补偿入射波在传播方向的场(透射系数为零),并且同时在相反方向二次波的场为零(零反射系数)。显然,产生零反射系数的条件为

$$\eta_0 p = \frac{1}{\eta_0}m \tag{3.7.11}$$

零透射系数的条件为

$$\frac{-\mathrm{j}\omega}{2S}\left(\eta_0 p + \frac{1}{\eta_0}m\right) = -E_{\text{пад}} \tag{3.7.12}$$

式中,$E_{\text{пад}}$ 是入射波电场的幅度。式(3.7.11)和式(3.7.12)的解为

$$p = \frac{-\mathrm{j}S}{\omega\eta_0}E_{\text{пад}}, \quad m = \eta_0^2 p \tag{3.7.13}$$

这种电流和磁流分布在文献中也被称为"惠更斯表面",对于层状材料,相当于介电常数和磁导率相等的材料。众所周知,波阻抗匹配的块状材料可以用作吸波材料,参见文献[68]和文献[6]。文献[6]发现,具有特定层厚度的这种各向同性材料在减少波的透射和反射方面具有优势。

因此,一个实现理想单层吸波材料最简单的方法是由密集的二维电极化和磁极化单元组成阵列,并调整单元的极化特性以满足式(3.7.11)和式(3.7.12)。当然这不是唯一可行的方法。只要能满足关系式(3.7.11)和式(3.7.12),激发这些偶极矩的单元可以是任何被描述为偶极子的电小尺寸元件。如果不局限于小型电磁极化器(如小型磁极化球)的简单情况,可能会发现一些有趣的新特性和新设计。

我们使用具有经典 Ω 形的传统双向异性元件——具有希腊字母 Ω 形状的金属导线。已经知道,对于由导线形成的单轴 Ω 元件,根据电小尺寸近似可以得到其极化特性为[6]

$$\alpha_{ee}^{co}\alpha_{mm}^{co} = -\alpha_{em}^{cr}\alpha_{me}^{cr} = -(\alpha_{em}^{cr})^2 \tag{3.7.14}$$

这是一个平衡极化特性的条件,只描述元件的极化特性或者是对 Ω 形导线元件电磁特性的一种限制。这与式(3.7.11)从超材料得到零反射条件一样。因此,必须找到单个 Ω 元件的极化特性,并确保其特性满足式(3.7.11)或式(3.7.14)。

由式(3.7.11)推导出激发的偶极矩是非常困难的,因此通过元件极化特性的描述将更容易。这可以通过式(3.7.14)来实现,但必须先确定 Ω 元件所需的极化特性。文献[76]描述了一种可以确定任意形状电小尺寸元件极化特性的分析方法。

利用该方法和计算机建模，基于有限元方法可以确定出 Ω 元件的所有极化特性。

图 3.7.5(a)和(b)分别给出了 Ω 谐振器及其极化特性的曲线。其参数根据平稳电流模型，通过近似分析确定，即假设其电流强度不随 Ω 元件的坐标而改变。此外，我们选择了正方形的 Ω 元件，即满足矩形两侧相等的条件，$b=d$。在这样一个正方形中，Ω 元件的电偶极矩和磁矩同时具有很大的值，这意味着该元件是高度可极化的。

接着通过建模确定 Ω 元件的最佳参数。开始确定的 Ω 谐振器参数不够平衡，发现其极化特性不满足式(3.7.14)，因此也不满足式(3.7.11)。其电偶极矩胜过磁矩，导致结构中的侧向反射。结果很难使用具有这种结构参数的 Ω 谐振器的超材料实现完全的吸波和无反射性能。

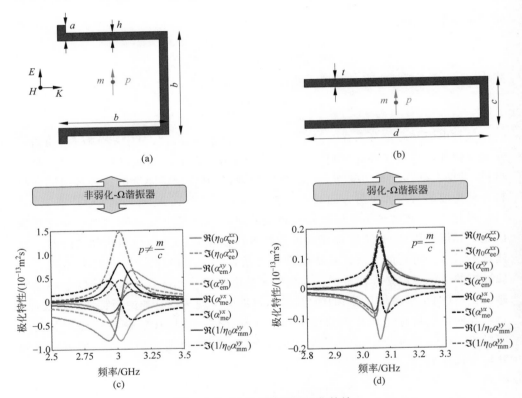

图 3.7.5　Ω 谐振器及其极化特性

(a) Ω 谐振器示意图，其结构参数为：$a=0.5\text{mm}$，$b=16.47\text{mm}$，$h=0.2\text{mm}$；

(b) Ω 谐振器示意图，其结构参数为：$c=3\text{mm}$，$d=23\text{mm}$，$t=0.2\text{mm}$；

(c),(d) 微波波段非平衡和平衡 Ω 谐振器极化特性

通过改变 Ω 元件的结构参数，可以实现其极化特性的平衡。图 3.7.5(c)和(d)分别给出了具有新结构参数和极化特性的 Ω 谐振器的结果。可以看出，这个 Ω

谐振器是平衡的,因为感应出的电偶极矩和磁矩相同。应当注意的是,其电磁和磁电极化特性彼此相等。因此,这种具有平衡极化特性的 Ω 谐振器完全满足式(3.7.14)。使用这样的谐振器阵列,可以实现电磁波的完全吸收,并且在远离谐振频率时是透波的。

新设计的 Ω 元件也有缺点,与之前的 Ω 元件相比,其极化较小。从计算结果可以看出,新 Ω 元件的极化特性是以前计算的 $1/7\sim1/2$。因此,为了实现对微波的显著吸收,超材料中需要大量的 Ω 元件。此外,Ω 元件的矩形环长度是正方形环长的 1.4 倍,因此需要厚度更大的超材料。

图 3.7.6 显示了基于 Ω 平衡谐振器的超材料单元复合结构。

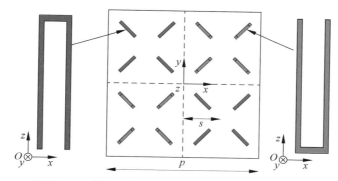

图 3.7.6　基于 Ω 平衡谐振器的超材料单元复合结构

xz 平面上的 Ω 谐振器按照特定位置(补偿晶格中矩形 Ω 的不足[6])排列在超材料单元中,排列方式取决于所需的功能。超材料基本子单元由四个 Ω 谐振器组成,如图 3.7.6 所示。它是包含四个谐振器的块,其矩形"环路"指向一个方向,在单元格中棋盘式排列。Ω 谐振器由镍铬合金 NiCr(60/15)制成,电导率为 $10^6\,\mathrm{S/m}$,可满足所需的损耗要求,元件间距和阵列周期分别为 $2s$ 和 p。平面波沿 z 轴入射激励基于 Ω 谐振器的超材料,可以通过有限元计算机建模确定该结构的电磁性能。周期边界在 x 和 y 方向中选择,而作为辐射源的福禄克(Floke)端口在 $\pm z$ 方向中设置。福禄克端口基本上是周期性结构中特定频率平面波的发射源和接收器。

图 3.7.7 显示了一个由平面 Ω 平衡谐振器在基板上构建三维超材料样品的方案。图中分别给出了不同结构形状的 Ω 单元和阵列结构。

根据反射系数和透射波系数计算的吸收系数为

$$A = 1 - R - T \tag{3.7.15}$$

图 3.7.8 分别给出了基于 Ω 谐振器超材料的反射、透射和吸收系数,对入射 TE 波和 TM 波的结构参数进行了优化,参数为:$c=3\,\mathrm{mm}$,$d=23\,\mathrm{mm}$,$t=0.2\,\mathrm{mm}$,$p=4$,$s=40\,\mathrm{mm}$。可以看出,光谱实际上不依赖于入射波的极化。吸收系数在

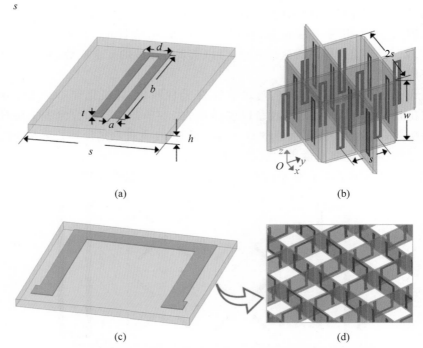

(a)　　　　　　　　　　　　　　　(b)

(c)　　　　　　　　　　　　　　　(d)

图 3.7.7　由平面 Ω 平衡谐振器在基板上构建三维超材料样品的方案

（a）单元结构 1；（b）阵列结构 1；（c）单元结构 2；（d）阵列结构 2

3.08GHz 谐振频率时达到最大值的 78%,而在 2~4GHz 的频率范围内反射系数不超过 12%。还可以看出,透射波在谐振频带之外完全穿过超材料。因此,所设计的基于平衡 Ω 谐振器超材料在所需频率范围内表现出弱的反射特性,同时在谐振频率表现出显著的吸收特性。

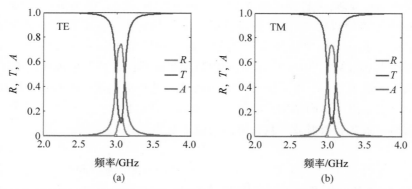

(a)　　　　　　　　　　　　　　　(b)

图 3.7.8　基于 Ω 谐振器超材料对于垂直入射不同极化波的反射、透射和吸收系数

（a）入射 TE 波；（b）入射 TM 波

由此可以得出结论,因具备这种独特的属性,如宽频带上的零反射系数和频率选择吸收特性,可以构建任意频率电磁波完美的吸波器,使得该材料具有令人兴奋的、广泛的应用前景。利用谐振频率外的透波特性,结合不同谐振频率超材料的并行堆栈结构,可以开发各种复杂的多频率滤波器。相邻的超材料不会互相干扰,并且这种多层结构的总厚度仍将在一个波长的量级上甚至更少。该材料另一个有趣的应用是开发新型的"隐形"辐射测量仪和传感器。当使用多层吸波材料时,可以开发一种能同时测量各种谱线辐射功率的热辐射仪。此外,吸波材料的窄带响应使它们可以用于毫米波天文热辐射测量阵列。由于具有透波特性,该吸波材料可以成功地用于隐身技术,特别是非金属物体的隐身技术中。不同于一般金属吸波材料,它们不会增加隐身目标物体吸收带外的散射截面积。

因此,本节对正方形及矩形这两种形状的 Ω 谐振器进行了数值建模和对比研究。这种 Ω 谐振器可以用于超材料的阵列单元,这样的超材料阵列对微波同时具有强吸收和弱反射特性。

方形 Ω 元件的特点是具有相对较大的极化参数值,同时该参数具有显著的虚部,这使超材料具有更大的吸收系数。但是,这种 Ω 元件不够平衡,即其各种极化特性(介电特性、磁性和磁电特性)彼此不相等。这些均可能增加超材料的微波反射系数。

矩形 Ω 元件具有相对较低的极化参数值,即需要在超材料中使用较密集的微谐振器。与此同时,这种 Ω 元件是平衡的,这表现在其所有极化特性都相等,对于参数的实部和虚部都如此。这种平衡不论是在谐振频率还是远离它都存在,都能确保超材料的弱反射性能。因此,基于这种矩形 Ω 元件的超材料将在宽频带内对电磁波照射"隐身"。同时,超材料将几乎完全吸收临近谐振频率的微波。

我们使用针对任意形状电小尺寸谐振器极化特性的分析方法以及基于有限元的计算机建模方法,对微波波段基于平衡 Ω 谐振器的超材料进行了分析和研究。针对 TE 和 TM 入射极化波,系统研究了所设计超材料的反射、透射和吸收特性,并确定了超材料单元间距和阵列周期的最优值。结果表明,吸收系数在 3.08GHz(谐振频率)时达到 78% 的最大值,而在 2GHz 至 4GHz 的范围内反射系数不超过12%。研究结果还表明,谐振频带外的电磁波完全穿过超材料。因此,基于平衡的 Ω 谐振器设计的超材料样品在所需的频率范围内具有弱反射特性,并且对谐振频率有选择吸收特性。可以得出结论,上述所设计的吸波材料对微波具有令人满意的"完美"吸波特性。

上述所得研究结果具有重要的理论意义和应用价值,它们可以预测新型超材料的响应,研究其电磁特性,可以作为基于螺旋结构超材料的极化转换器的理论和设计基础,也可以计算超材料的最佳参数、研制实验样品以及功能和技术设备。

参考文献

[1] BARBOSA A M, TOPA A L. Proceedings of Bianisotropics [C]. 8th International Conference on Electromagnetics of Complex Media, Lisbon, Portugal, 2000.

[2] SHELBY R A, SMITH D R, SCHULTZ S. Experimental verification of a negative index of refraction[J]. Science, 2001, 292 (5514): 77-79.

[3] ЮРЦЕВ О А, РУНОВ А В, КАЗАРИН А Н. Спиральные антенны [M]. Москва: Советское радио, 1974.

[4] БУК Н И. Антенный поляризатор[P]: № SU 1821853: A1 H01Q 15/00, 15-06-1993.

[5] ЛАНДАУ Л Д, ЛИФШИЦ Е М. Электродинамика сплошных сред[M]. Москва: Наука, 1982.

[6] SERDYUKOV A N, SEMCHENKO I V, TRETYAKOV S A, et al. Electromagnetics of bianisotropic materials: theory and applications[M]. London: Gordon and Breach Publishing Group, 2001.

[7] СИВУХИН Д В. Общий курс физики. В 6 т. Т. 4. Оптика[M]. Москва: Наука, 1980.

[8] БОРН М, ВОЛЬФ Э. Основы оптики[M]. Москва: Наука, 1973.

[9] KONG J A. Electromagnetic wave theory[M]. New York: Willey, 1986: 696.

[10] ЯВОРСКИЙ Б М, ДЕТЛАФ А А. Справочник по физике для инженеров и студентов вузов[M]. Москва: Наука, 1977.

[11] ТРЕТЬЯКОВ С А. Электромагнитные волны в киральных средах-новая область прикладной теории волн. Волны и дифракция-90 [C]. Москва: Физическое общество СССР, 1990. 3: 197-199.

[12] Wikipedia. Metamaterial[OL]. [2012-10-12]. https://en. wikipedia. org/wiki/Metamaterial.

[13] EMERSON D T. The work of Jagadis Chandra Bose: 100 years of millimeter-wave research[J]. IEEE Transactions on Microwave Theory and Techniques, 1997, 45 (12): 2267-2273.

[14] BROWN J. Artificial dielectrics having refractive indices less than unity[J]. Institution of Electrical Engineers: Proceedings, 1953, 100: 51-62.

[15] ROTMAN W. Plasma simulation by artificial dielectrics and parallel-plate media [J]. Antennas and Propagation IRE Transactions, 1962, 10(1): 82-95.

[16] SIHVOLA A. Proceedings of Bi-isotropics' 93 [C]. Workshop on Novel Microwave Materials. Helsinki: Helsinki University of Technology, Electromagnetics Laboratory, 1993: 92.

[17] BOSE J C. On the rotation of plane of polarization of electric waves by a twisted structure [C]. Royal Society of London: Proceedings, London, 1898, 63: 146-152.

[18] PLUM E, FEDOTOV V A, SCHWANECKE A S, et al. Giant optical gyrotropy due to electromagnetic coupling[J]. Applied Physics Letters, 2007, 90(22): 223113-1-223113-4.

[19] PLUM E, ZHOU J, DONG J, et al. Metamaterial with negative index due to chirality[J]. Physical Review B, 2009, 79(3): 035407-1-035407-6.

[20]　PENDRY J B,SCHURIG D,SMITH D R. Controlling electromagnetic fields[J]. Science, 2006,312(5781)：1780-1782.

[21]　ДУБИНОВ А Е,МЫТАРЕВА Л А. Маскировки материальных объектов методом волнового обтекания[J]. Успехи физических наук,2010,180(5)：475-501.

[22]　GUVEN K,SAENZ E,GONZALO R,et al. Electromagnetic cloaking with canonical spiral inclusions[J]. New J. Phys,2008,10(11)：115037-1-115037-13.

[23]　SCHUSTER A. An Introduction to the theory of optics[M]. London：Edward Arnold and Co,1928：397.

[24]　АГРАНОВИЧ В М,ГАРТШТЕЙН Ю Н. Пространственная дисперсия и отрицательное преломление света[J]. Успехи физических наук,2006,176(10)：1051-1068.

[25]　LAUE M. Die fortpflanzung der strahlung in dispergiernden und absorbierenden medien [J]. Annalen Der Physik,2010,323(13)：523-566.

[26]　KUEHL S A,GROVÉS S,SMITH A G,et al. Manufacture of chiral malerials and their electiomagnetic prorerties[C]. Proceedings of Chiral'95. Pennsylvania,USA,1995：13-16.

[27]　СИВУХИН Д В. Об энергии электромагнитного поля в диспергирующих средах[J]. Оптика и спектроскопия,1957,3(4)：308-312.

[28]　LAGARKOV A N,KISSEL V N. Near-perfect imaging in a focusing system based on a left-handed material plate[J]. Physical Review Letters,2004,92(7)：077401-1-077401-4.

[29]　KUEHL S A,GROVE S S,KUEHL E. Manufacture of microwave chiral materials and their electromagnetic properties[M]. Netherlands：Advances in Complex Electromagnetic Materials. Kluwer Academic Publishers,NATO ASI,1997,3(28)：317-332.

[30]　YATSENKO V V,TRETYAKOV S A,SOCHAVA A A. Reflection of electromagnetic waves from dense arrays of thin long conductive spirals[J]. International Journal of Applied Electromagnetics and Mechanics,1998,9：191-200.

[31]　TRETYAKOV S A,SOCHAVA A A. Eigenwaves in uniaxial chiral omega media[J]. Microwave and Optical Technology Letters,1993,6：701-705.

[32]　LINDELL I V,VIITANEN A J. Eigenwaves in the general uniaxial bianisotropic medium with symmetric parameter dyadic[M]. Cambridge,MA：EMW Publishing,1994：1-18.

[33]　LINDELL I V,VIITANEN A J. Plane wave propagation in uniaxial bianisotropic medium [J]. Electronics Letters,1993,29：150-152.

[34]　LINDELL I V,VIITANEN A J,KOIVISTO P K. Plane-wave propagation in a transversely bianisotropic uniaxial medium[J]. Microwave and Optical Technology Letters,1993,6：478-481.

[35]　LINDELL I V,TRETYAKOV S A,VIITANEN A J. Plane-wave propagation in a uniaxial chiro-omega medium[J]. Microwave and Optical Technology Letters,1993,6：517-520.

[36]　TRETYAKOV S A,SOCHAVA A A. Reflection and transmission of plane electromagnetic waves in uniaxial bianisotropic materials[J]. International Journal of Infrared and Millimeter Waves,1994,15：829-855.

[37]　LINDELL I V,SIHVOLA A H,TRETYAKOV S A,et al. Electromagnetic waves in chiral and bi-isotropic media[M]. Boston：Artech House,1994：332.

[38] TSALAMENGAS J L. Interaction of electromagnetic waves with general bianisotropic slab [J]. IEEE Transactions on Microwave Theory and Techniques,1992,40: 1870-1878.

[39] LINDELL I V,VIITANEN A J. Eigenwaves in the general uniaxial bianisotropic medium with symmetric parameter dyadic[M]. Cambridge,MA: EMW Publishing,1994: 1-18.

[40] АГРАНОВИЧ В М,ГИНЗБУРГ В Л. Кристаллооптика с учетом пространственной дисперсии и теория экситонов[M]. Москва: Наука,1965.

[41] MASLOVSKI S I,SIMOVSKI C R,TRETYAKOV S A. Constitutive equations for media with second-order spatial dispersion[C]. Proceedings of the 7th International Conference on Complex Media,Bianasotropics' 98,Technical University of Braunschweig,Germany, 1998: 197-200.

[42] BIOT J B. Méthodes mathématiques et expérimentales,pour discerner les mélanges et les combinaisons définies ou non définies qui agissent sur la lumière polarisé suivies d'applicationsauxcombinaisons de l'acide tartrique avec l'eau, l'alcool, et l'esprit de bois [J]. In Mémoires de l'Académie des sciences de l'Institut,1838,15: 93-279.

[43] ФЕДОРОВ Ф И. Теория гиротропии[M]. Минск: Наука и техника,1976.

[44] PASTEUR L. Recherches sur les relations qui peuvent exister entre la forme crystalline,la composition chimique et le sens de la polarisation rotatoire[J]. Annales de Chimie et de Physique,1848,24: 442-459.

[45] FRESNEL A. Memoire sur la double refraction que les rayons lumineux eprouvent en traversant les aiguilles de cristal de roche suivant des directions paralleles A l'axe[J]. Oeuvres,1822,1: 731-751.

[46] WEIGLHOFER W S. Chiral media: new developments in an old field. URSI international symposium on electromagnetic theory, proceedings[C]. Royal Institute of Technology, Stockholm,Sweden,1989: 271-273.

[47] PRINZ V Y A, SELEZNEV V A, GUTAKOVSKY A K, et al. Free-standing and overgrown InGaAs//GaAs nanotubes, nanohelices and their arrays[J]. Physica E, 2000, 6(1): 828-831.

[48] VARADAN V V, LAKHTAKIA A, VARADAN V K. Reflection and transmission characteristics of a structurally chiral slab: intrinsic anisotropy and form chirality[J]. Optik,1988,80(1): 27-32.

[49] LAKHTAKIA A,WEIGLHOFER W S. On light propagation in helicoidal bianisotropic mediums[J]. Proceedings of the Royal Society A,1995,A 448(1934): 419-437.

[50] ABDULHAIM I. Light propagation along the helix of chiral smectics and twisted nematics [J]. Optics Communications,1987,64(5): 443-448.

[51] СЕМЧЕНКО И В,СЕРДЮКОВ А Н. Влияние молекулярной гиротропии на распространение света в холестерических жидких кристаллах [J]. Доклады АН БССР, 1982, 26 (3): 235-237.

[52] ASADCHY V S, FANIAYEU I A, RA'DI Y, et al. Optimal arrangement of smooth helices in uniaxial 2D-arrays[C]. 7th International Congress on Advanced Electromagnetic Materials in Microwaves and Optics,Bordeaux, France,2013:244-246.

[53] VOZIANOVA A V, GILL V V, M K KHODZITSKY. Illusion optics: the optical transformation of an object location [C]. 10th International Congress on Advanced Electromagnetic Materials in Microwaves and Optics, Chania, Greece, 2016:115-117.

[54] DE VRIES H. Rotatory power and optical properties of certain liquid crystals[J]. Acta Cristallogr,1951,4: 219-226.

[55] БЕЛЯКОВ В А,СОНИН А С. Оптика холестерических жидких кристаллов[M]. МОСКВА: Наука,1982: 360.

[56] КОРШУНОВА Е Н,СИВОВА А Н,ШАТРОВА А Д. Изотропный поворотный поляризатор проходного типа,образованный двумя решетками из многозаходных проволочных спиралей [J]. Радиотехника и электроника,1997,42(10): 1157-1160.

[57] WATSON J D,CRICK F H C. Structure for deoxyribose nucleic acid[J]. Nature,1953, 171(4356): 737-738.

[58] FANIAYEU I A, ASADCHY V S, DZERZHAUSKAYA T A, et al. A single-layer meta-atom absorber [C]. 8th International Congress on Advanced Electromagnetic Materials in Microwaves and Optics. Copenhagen, Denmark, 2014: 112-114.

[59] VARADAN V V,LAKHTAKIA A, VARADAN V K. Equivalent dipole moments of helical arrangements of small, isotropic, point-polarizable scatters: application to chiral polymer design[J]. Journal of Applied Physics,1988,63: 280-284.

[60] БОКУТЬ Б В,СЕРДЮКОВ А Н. К феноменологической теории естественной оптической активности [J]. Журнал экспериментальной и теоретической физики, 1971, 61 (5): 1808-1813.

[61] ACHER O. Frequency response engineering of magnetic composite materials [C]. Proceedings of 9th International Conference on Complex Media, Marrakech, Morocco, 2002: 109.

[62] TRETYAKOV S A,SOCHAVA A A,SIMOVSKI C R. Influence of chiral shapes of individual inclusions on the absorption in chiral composite coatings[J]. Electromagnetics, 1996,16: 113-127.

[63] CLOETE J H,BINGLE M,DAVIDSON D B. The role of chirality in synthetic microwave absorbers [C]. International Conference Electromagnetics in Advanced Applications, Proceedings,Torino,Italy,1999: 55-58.

[64] TRETYAKOV S A, SOCHAVA A A. Proposed composite material for nonreflecting shields and antenna radomes[J]. Electronics Letters,1993,29: 1048-1049.

[65] ENGHETA N,PELET P. Modes in chirowaveguides[J]. Optics Letters,1989,14(11): 593-595.

[66] BOHREN C F, LUEBBERS R, LANGDON H S, et al. Microwave-absorbing chiral composites: is chirality essential or accidental [J]. Applied Optics, 1992, 31 (30): 6403-6407.

[67] KNOTT E F, SHAEFFER J F, TULEY M T. Radar absorbing materials. radar cross section[M]. Boston: Artech House,1993: 297-360.

[68] MUNK B A. Jaumann and circuit analog absorbers. Frequency-selective surfaces: theory

and design[M]. New York: Wiley,2000: 315-335.

[69] MAYER F,ELLAM T,COHN Z. High frequency broadband absorption structures[J]. IEEE International Symposium on Electromagnetic Compatibility,1998,2: 894-899.

[70] BILOTTI F,ALU A,ENGHETA N V L. Compact microwave absorbers utilizing single negative metamaterial layers[C]. Proceedings of Joint IEEE AP-S/URSI Symposium, Albuquerque,USA,2006: 152.

[71] BILOTTI F, TOSCANO A, ALICI K B, et al. Design of miniaturized narrowband absorbers based on resonant-magnetic inclusions[J]. IEEE Trans, Electromagn Compat, 2011,53(1): 63-72.

[72] WATTS C M,LIU X,PADILLA W J. Metamaterial electromagnetic wave absorbers[J]. Adv,Mater,2012,24(23): OP98-OP120.

[73] ROZANOV K N. Ultimate thickness to bandwidth ratio of radar absorbers[J]. IEEE Trans,Antennas Propag,2000,48(8): 1230-1234.

[74] KWON DO-HOON, POZAR D M. Analysis of maximum received power by arbitrary lossless arrays [J]. Antennas and Propagation Society International Symposium, APSURSI,IEEE,2009: 1-4.

[75] FELSEN L B,MARCUVITZ N. Radiation and scattering of waves[M]. Piscataway,NJ: IEEE Press,1994: 924.

[76] ASADCHY V S,FANIAYEU I A,RA'DI Y,et al. Determining polarizability tensors for an arbitrary small electromagnetic scatterer[J]. Photonics and Nanostructures-Fundamentals and Applications,2014,12(4): 298-304.

第 4 章

太赫兹螺旋结构手性超材料特性及优化设计

4.0 引言

    各向异性和手征特性是晶体、复合结构和某些天然及人造超材料的特征。当研究普通非手性介质的电磁模型时,一般假定该介质是连续的,而手征特性一般与介质结构中的离散特性相关。手性参数 κ 与比例参数 a/λ 成正比,其中 a 是介质组成单元的线性尺寸,λ 是电磁波波长。在 $a/\lambda \rightarrow 0$ 时,介质的手性消失。因此,考虑介质的手性可以认为是考虑其空间色散效应。人们可以基于介质单元中的磁电效应作为介质手性的现象描述,如文献[1]和文献[2]所述,这一现象描述方法一方面不违背空间色散理论,另一方面也是对光学现象最简单、正确的物理描述。

    研究具有特殊性质的各向异性人造结构,即所谓的超材料,重要的是要使用基于物理基本规律的描述方法:电磁场能量守恒定律、卡西米尔动力学系数对称原理和介质晶体对称性。在分析超材料特性时,也可通过微观分析理论研究结构单元的谐振激励机制。

    超材料特性的大多数实验研究集中在兆赫兹和吉赫兹频率范围内进行,此时超材料谐振单元的尺寸在厘米和毫米量级,并且由三维单元构成不很复杂的三维阵列结构。目前,由于相应技术的迅速发展,超材料的研究和制造更加倾向于太赫兹波段的应用。然而,对于现有材料来说,这个波段电磁特性的研究非常有限,特别是,目前还缺少具有明显非线性、手性和其他特性的材料,这些特性被广泛应用于光波波段的研究中。因此,特别需要在太赫兹波段进行超材料的研究[3]。

    对于太赫兹波段的超材料,其人造结构谐振器单元应具有几十微米数量级的几何尺寸,远小于电磁辐射的波长。同时,必须非常精确地校调阵列中所有的谐振器,以获得一致的响应。根据目前广泛使用的技术,这种量级的尺寸和精度只能通过传统平面技术实现,该技术可以构建平面单元以及由它们组成的多层结构。这种由平面单元组成的超材料,其属性不能在所有三个空间维度中定义。此外,在大多数实验中,由于平面技术的局限性,研究人员不得不局限于单层单元(即单层超材料)实验样品,但这样难以研究三维块状样品的电磁性能。同时,几乎所有超材料的应用领域都需要具有特定三维电磁性能的块状超材料。

通过纳米应力膜技术构造和开发三维壳状超材料具有创新性以及科学和应用价值[4-6],该方法具有如下特点:

(1)可以从二维谐振器单元向三维谐振器单元过渡;

(2)确保谐振器的尺寸及精确度,其特征尺寸可以至微米、纳米量级(直至原子大小);

(3)使用各种材料(电介质、金属、半导体),可以控制谐振器单元的形状及其在超材料中的排列。

通过应力薄膜形成壳体材料的原理如图 2.8.1 所示。在通过壳状谐振器进行三维结构建模时,可以设定超材料的三维电磁响应,这是太赫兹波段超材料研究的一个新领域,可以构建具有全新特性的超材料。该技术是目前唯一可用的纳米技术,基于三维谐振螺旋体可以构造太赫兹波段大规模超材料阵列,其中也包括块状超材料。

本章主要研究太赫兹波段基于螺旋结构的手性超材料和手性补偿超材料的设计与实验验证方法,研究其极化面旋转和圆二色性;研究单层和双层螺旋结构手性超材料的边值求解问题、阻抗特性和非对称电磁传播问题。

4.1　巨手性人工各向异性螺旋结构研究

4.1.1　螺旋体的最佳结构形状设计

小金属螺旋体的介电常数、磁导率和手性参数(磁电特性)之间的关系与螺旋体半径和螺距之间存在"最佳"关系。这种关系在第 3 章研究用于极化转换器的螺旋体时引入,即螺旋体的介电常数、磁导率和手性参数这三个参数在某个频率下相等。

介电常数、磁导率和手性参数用于描述每个螺旋体的特性。因此,可以通过耦合方程(3.2.8)和方程(3.2.9)描述其在电磁场中的特性。电矩和磁矩都作用于同一组成单元,其电流分布由单元的形状和尺寸决定。这也决定了螺旋体中电矩和磁矩之间的关系。这两个偶极矩轴向分量的关系由式(3.1.7)描述。

手性介质的电磁相互激励可以由以下手性材料本构方程描述：

$$\boldsymbol{D} = \varepsilon_0 \varepsilon_r \boldsymbol{E} - \mathrm{i}\sqrt{\varepsilon_0 \mu_0}\,\kappa \boldsymbol{H} \tag{4.1.1}$$

$$\boldsymbol{B} = \mu_0 \mu_r \boldsymbol{H} + \mathrm{i}\sqrt{\varepsilon_0 \mu_0}\,\kappa \boldsymbol{E} \tag{4.1.2}$$

当研究低密度单元组成的各向同性介质时，可以忽略结构单元之间的相互作用，并根据以下关系式确定其有效参数：

$$\varepsilon_r = 1 + N_h \alpha_{ee} \tag{4.1.3}$$

$$\mu_r = 1 + N_h \alpha_{mm} \tag{4.1.4}$$

$$\kappa = N_h \alpha_{em} \tag{4.1.5}$$

式中，N_h 为单位体积单元的密度。对于"最佳"形状的螺旋体，满足关系式：

$$\frac{\omega}{c}\mid q\mid r^2 = 2 \tag{4.1.6}$$

式中，c 是真空中的光速，有 $\varepsilon_r = \mu_r = 1 \pm \kappa$（式中的"＋"号对应于右向螺旋体）。在螺旋体的谐振频率附近，其介电常数和磁导率的实部变为零：$\mathrm{Re}\{\varepsilon_r\} = \mathrm{Re}\{\mu_r\} = 0$，所以有关系式

$$\mathrm{Re}\{\kappa\} = \mp 1 \tag{4.1.7}$$

对于 $q > 0$，两个圆极化本征模的折射率有以下形式：

$$n_+ = 1 + \mathrm{i}(\sqrt{\varepsilon_r'' \mu_r''} - \kappa'') \tag{4.1.8}$$

$$n_- = -1 + \mathrm{i}(\sqrt{\varepsilon_r'' \mu_r''} + \kappa'') \tag{4.1.9}$$

式中，$\kappa'' > 0$。由于最佳螺旋体有 $\varepsilon_r'' \approx \mu_r'' \approx \kappa''$，因此其中一个本征模的折射率等于 1，并且损耗非常低。基于左向螺旋体的手性超材料中，对于方向相反的圆极化本征模也有同样的结论。对于手性超材料第二个本征模，其折射率为 -1，在介质中具有吸波特性。

根据第 3 章阐述的相应算法，联合关系式(3.2.8)、式(3.2.9)和式(3.1.7)可以推导出关系式(3.2.11)和式(3.2.12)。正如第 3 章中已经阐明的，式(3.2.11)和式(3.2.12)表明，对于具有最佳参数的螺旋体，在沿螺旋体轴线方向的电磁场中，其三个参数(介电常数、磁导率和手性参数)相等。实验结果也验证了最佳螺旋体的这个特性，其中包括圆极化电磁波沿垂直于螺旋轴方向入射时的情况。例如，可以使用最佳螺旋体构建无电磁波反射的涂层，以及制造折射率为负的电磁超材料。这种具有最佳参数的螺旋体既可以由电场激励也可以被磁场激励，亦即入射电磁波极化面的方向可以是任意的。这个特点优于其他的超材料单元，如线形和环形谐振器。

4.1.2　介电常数、磁导率与手性参数随频率变化关系的分析和数值仿真

电子沿螺旋线运动的理论方法主要基于求解下述方程：

$$m_e \ddot{s} = -ks - \gamma \dot{s} - e\tau E_s \qquad (4.1.10)$$

式中：s 是电子沿螺旋线的位移，$\dot{s}$ 为电子沿螺旋线运动的速度，$\ddot{s}$ 为电子运动的加速度；m_e 为电子的质量，e 为电子电荷，k 是表征作用于电子上且方向与其位移相反的准弹性力的有效系数；γ 是表征减缓电子运动的阻尼力的有效系数；τ 是金属内部的场衰减系数[7]。

在式(4.1.10)中，外电场是沿着螺旋运动轨迹方向的，其 E_s 分量的大小由下式确定：

$$E_s = E_x \sin\alpha = \pm \frac{E\cos\theta}{\sqrt{r^2 q^2 + 1}} \qquad (4.1.11)$$

Ox 轴指向螺旋体的轴线。式中，正号对应右手螺旋方向，负号对应左手螺旋方向。r 为螺旋体的半径，θ 为电磁波电场矢量 $\boldsymbol{E}$ 与螺旋轴间的夹角，α 为螺旋体相对垂直于螺旋轴平面的仰角(图 4.1.1)。

在入射电磁波的作用下，导电电子在螺旋体中处于谐振状态。因此有以下关系：

$$k = m_e \omega_0^2 = \frac{m_e \pi^2 c^2}{L^2} \qquad (4.1.12)$$

式中，ω_0 是谐振频率，c 是真空中的光速，L 是螺旋线的长度。

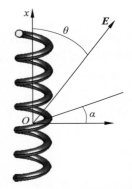

图 4.1.1　矢量 $\boldsymbol{E}$ 相对于螺旋轴的几何关系

在式(4.1.12)中，考虑到在谐振条件下，螺旋线的总长度约为 $\lambda_0/2$，其中 λ_0 是自由空间电磁波波长。减缓导电电子而耗散的功率可以通过焦耳-伦兹定律计算。在此基础上，可以得到以下表达式：

$$\gamma = \rho e^2 N_{ef} = \rho e^2 N_0 N_s \qquad (4.1.13)$$

式中，ρ 是金属的电阻率，N_0 为金属中导电电子的体积浓度，N_{ef} 为金属中导电电子的有效体积浓度。螺旋体中趋肤层的比例系数为

$$N_s = \frac{2\Delta}{r_0} \qquad (4.1.14)$$

式中，r_0 是导线的半径，Δ 为趋肤层的厚度，由下式给出[7-8]：

$$\Delta = \sqrt{\frac{2\rho}{\mu_0 \omega}} \qquad (4.1.15)$$

分析式(4.1.13)～式(4.1.15)，可以看到在高频场中导电电子的有效浓度变小。由于趋肤效应，导电性只取决于局限在表面薄层中的电子。表征耗散功率的系数 γ 定义为所有导电电子相对于体积的平均值。当趋肤效应显著时，金属内部

场的衰减系数 τ 有以下形式[7-8]：

$$\tau = \frac{E_{\text{ins}}}{E_0} = (1 - \text{i}) \sqrt{2\varepsilon_0 \rho \omega} \qquad (4.1.16)$$

式中，E_{ins} 和 E_0 是金属内外场复振幅的模。

在 $\Delta \ll r_0$ 情况下，可以认为金属表面近似于平面，通过这样的近似可以得到式(4.1.16)。

考虑到导电电子的螺旋线路径、沿导体电流分布的不均匀性、趋肤效应和金属中电场弱化等因素，各向同性手性超材料的有效参数随频率变化的关系有以下形式：

$$\varepsilon_r = 1 + \frac{1}{A\varepsilon_0} \frac{\omega_0^2 - \omega^2 + \text{i}\omega\Gamma}{(\omega_0^2 - \omega^2)^2 + \omega^2 \Gamma^2} \qquad (4.1.17)$$

$$\mu_r = 1 + \frac{1}{A}\mu_0 B^2 \frac{\omega_0^2 - \omega^2 + \text{i}\omega\Gamma}{(\omega_0^2 - \omega^2)^2 + \omega^2 \Gamma^2} \qquad (4.1.18)$$

$$\kappa = \frac{1}{A} \sqrt{\frac{\mu_0}{\varepsilon_0}} B \frac{\omega_0^2 - \omega^2 + \text{i}\omega\Gamma}{(\omega_0^2 - \omega^2)^2 + \omega^2 \Gamma^2} \qquad (4.1.19)$$

式(4.1.17)～式(4.1.19)中使用了以下符号：

$$\begin{cases} \dfrac{1}{A} = \dfrac{2Ne^2}{\pi m_e} \dfrac{\tau}{r^2 q^2 + 1} \\[2mm] B = \dfrac{r^2 q}{2}\omega \\[2mm] \Gamma = \dfrac{\rho N_0 N_s e^2}{m_e} \\[2mm] N = N_0 N_s N_h V_h \\[2mm] V_h = \pi r_0^2 L \end{cases} \qquad (4.1.20)$$

式中，V_h 是制成一个螺旋体的导线体积，数值模拟的结果如图 4.1.2 和图 4.1.3 所示。

由图中的曲线可以看出，在谐振频率 ω_0 的附近才能实现所需的有效参数集合。对比图 4.1.2 和图 4.1.3，可以看到对于双匝螺旋体介质，需要更高密度的螺旋体阵列才能达到有效的参数值。当然，使用现代技术可以制造出具有高密度螺旋体阵列的复合材料[9]。

1. 螺旋单元参数的计算

我们对螺旋单元参数的几种计算方法进行了研究。其中一种是基于自然光学活性的分子理论和螺旋分子与金属螺旋体之间的相似理论。另一种是基于建模分析的方法，在该方法的第一阶段，根据金属螺旋体的输入阻抗，计算螺旋体中由入射电磁波激励的电矩和磁矩。

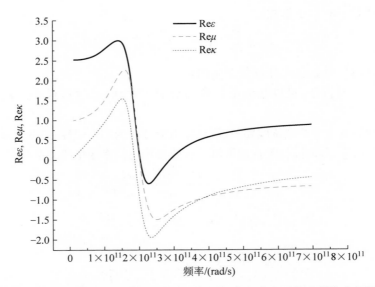

图 4.1.2　单匝右向最佳螺旋体的超材料介质介电常数、磁导率和手性参数的实部随频率的关系

$r = 7.7 \times 10^{-4}\,\mathrm{m}, \alpha = 13.65°, L = 0.005\,\mathrm{m}, h = 0.0012\,\mathrm{m}, \rho = 1.67 \times 10^{-8}\,\Omega \cdot \mathrm{m},$

$N_h = 2.1 \times 10^6\,\mathrm{m}^{-3}, \omega_0 = 18.84 \times 10^{10}\,\mathrm{rad/s}$

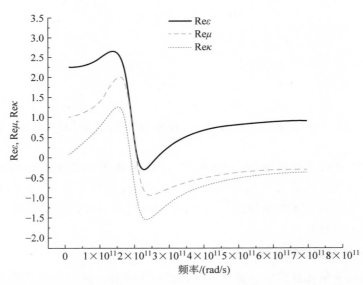

图 4.1.3　双匝右向最佳螺旋体的超材料介质介电常数、磁导率和手性参数的实部随频率的关系

$r = 3.95 \times 10^{-4}\,\mathrm{m}, \alpha = 7.2°, L = 0.005\,\mathrm{m}, h = 3.13 \times 10^{-4}\,\mathrm{m}, \rho = 1.67 \times 10^{-8}\,\Omega \cdot \mathrm{m},$

$N_h = 6.1 \times 10^6\,/\mathrm{m}^3, \omega_0 = 18.84 \times 10^{10}\,\mathrm{rad/s}$

目前,对于均匀扭曲金属平滑螺旋体,还没有得到其输入电阻的解析表达式,因此使用已知的标准螺旋体输入电阻解析式进行计算,其模型由扁平圆线圈和两条直导线组成。改变线圈半径和标准螺旋臂长间的比例关系,并考虑实际平滑螺旋体输入阻抗随其螺旋仰角变化的近似关系。

2. 基于分子光学模型的螺旋单元参数计算

在文献[10]中,给出了旋光特性 ϑ 随介质螺旋分子参数变化的关系式:

$$\vartheta = A\,\frac{r^2 s}{r^2 + s^2} \tag{4.1.21}$$

式中:r 是螺旋体线圈的半径;$|s| = \dfrac{h}{2\pi}$ 为螺旋体的折算螺距,h 为螺旋体的螺距。式(4.1.21)中,比例系数 A 不依赖于螺旋体的几何参数,因此在对螺旋体几何参数优化时可以忽略其显性表达式。作替换:$s = \dfrac{1}{q}$,其中,$|q| = \dfrac{2\pi}{h}$,为螺旋体的单位旋转角,式(4.1.21)可以简化为

$$\vartheta = A\,\frac{r^2 q}{r^2 q^2 + 1}$$

可以证明,显性表达式中系数 A 包含了螺旋体的匝数 $N_c = \dfrac{L}{L_B}$,其中 L 是制作螺旋体的导线长度,L_B 是一匝螺旋的导线长度。可以得到

$$\vartheta = A_0 N_c\,\frac{r^2 q}{r^2 q^2 + 1}$$

式中,A_0 是表征单匝螺旋的比例系数。考虑到螺旋体的几何参数(图 3.1.1),可以得到 L_B 的计算式:

$$L_B = \sqrt{(2\pi r)^2 + h^2} = 2\pi\sqrt{r^2 + \left(\frac{h}{2\pi}\right)^2} = 2\pi\sqrt{r^2 + \frac{1}{q^2}} = \frac{2\pi}{q}\sqrt{r^2 q^2 + 1} \tag{4.1.22}$$

将 N_c 和 L_B 的定义代入式(4.1.22),可以得到

$$\vartheta = A_0 N_c\,\frac{r^2 q}{r^2 q^2 + 1} = A_0\,\frac{q}{\sqrt{r^2 q^2 + 1}}\cdot\frac{r^2 q}{r^2 q^2 + 1}\cdot\frac{L}{2\pi} = A_0\,\frac{r^2 q^2}{(r^2 q^2 + 1)^{3/2}}\cdot\frac{L}{2\pi} \tag{4.1.23}$$

在求解导数 $\dfrac{\partial \vartheta}{\partial q}$ 之后,令其等于零,经过数学变换,可以得到简化方程:

$$1 - \frac{1}{2}r^2 q^2 = 0$$

这样,在式(4.1.23)中作替换 $qr = \sqrt{2}$,可以得到参数 ϑ 的最大值:

$$\vartheta = \frac{A_0 L}{3\sqrt{3}\,\pi}$$

根据如图 3.1.1 所示的几何关系,定义

$$\tan\alpha = \frac{N_c h}{2\pi r N_c} = \frac{2\pi}{q \cdot 2\pi r} = \frac{1}{qr} = \frac{1}{\sqrt{2}}$$

求解上式,得 $\alpha \approx 35°16'$。

3. 考虑输入阻抗的螺旋单元参数计算

电流密度可以表示为

$$\boldsymbol{J} = \xi \boldsymbol{\nu} = -eN_{ef}\boldsymbol{\nu} \tag{4.1.24}$$

式中:$\xi = -e\delta(r)$ 为单个电子情况下电荷的体积密度,δ 为狄拉克德尔塔函数;N_{ef} 为沿螺旋轨迹运动导电电子的有效体积密度。单个螺旋体的电矩和磁矩在 Ox 轴上的投影为

$$p_x = \frac{1}{2}N_{ef}p_x^e V_h, \quad m_x = \frac{1}{2}N_{ef}m_x^e V_h \tag{4.1.25}$$

式中,V_h 是螺旋体的体积,p_x^e 和 m_x^e 分别是单个电子的电矩和磁矩的投影(分量)。

系数 $\frac{1}{2}$ 考虑了螺旋体中电流分布模型从中心到边缘线性递减的特点。螺旋体中心电流的计算可以参见文献[11]的结果:

$$I = \frac{\varepsilon_E}{(Z_L + Z_w)n} \tag{4.1.26}$$

式中:$\varepsilon_E = \frac{1}{2}E_x h$,为由入射波交变电场在螺旋体中心产生的电动势,$h = L\sin\alpha$,为螺旋体的高度;$Z_L$ 和 Z_w 分别是标准单匝螺旋中扁平线圈和直导线的输入阻抗[11-14];n 为螺旋体匝数。

如果忽略了 $(kl)^5$ 阶数及更高阶数项,则导线形天线的输入电导率可以表示为[14]

$$Y_w = 2\pi i \frac{kl}{\eta \Psi_{dr}}\left[1 + k^2 l^2 \frac{F}{3} - ik^3 l^3 \frac{1}{3(\Omega - 3)}\right]$$

式中使用了以下关系式:

$$F = 1 + \frac{1.08}{\Omega - 3}, \quad \Omega = 2\ln\frac{2l}{r_0}, \quad \Psi_{dr} = 2\ln\frac{l}{r_0} - 2, \quad \eta = \sqrt{\frac{\mu}{\varepsilon}}$$

式中:$k = \omega\sqrt{\varepsilon\mu}$ 为介质中的波数;$l = \frac{P}{2}$ 为标准螺旋线长度的一半;r_0 为导线横截面半径。

此时,电流分布函数可以用二阶多项式近似。因此,得到了扁平线圈输入电导率的近似表达式[14]:

$$Y_L = \frac{-\mathrm{i}}{\pi\eta}\left(\frac{1}{A_0} + \frac{2}{A_1} + \frac{2}{A_2}\right)$$

式中,A_0、A_1、A_2 分别是文献[11]给出的前三个傅里叶系数。标准螺旋中扁平线圈和直导线的输入阻抗分别是其输入电导率的倒数。对比式(4.1.24)、式(4.1.25)和式(4.1.26),可以确定沿螺旋轨迹运动导电电子的有效密度。

对于单个螺旋体在电场中感应的磁矩,有以下表达式:

$$m_x = -\frac{\pi r^2 L}{4(Z_L + Z_w)\sqrt{r^2 q^2 + 1}} E_x$$

Ox 轴为螺旋体的轴向。式中,r 为螺旋体的半径,L 为螺旋体的全部长度。

$$|q| = \frac{2\pi}{P}$$

考虑到该模型的假设:电流分布从螺旋中心到边缘线性减少,螺旋的总长度 L 约等于 $\frac{\lambda}{2}$,其中 λ 为该介质中电磁波的波长,可以得到标准螺旋体半径 a 的表达式:

$$a = \frac{1}{2\pi}\left(\frac{\lambda}{2n} - \frac{2\pi}{|q|}\right)$$

式中,n 是螺旋匝数,参数 q 的值满足不等式 $|q| > \dfrac{4\pi n}{\lambda}$。

在该模型中,计算了人造复合结构中螺旋单元的最佳仰角,该仰角保证了介质手性参数最大的平均值。该模型的计算结果表明,最佳仰角在很大程度上取决于螺旋体的匝数,如果螺旋是单匝的,相对垂直于螺旋轴平面的最佳仰角接近 $53°$。

我们使用了两种不同的情况来计算最佳仰角并分析其计算结果的差异,即不考虑螺旋体输入阻抗对螺旋体仰角的依赖关系和考虑这一依赖关系。基于有限元方法的计算机建模和微波波段的实验研究结果,验证了这两种计算螺旋体最佳参数方法的适用性。图 4.1.4～图 4.1.6 分别给出了实验样品照片、实验方案和实验结果。

图 4.1.4　含有右旋单匝螺旋体人造实验样品(仰角为 $53°\pm3°$)

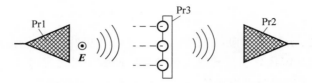

Pr1：发射天线；Pr2：接收天线；Pr3：人造二维阵列实验样品。

图 4.1.5　实验方案示意图

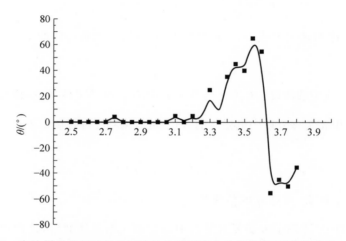

图 4.1.6　实验样品透射波极化面旋转角随频率变化的曲线（螺旋仰角为 53°±3°）

样品为单匝螺旋单元组成的二维阵列介质，实验结果的相对误差不超过15%，其正态分布置信率为 0.9。在后续对太赫兹波段的研究中，我们将使用考虑了输入电阻的研究结果。

4.1.3　巨手性人造螺旋结构模型

介质有效参数 ε_r、μ_r、介电常数及磁导率张量 α_{ee} 和 α_{mm}，以及表征螺旋手性的参数 κ 及其与伪张量 α_{em} 之间的关系，不仅与介质中螺旋体的密度相关（参见式(4.1.3)～式(4.1.5)），还取决于螺旋体的形状。

通过求解电子在螺旋体中的运动方程式(4.1.10)，可以找到由电场激励的电矩 p 和磁矩 m。同样，通过方程式(4.1.2)和法拉第定理式(4.1.27)的微分形式，可以确定磁场的影响。

$$\mathrm{rot}\boldsymbol{E} = -\frac{\partial \boldsymbol{B}}{\partial t} \tag{4.1.27}$$

式(4.1.10)可以转换为下式：

$$m_e\ddot{s}=-ks-\gamma\dot{s}-e\tau\frac{\mathrm{i}\omega r}{2}\left(\mu_0\mu_r H_x-\mathrm{i}\sqrt{\varepsilon_0\mu_0}\,\kappa E_x\right)\frac{qr}{\sqrt{r^2q^2+1}} \tag{4.1.28}$$

在人造介质结构中每个螺旋体同时受到矢量 E 和 B 的影响,电磁波在手性介质中传播时这两个矢量是密切关联的。在介质的结构中场可以表示为本征波叠加的形式。因此,考虑到频散,可以得到等效参数的新表达式:

$$\varepsilon_r=1+\frac{1}{A\varepsilon_0}\frac{\omega_0^2-\omega^2+\mathrm{i}\omega\Gamma}{(\omega_0^2-\omega^2)^2+\omega^2\Gamma^2}\left(1+\frac{q\omega r^2}{2}\sqrt{\varepsilon_0\mu_0}\,\kappa\right) \tag{4.1.29}$$

$$\mu_r=1+\frac{1}{A}\mu_0 B^2\frac{\omega_0^2-\omega^2+\mathrm{i}\omega\Gamma}{(\omega_0^2-\omega^2)^2+\omega^2\Gamma^2}\left(1+\frac{q\omega r^2}{2}\sqrt{\varepsilon_0\mu_0}\,\kappa\right) \tag{4.1.30}$$

$$\kappa'=\frac{1}{A}\sqrt{\frac{\mu_0}{\varepsilon_0}}B\frac{\omega_0^2-\omega^2+\mathrm{i}\omega\Gamma}{(\omega_0^2-\omega^2)^2+\omega^2\Gamma^2}\left(1+\frac{q\omega r^2}{2}\sqrt{\varepsilon_0\mu_0}\,\kappa\right) \tag{4.1.31}$$

关系式(4.1.29)~式(4.1.31)中,κ 是手性参数的近似值,该值根据关系式 $B=\mu_0 H$ 作一阶近似得到。κ' 是强手性介质的精确手性参数值。对于这样的介质,式(4.1.29)~式(4.1.31)考虑了手性参数的二阶近似。

螺旋体电矩和磁矩的通用关系式(3.1.7)和关系式(3.2.8)、式(3.2.9)联立,可以得到单个螺旋体的介电常数、磁导率和手性参数:

$$\alpha_{ee}^{(11)}=\frac{2c}{\omega r^2 q}\alpha_{me}^{(11)} \tag{4.1.32}$$

$$\alpha_{em}^{(11)}=\frac{2c}{\omega r^2 q}\alpha_{mm}^{(11)} \tag{4.1.33}$$

$$\alpha_{ee}^{(11)}=\frac{4c^2}{\omega^2 r^4 q^2}\alpha_{mm}^{(11)} \tag{4.1.34}$$

在用式(4.1.29)~式(4.1.31)计算螺旋体等效参数时需要这些关系式。因此如前所述,对于强手性介质,卡西米尔动力学系数对称原理仍然有效,并且还有

$$\alpha'_{em}=\alpha'^{T}_{me} \tag{4.1.35}$$

式中,带上标"′"表示螺旋体手性参数伪张量的精确值。

当对纳米薄膜制成的螺旋体进行建模时,由于该薄膜由几层半导体和导体材料组成,必须对有关公式进行修改,假设电流主要在导电性最好的金属薄膜层中流动。

在式(4.1.29)~式(4.1.31)中引入以下变量和关系:

$$N_s=\frac{2\Delta}{\delta_1} \tag{4.1.36}$$

上式可以计算薄膜中趋肤层在导体层中所占的比例,δ_1 是薄膜中导体层的宽度,

$$N=N_0 N_s N_h V_h,\quad V_h=\delta_1\delta_2 L \tag{4.1.37}$$

式中,V_h 为薄膜中导体层的体积,螺旋体由该薄膜制得,δ_2 是薄膜中导体层的长

度。N_h 为单位体积中的螺旋体密度,N_0 为金属中导电电子的体积浓度。

根据式(3.2.9),可以确定单匝螺旋体的复数输入阻抗:

$$Z_{Bx} = \frac{U}{I} = \mathrm{i}\sqrt{\frac{\mu_0}{\varepsilon_0}}\pi r^2 h \frac{1}{\alpha_{me}} \tag{4.1.38}$$

式中,$U = E_x h$ 为螺旋体端面间的张力,h 为螺旋体螺距,I 为螺旋体内的电流强度。

这样,金属内部的场衰减系数 τ 可以表示为

$$\tau = -\mathrm{i}\sqrt{\frac{\mu_0}{\varepsilon_0}}\frac{\rho}{\pi r^2 S_{np}\sin\alpha}\alpha_{me} \tag{4.1.39}$$

式中,S_{np} 是导体层的横截面积,ρ 为金属的电阻率。

如果有显著的趋肤效应,同时趋肤层的厚度远低于导体层横截面的线性尺寸,则导体的表面可以看成是平面[8]。在这种情况下,对于系数 τ,式(4.1.16)是可用的。如果趋肤层的厚度与导体横截面的线性尺寸相当,则问题变得更加复杂。在这种情况下,式(4.1.39)可用于系数 τ。由克莱默斯-克罗尼格色散关系式[8]可知,在谐振频率附近,螺旋体磁电极化率 α_{me} 的实部和虚部具有同一量级的值。因此,式(4.1.39)对应的系数 τ 具有同样显著的实部和虚部。在金属表面为平面的情况下,式(4.1.16)对应的 τ 也具有相同的特性。

利用式(4.1.31)计算得到复手性参数 κ' 的精确值,还可以确定介质透射波极化面的旋转角,该旋转角是由面向波传播方向的观察者定义的:

$$\phi = \frac{\omega}{c}\mathrm{Re}(\kappa')z_0 \tag{4.1.40}$$

式中,z_0 是介质结构的厚度,$\mathrm{Re}(\kappa')$ 是复手性参数的实部。

如果介质结构是由左旋螺旋体组成的($q<0$),同时入射波频率低于谐振频率,则 $\mathrm{Re}(\kappa')<0$,并且 $\varphi<0$。因此,在这样的频率范围内,如果面向波的传播方向观察,波的极化面按逆时针方向旋转。

类似地,可以确定介质结构的圆二色性系数:

$$D = \frac{1}{2}\cdot\frac{T_+ - T_-}{T_+ + T_-} \tag{4.1.41}$$

式中,T_+ 和 T_- 分别是右旋圆极化波和左旋圆极化波的透射系数。介质的圆二色性(式(4.1.41))与手性参数的虚部 $\mathrm{Im}(\kappa')$ 相关,有以下形式:

$$\mathrm{Im}(\kappa') = -\frac{1}{4z_0}\frac{c}{\omega}\ln\frac{1-2D}{1+2D} \tag{4.1.42}$$

在电磁波弱吸收的情况下,介质结构的圆二色性公式采用以下形式:

$$D = \frac{\omega}{c}\mathrm{Im}(\kappa')z_0 \tag{4.1.43}$$

如果该介质结构由左旋螺旋体组成($q<0$),则 $\mathrm{Im}(\kappa')>0$,并且右旋圆极化波

被强烈吸收。如果观察者顺着波的传播方向观察，那么矢量 E 沿逆时针方向旋转。在光学中，称为左偏振光。

4.1.4　实验与数值模拟结果的对比分析

通过俄罗斯科学家新近开发的精密 3D 纳米结构工艺[4-6]，可以构建基于上述螺旋体的超材料，并对其在太赫兹波段进行实验研究。俄罗斯科学院半导体物理研究所研制了一种这样的样品，它是由螺旋体组成的正方形网格，螺旋体固定于作为保护层的基底上，螺旋体一部分与基底相连，保护层位于中间，螺旋体其余部分在空气中，如图 4.1.7 所示。图中显示了一个正方形网格，它是由聚合物材料制成的负光刻胶，其厚度约为 $1\mu m$。

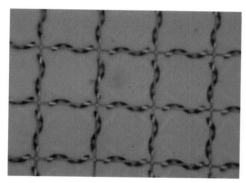

图 4.1.7　具有方形单元网格形式的超材料样品照片

由膜 $In_{0.2}Ga_{0.8}As/GaAs/Ti/Au(16/40/3/65nm)$ 制成螺旋体，其在展开状态下的参数：长度为 $77\mu m$，宽度为 $6\mu m$。在中间部分，螺旋体转向基板的 $In_{0.2}Ga_{0.8}As$ 一侧。具体结构的几何参数如下：螺旋仰角为 $52°\sim53°$，螺旋直径为 $11\mu m$，结构周期为 $84\mu m$。螺旋仰角为最佳参数值，参见文献[8]和文献[15]，样品可以获得最明显的旋转特性。

在非合金砷化镓衬底上制备了不同尺寸的样品，最大尺寸为 $2cm\times3cm$，衬底厚度为 $400\mu m$。在俄罗斯科学院核物理研究所对制备的样品性能进行了实验研究，结果如图 4.1.8 和图 4.1.9 所示。

图 4.1.9 和图 4.1.10 给出了超材料特性数值模拟仿真的结果。图 4.1.9 中实线是左圆极化波实验结果；虚线为右圆极化波实验结果。纵坐标一个单位对应 $5°$，观察者面对波的传播方向，顺时针角度为正值。图 4.1.10 中，实线为基于图 4.1.5 的实验数据采用式(4.1.41)的计算结果，虚线为数值模拟结果。建模所用结构参数与实验样品一致：$\delta_1=6\times10^{-6}m$，$\delta_2=65\times10^{-9}m$，$L=14.4\times10^{-6}m$，$\alpha=53°$，$\omega_0=12.6\times10^{12}rad/s$，$\rho=2.42\times10^{-8}\Omega\cdot m$，$N_h=0.98\times10^{13}/m^3$。

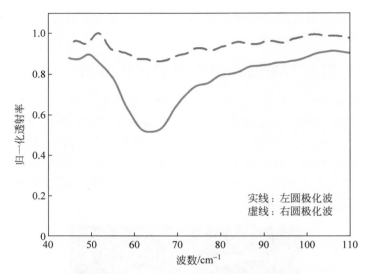

图 4.1.8　入射波不同极化下,左旋螺旋体阵列的透射光谱

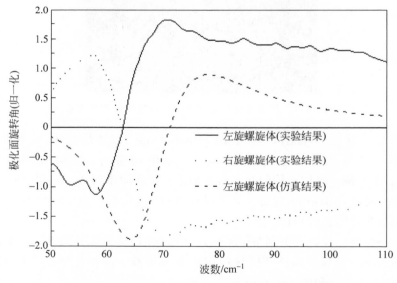

图 4.1.9　基于螺旋体超材料透射波极化面旋转角的光谱依赖关系

　　采用上述实验样品参数,对人造手性结构介质的特性进行了数值仿真,并将样品与太赫兹波段电磁波相互作用的实验结果和数值仿真结果进行了对比。分析结果表明,所提出的模型对强手性人造结构介质的特性做出了令人满意的描述。对于电磁波极化面转角和介质圆二色性的最大值,基于模型计算的结果与实验结果一致。介质的手性参数在谐振频率附近的计算值与实验数据定性地一致。

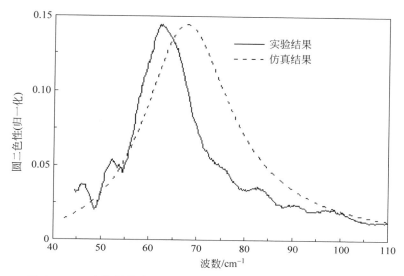

图 4.1.10　左旋螺旋体超材料的圆二色性对入射波频率的依赖关系

根据上述所构建的手性超材料以及手性补偿超材料的实验样品进行的分析计算和对样品进行的电磁特性的数值模拟仿真,以及超材料在太赫兹波段的实验结果进行的比较结果表明:我们所提出的模型很好地描述了具有强手性超材料的特性;利用该模型计算的极化面旋转角和圆二色性的最大值与实验结果一致;表征介质手性性质参数的频率函数关系在谐振频率附近的计算值与实验数据定性地一致[16-17]。上述参数优化的螺旋体今后将有广泛的应用,如用于研制无反射涂层,以及具有负折射率的电磁超材料[18-20]。

4.2　具有补偿手性超材料的低反射特性研究

4.2.1　螺旋体阵列的优化组合

本节着重于优化阵列中螺旋体的排列,包括旋转方向相反的成对螺旋,以获得特定的参数。特别是针对具有弱反射特性的样品,它们由螺旋仰角为 13.5°的单匝螺旋体组成,含相同数量的左旋和右旋螺旋体,它们在样品平面上置于垂直和水平方向。在这种情况下,垂直和水平排列的螺旋体数量必须相等,以便样品的电磁特性在平面内是各向同性的。

为克服制造含有右旋和左旋螺旋体样品的技术困难,可以先制造两种样品:一种只包括右旋螺旋体,它们排列在垂直和水平方向上;另一种只包括左旋螺旋体,它们排列在垂直和水平方向上。通过将第一种叠加在第二种样品上来获得所需的样品(封装)。第二种方法是利用在平面的垂直和水平方向上排列成对的螺旋体来制造所需的样品。

我们对成对螺旋体的二维阵列样品性质进行了计算机建模和仿真研究。由于采用了最佳形状的螺旋体,这种阵列表现出同样显著的介电和磁性能。同时,因为使用了左旋和右旋配对的最佳螺旋体,人造结构的手性特性也得到了补偿。因此,该超材料在太赫兹波段的波阻抗接近自由空间的阻抗。利用计算机软件包ANSYS HFSS,对成对螺旋体排列的位置和方向进行了分析,以实现手性特性的补偿。对如图 4.2.1 所示两种不同的配对螺旋体排列方式进行了分析研究。

本节采用同一轴上成对螺旋体的排列方案,如图 4.2.1 的(b)所示。因为模拟仿真结果表明,如果采用每对螺旋体的轴平行排列的方案,如图 4.2.1 的(a)所示,则样品的性能会恶化。

(a)   (b)

图 4.2.1　具有补偿手性特性的配对螺旋体排列方案

(a) 右旋螺旋体和左旋螺旋体的轴平行;(b) 右旋螺旋体和左旋螺旋体的轴重合

4.2.2　半导体柱面框架及左右螺旋体间隙对超材料等效参数影响的分析

根据成对的右旋和左旋金属螺旋体二维阵列的制造技术特点,对于具有最佳仰角($\alpha=13.5°$)的螺旋体阵列,我们采用基于应力半导体膜技术构建在圆柱形框架上的螺旋体(图 4.2.2)。这种圆柱形单元侧壁的体积和它们的密集度是非常重要的参数,对它们进行了计算。

先考虑作为螺旋体框架的半导体圆柱壳介电常数对样品的作用,若与螺旋体阵列的介电常数相比,它的作用可以忽略不计。否则,将无法满足以下条件:

$$\varepsilon_{\text{eff}} = \mu_{\text{eff}} \tag{4.2.1}$$

对于样品整体的介电常数和磁导率的等效值,该条件确保样品的波阻抗接近自由空间波阻抗,即它保证样品在特定频率范围内的无反射性能。通过最佳螺旋体参数来满足式(4.2.1)的条件,此时,在入射波激励下同时存在电矩和磁矩。作

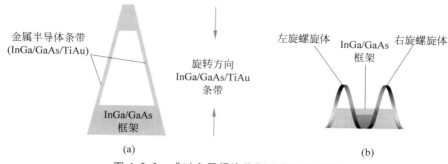

图 4.2.2　成对金属螺旋体制造方法示意图

（a）未折叠的平面膜单元；（b）折叠成壳的状态(俯视图)

为螺旋体框架的圆柱形壳体不应增加人造结构介质的反射系数,也就是说,不应违反式(4.2.1)的条件。我们所采用的圆柱形壳体没有磁性,所以它们对整个样品等效介电常数的影响很微弱。

为了构建成对的右旋和左旋螺旋体阵列,有必要使用分离的金属条。每个条带的长度大约为电磁波波长的一半,即满足谐振条件。如果两个金属条连接在一起,则长度是原来的 2 倍。因此,谐振频率将减半,并且这样的螺旋体不具有最佳参数。因此,开始时条带就应该分开,同时计算条带间允许的最小间隔。

研究结果表明,相对于螺旋体,作为螺旋体结构框架的半导体圆柱壳对样品介电常数的影响很小。此外,我们对电介质条带对样品介电常数的影响也进行了研究,电介质条带的作用是将螺旋体固定在基板特定位置上,如图 4.2.3 所示,直线段表示将螺旋体固定在基板上的电介质条带。研究结果表明,其影响取决于电介

图 4.2.3　金属-半导体螺旋体阵列布置示意图

质条带的尺寸，它对介电常数的贡献约为半导体圆柱壳的 $7.5\%\sim25.6\%$，这也远小于螺旋体对样品介电常数的贡献。

对成对螺旋体初始薄膜条的间隙电容也进行了研究，实验采用的薄膜条间隙为 $1\mu m$（图 4.2.3），结果表明，相对于间隙的电容量，螺旋体的电容量起着更显著的作用。

4.2.3 反射波和透射波分析与阵列参数确定

我们知道，最佳螺旋体满足通用关系式(3.1.7)。为了计算基于成对螺旋体样品对电磁波的反射系数和透射系数，需要求解介质层的边值问题，即有限厚度结构的边界问题（图 4.2.4）。引入以下符号：$\boldsymbol{E}^i$、$\boldsymbol{E}^r$ 和 $\boldsymbol{E}^\tau$，分别表示入射波、反射波和透射波的强度，L 为介质结构的有效厚度。对应于入射波、反射波、透射波和样品中传播波的方程分别表示为

$$\begin{cases} \boldsymbol{E}^i = E_0^i \boldsymbol{x}_0 \mathrm{e}^{\mathrm{i}\frac{\omega}{c}z - \mathrm{i}\omega t} \\ \boldsymbol{E}^r = E_0^r \boldsymbol{x}_0 \mathrm{e}^{-\mathrm{i}\frac{\omega}{c}z - \mathrm{i}\omega t} \\ \boldsymbol{E}^\tau = E_0^\tau \boldsymbol{x}_0 \mathrm{e}^{\mathrm{i}\frac{\omega}{c}z - \mathrm{i}\omega t} \\ \boldsymbol{E} = E_0^+ \boldsymbol{x}_0 \mathrm{e}^{\mathrm{i}kz - \mathrm{i}\omega t} + E_0^- \boldsymbol{x}_0 \mathrm{e}^{-\mathrm{i}kz - \mathrm{i}\omega t} \end{cases} \quad (4.2.2)$$

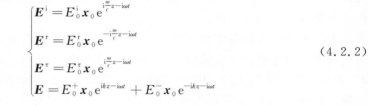

图 4.2.4　边值问题的几何关系示意图

假设入射波是线极化的，并且矢量 $\boldsymbol{E}^i$ 沿着 Ox 轴振荡。由于样品在 xOy 平面上是各向同性的，因而，在此假设边值问题解不失其一般性。

在样品 $z=0$ 的边界上矢量 $\boldsymbol{E}$ 连续条件有以下形式：

$$E_0^i + E_0^r = E_0^+ + E_0^- \quad (4.2.3)$$

在 $z=L$ 的边界上，矢量 $\boldsymbol{E}$ 的连续条件为

$$E_0^+ \mathrm{e}^{\mathrm{i}kL} + E_0^- \mathrm{e}^{-\mathrm{i}kL} = E_0^\tau \mathrm{e}^{\mathrm{i}\frac{\omega}{c}L} \quad (4.2.4)$$

利用矢量 $\boldsymbol{E}$ 和 $\boldsymbol{H}$ 在样品边界的连续条件，可以得到计算反射波幅度的表达式：

$$E_0^r = \frac{\left(\sqrt{\dfrac{\varepsilon}{\mu}} - \sqrt{\dfrac{\mu}{\varepsilon}}\right)(\mathrm{e}^{-\mathrm{i}kL} - \mathrm{e}^{\mathrm{i}kL}) E_0^i}{\left(1 - \sqrt{\dfrac{\mu}{\varepsilon}}\right)\left(1 - \sqrt{\dfrac{\varepsilon}{\mu}}\right)\mathrm{e}^{-\mathrm{i}kL} + \left(1 + \sqrt{\dfrac{\mu}{\varepsilon}}\right)\left(1 + \sqrt{\dfrac{\varepsilon}{\mu}}\right)\mathrm{e}^{\mathrm{i}kL}} \quad (4.2.5)$$

式中,E_0^i 是入射波的振幅。

计算其模量的平方 $|E_0^r|^2$ 后,很容易找到反射系数 $R = \dfrac{|E_0^r|^2}{|E_0^i|^2}$。在式(4.2.5)中,使用了波数的关系 $k = \dfrac{\omega}{c}\sqrt{\varepsilon\mu}$,它一般是一个复数。如果在某个关键频率上有以下等式存在:

$$\varepsilon = \mu \tag{4.2.6}$$

那么根据式(4.2.5),反射系数将为零,即 $R = 0$。

对于透射波的复振幅,可以得到

$$E_0^\tau = \cfrac{4E_0^i\, e^{i\frac{\omega}{c}L}}{\left(1 - \sqrt{\dfrac{\mu}{\varepsilon}}\right)\left(1 - \sqrt{\dfrac{\varepsilon}{\mu}}\right)e^{-ikL} + \left(1 + \sqrt{\dfrac{\mu}{\varepsilon}}\right)\left(1 + \sqrt{\dfrac{\varepsilon}{\mu}}\right)e^{ikL}} \tag{4.2.7}$$

通过上式可以得到透射系数。在特定频率上满足式(4.2.6)的特殊情况下,透射波的振幅和透射系数分别为

$$E_0^\tau = \frac{E_0^i\, e^{i\frac{\omega}{c}L}}{e^{i\frac{\omega}{c}(\varepsilon' - i\varepsilon'')L}} \tag{4.2.8}$$

$$T = \frac{|E_0^\tau|^2}{|E_0^i|^2} = e^{-2\frac{\omega}{c}\varepsilon''L} \tag{4.2.9}$$

对于这两个关系式,应注意到超材料的介电常数是一个复数:$\varepsilon = \varepsilon' + i\varepsilon''$。可以通过确定介质介电常数虚部 ε'' 来测量电磁波的透射系数 T,这样,必须知道介质结构的有效厚度 L 和满足式(4.2.6)的特定频率。

在特定频率时,电磁波的反射系数 $R = 0$,因此不可能测量介电常数的实数部分 ε'。为了确定 ε',需要测量接近该特定频率时电磁波的反射系数 R 和透射系数 T。需要注意,鉴于以下几点,可以简化式(4.2.5)和式(4.2.7)~式(4.2.9)对应的边值问题的求解:

(1) 由于沿 Ox 和 Oy 轴向的螺旋体数量相同,可以认为样品在垂直于 Oz 轴的平面上是各向同性的;

(2) 由于人造结构由成对螺旋体组成,并且包含相同数量的左旋和右旋螺旋体,因而它不具有手征特性;

(3) 由于构建样品的是具有最佳参数的螺旋体,因此样品具有同样显著的介电特性和磁特性。

4.2.4 实验与数值模拟结果的对比分析

通过俄罗斯科学家新近开发的 3D 精密纳米结构工艺[4-6],可以制造基于螺旋

体的太赫兹波段超材料。俄罗斯科学院半导体物理研究所制造的样品是位于半导体框架上的左旋和右旋金属螺旋体阵列,在样品平面的水平和垂直方向上排列了成对的螺旋体。图 4.2.5 给出了样品不同放大倍数和不同角度的扫描电子显微镜(SEM)图像。

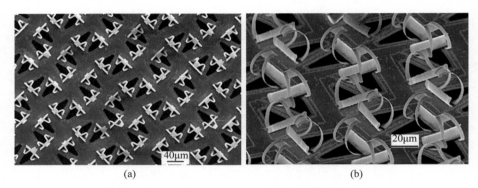

(a)   (b)

图 4.2.5 基于 $In_{0.2}Ga_{0.8}As/GaAs/Ti/Au$ 薄膜单匝螺旋体超材料的 SEM 图像

(a) 俯视图;(b) 带倾角的视图

卷曲条带的参数:长度为 $65\mu m$,宽度为 $3\mu m$,用它可以制造具有最佳仰角($13.5°$)和半径($12.4\mu m$)的螺旋体。该条带由 $In_{0.2}Ga_{0.8}As/GaAs/Ti/Au$($16/40/3/65nm$)薄膜制成。阵列中螺旋体的密度为 $2.3×10^{13}/m^3$。如文献[21]和文献[22]所述,螺旋体的最佳仰角确保了螺旋体相同的电极化和磁极化特性。

在半导体物理研究所对该样品进行实验研究,实验结果如图 4.2.6 所示,图中也给出了人造各向异性结构的数值模拟结果。数值模拟选取的结构参数与实验样品一致:$L=65×10^{-6}m$,$\alpha=13.5°$,$\omega_0=12.6×10^{12}rad/s$,$\rho=2.42×10^{-8}\Omega \cdot m$,$N_h=2.3×10^{13}/m^3$。

因此,在具有最佳参数的成对平滑螺旋体基础上,我们构建了具有低反射系数和补偿手性的超材料样品,对其特性进行了数值模拟仿真研究,将仿真结果与太赫兹波段反射系数和透射系数的实验结果进行了分析对比。

上面我们研究了作为金属螺旋体框架的半导体圆柱壳对样品性能的影响。对构成成对螺旋体的初始薄膜条带间隙电容进行了计算,并将其与螺旋体的电容进行了对比。为了确定电磁波反射和透射系数与样品采样参数的关系,求解了边值问题,进行了相关的计算。边值问题的解也验证了样品在接近谐振频率时具有弱反射性能这一结论。

由于采用了最佳形状螺旋体,基于成对螺旋体阵列的超材料具有补偿手性和弱反射特性,表现出同样显著的介电性能和磁性能。同时,人造结构的手征特性也得到了补偿,这得益于使用了具有左旋和右旋的最佳配对螺旋体。因此,所构建的

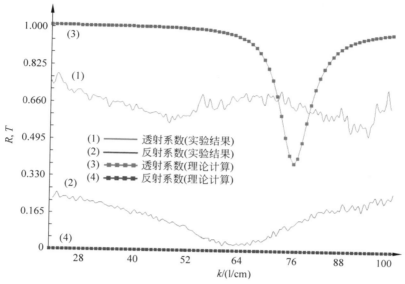

图 4.2.6　超材料的反射系数和透射系数随波数的变化关系

超材料太赫兹波段的波阻抗接近自由空间的阻抗。

　　基于上述研究结果,可以制造基于最佳螺旋体的太赫兹波段超材料。此外,还可以构建具有负折射率的新型超材料,用于实现太赫兹波段的平面"透镜"。通过对实验结果和仿真结果的比较,可以得出结论,所提出的模型令人满意地描述了人造结构具有补偿手性的特性。利用所提出模型计算得到的透射系数和反射系数相对频率的变化曲线与实验得到的结果定性地一致。数值模拟结果与实验结果之间存在的差异(图 4.2.6)是由于螺旋体某些特征引起的,它们可以归结于金属层厚度的不足以及螺旋体的不一致性。运用研究所获得的结果可以研发基于最佳螺旋体的超材料,并应用于太赫兹波段。也可以制造弱反射吸收涂层材料和新型负折射率超材料,并在太赫兹波段实现扁平"透镜"[18,23-24]。

4.3　手性补偿高吸波超材料的特性研究

4.3.1　二维阵列-基底结构超材料的边值问题解与透射系数和反射系数计算

　　为了补偿强吸波超材料的手征特性,研究了配对双螺旋体阵列的空间相对方向和位置问题,同时还与前述内容一样,对螺旋体的仰角以及配对螺旋体的数量等条件进行了分析。

具有弱反射特性的样品由仰角为 $13.5°$ 的单匝螺旋体组成,包含有相同数量的左旋和右旋螺旋体,螺旋体排列于样品平面的垂直和水平方向上,如图 4.3.1 所示。在这种情况下,垂直和水平方向上排列的螺旋体数量相同,可以保证样品的电磁特性在平面内是各向同性的。

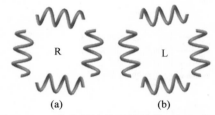

图 4.3.1　含有螺旋体层结构的局部示意图

（a）右旋螺旋体；（b）左旋螺旋体

基于最佳螺旋体满足的通用关系式(3.1.7),研究了成对螺旋体的设计方法,并求解基底上介质层结构的边值问题,即求解有限厚度结构的边值问题,如图 4.3.2 所示。

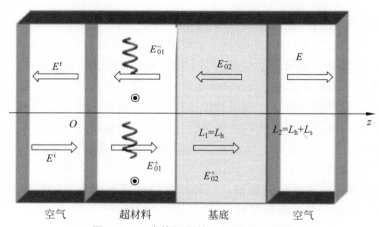

图 4.3.2　边值问题的几何关系示意图

我们将使用以下方程组描述所研究系统中的各种电磁波:

入射波:$\boldsymbol{E}^{\mathrm{i}} = E_0^{\mathrm{i}} \boldsymbol{x}_0 \mathrm{e}^{-\mathrm{i}\frac{\omega}{c}z + \mathrm{i}\omega t}$;

反射波:$\boldsymbol{E}^{\mathrm{r}} = E_0^{\mathrm{r}} \boldsymbol{x}_0 \mathrm{e}^{\mathrm{i}\frac{\omega}{c}z + \mathrm{i}\omega t}$;

螺旋体结构介质中的波:$\boldsymbol{E}^{\mathrm{h}} = E_{01}^{+} \boldsymbol{x}_0 \mathrm{e}^{-\mathrm{i}k_1 z + \mathrm{i}\omega t} + E_{01}^{-} \boldsymbol{x}_0 \mathrm{e}^{\mathrm{i}k_1 z + \mathrm{i}\omega t}$。

这种结构具有介电性能和磁性能,但不是手性结构,由于螺旋体成对(右旋和左旋)出现,介质层中的手性参数得到了补偿(图 4.3.1)。

在波的传播过程中,基底中的波可表示为

$$\boldsymbol{E}^s = E_{02}^+ \boldsymbol{x}_0 e^{-ik_2 z + i\omega t} + E_{02}^- \boldsymbol{x}_0 e^{ik_2 z + i\omega t}$$

而通过整个样品(螺旋体层和基底)的波可表示为

$$\boldsymbol{E}^\tau = E_0^\tau \boldsymbol{x}_0 e^{-i\frac{\omega}{c} z + i\omega t}$$

波在传播过程中,其电场强度矢量在介质界面上的连续性如下:

当 $z = 0$ 时,

$$E_0^i + E_0^r = E_{01}^+ + E_{01}^- \tag{4.3.1}$$

当 $z = L_h = L_1$ 时,

$$E_{01}^+ e^{-ik_1 L_1} + E_{01}^- e^{ik_1 L_1} = E_{02}^+ e^{-ik_2 L_1} + E_{02}^- e^{ik_2 L_1} \tag{4.3.2}$$

当 $z = L_s + L_h = L_2$ 时,

$$E_{02}^+ e^{-ik_2 L_2} + E_{02}^- e^{ik_2 L_2} = E_0^\tau e^{-i\frac{\omega}{c} L_2} \tag{4.3.3}$$

需要注意的是,真空(空气)中的波数为 $k = \dfrac{\omega}{c}$,相对磁导率等于 1,$\mu = 1$,螺旋

体层中电磁波的波数为 $k_1 = \dfrac{\omega}{c}\sqrt{\varepsilon_1 \mu_1}$,并按照以下关系式计算磁场强度:

介质中的磁场为

$$\boldsymbol{H} = \frac{k}{\omega \mu_0 \mu}\left[\boldsymbol{z}_0 \boldsymbol{E}\right]$$

对于入射波和透射波的磁场强度为

$$\boldsymbol{H}^i = \frac{1}{c\mu_0}\left[\boldsymbol{z}_0 \boldsymbol{E}\right]$$

对于反射波的磁场强度为

$$\boldsymbol{H}^r = -\frac{1}{c\mu_0}\left[\boldsymbol{z}_0 \boldsymbol{E}\right]$$

最终得到入射波磁场强度为

$$\boldsymbol{H}^i = \frac{1}{c\mu_0} E_0^i \boldsymbol{y}_0 e^{-i\frac{\omega}{c} z + i\omega t}$$

反射波磁场强度为

$$\boldsymbol{H}^r = -\frac{1}{c\mu_0} E_0^r \boldsymbol{y}_0 e^{i\frac{\omega}{c} z + i\omega t}$$

对于螺旋体层中波的磁场强度为

$$\boldsymbol{H}^{(1)} = \frac{1}{c\mu_0}\sqrt{\frac{\varepsilon_1}{\mu_1}} E_{01}^+ \boldsymbol{y}_0 e^{-ik_1 z + i\omega t} - \frac{1}{c\mu_0}\sqrt{\frac{\varepsilon_1}{\mu_1}} E_{01}^- \boldsymbol{y}_0 e^{ik_1 z + i\omega t}$$

对于基底中波的磁场强度为

$$H^{(2)} = \frac{1}{c\mu_0} \sqrt{\frac{\varepsilon_2}{\mu_2}} E_{02}^+ \boldsymbol{y}_0 e^{-ik_2 z + i\omega t} - \frac{1}{c\mu_0} \sqrt{\frac{\varepsilon_2}{\mu_2}} E_{02}^- \boldsymbol{y}_0 e^{ik_2 z + i\omega t}$$

对于透射波的磁场强度：

$$H^{\tau} = \frac{1}{c\mu_0} E_0^{\tau} \boldsymbol{y}_0 e^{-i\frac{\omega}{c} z + i\omega t}$$

磁场强度矢量在介质界面上的连续条件如下：

当 $z = 0$ 时，

$$E_0^i - E_0^r = \sqrt{\frac{\varepsilon_1}{\mu_1}} (E_{01}^+ - E_{01}^-) \tag{4.3.4}$$

当 $z = L_1$ 时，

$$\sqrt{\frac{\varepsilon_1}{\mu_1}} (E_{01}^+ e^{-ik_1 L_1} - E_{01}^- e^{ik_1 L_1}) = \sqrt{\frac{\varepsilon_2}{\mu_2}} (E_{02}^+ e^{-ik_2 L_1} - E_{02}^- e^{ik_2 L_1}) \tag{4.3.5}$$

当 $z = L_2$ 时，

$$\sqrt{\frac{\varepsilon_2}{\mu_2}} (E_{02}^+ e^{-ik_2 L_2} - E_{02}^- e^{ik_2 L_2}) = E_0^{\tau} e^{-i\frac{\omega}{c} L_2} \tag{4.3.6}$$

求解方程组（式(4.3.1)～式(4.3.6)）的边值问题，可以确定反射波和入射波的振幅之比为

$$\frac{E_0^r}{E_0^i} = \frac{r_{01} + r_{12} e^{-2ik_1 L_1} + r_{20} e^{-2ik_2(L_2 - L_1)}(r_{01} r_{12} + e^{-2ik_1 L_1})}{1 + r_{01} r_{12} e^{-2ik_1 L_1} + r_{20} e^{-2ik_2(L_2 - L_1)}(r_{12} + r_{01} e^{-2ik_1 L_1})} \tag{4.3.7}$$

式中，使用了以下符号标记，阻抗为

$$\eta = \sqrt{\frac{\mu}{\varepsilon}}$$

螺旋体层与空气边界处的反射系数（空气-超材料界面）为

$$r_{01} = \frac{\eta_1 - 1}{\eta_1 + 1}$$

介质内边界处的反射系数（超材料-基板界面）为

$$r_{12} = \frac{\eta_2 - \eta_1}{\eta_2 + \eta_1}$$

基板与空气边界处的反射系数为

$$r_{20} = \frac{1 - \eta_2}{1 + \eta_2}$$

空气-超材料界面的透射系数为

$$t_{01} = \frac{2\eta_1}{\eta_1 + 1}$$

超材料-衬底界面上的透射系数为

$$t_{12} = \frac{2\eta_2}{\eta_1 + \eta_2}$$

衬底-空气界面处的透射系数为

$$t_{20} = \frac{2}{\eta_2 + 1}$$

考虑以下三个因素,可以忽略衬底-空气界面上反射波的影响:

(1) 基底的阻抗等于空气的阻抗,即 $\eta_2 = 1$ 或 $r_{20} = 0$;

(2) 考虑基底的衰减作用,如果它足够厚,即 $L_2 \gg L_1$,此时有

$$e^{-2ik_2(L_2-L_1)} = e^{-2i(k_2'+ik_2'')(L_2-L_1)} = e^{-2ik_2'(L_2-L_1)} \cdot e^{-2ik_2''(L_2-L_1)} \to 0$$

(3) 如果在脉冲模式下进行测量并且基底足够厚,则第二脉冲相对于从超材料和基底的界面(第一边界)主反射脉冲有很大的延迟。在实验中这个额外的反射脉冲可以很容易地与主脉冲分离开。

对这三种情况,从式(4.3.7)可以得到

$$R = \frac{E_0^r}{E_0^i} = \frac{r_{01} + r_{12}e^{-2ik_1L_1}}{1 + r_{01}r_{12}e^{-2ik_1L_1}} \qquad (4.3.8)$$

式中,R 是来自基底之上整个结构的幅度反射系数。如果引入超材料的折射率和吸收系数,则式(4.3.8)可以转换为

$$R = \frac{E_0^r}{E_0^i} = \frac{r_{01} + r_{12}e^{(-2i\frac{\omega}{c}n_1'-a)L_1}}{1 + r_{01}r_{12}e^{(-2i\frac{\omega}{c}n_1'-a)L_1}} \qquad (4.3.9)$$

式中,n_1' 是超材料的折射率,$2k_1'' = a$,为超材料的吸收系数,k_1'' 为超材料波数的虚部。

同样,引入 $\dfrac{E_0^r}{E_0^i} = T$ 来表示基底之上整个结构的幅度透射系数。求解式(4.3.1)~式(4.3.6)组成的方程组,可以得到表达式:

$$T = \frac{t_{01}t_{12}t_{20}e^{i\frac{\omega}{c}L_2-ik_1L_1-ik_2(L_2-L_1)}}{1 + r_{01}r_{12}e^{-2ik_1L_1} + r_{20}e^{-2ik_2(L_2-L_1)}(r_{12}+r_{01}e^{-2ik_1L_1})} \qquad (4.3.10)$$

超材料具有低反射系数的特点,因为在某个频率 ω_0 时,超材料的波阻抗等于自由空间的波阻抗,并且 $r_{01} = 0$,则 $t_{01} = 1$,并且在这种情况下式(4.3.10)可以简化为

$$T(\omega_0) = \frac{t_{12}t_{20}e^{i\frac{\omega}{c}L_2-ik_1L_1-ik_2(L_2-L_1)}}{1 + r_{12}r_{20}e^{-2ik_2(L_2-L_1)}} \qquad (4.3.11)$$

基底材料对于太赫兹波段电磁波是透明的,那么有 $k_2 = k_2^*$,k_2 是一个实数。由于频率为 ω_0 时,阻抗 $\eta_1 = 1$,所以 t_{20} 和 t_{12} 也是实数。

现在求解频率为 ω_0 时的透射系数,以计算电磁波功率:

$$| T(\omega_0) |^2 = \frac{t_{12}^2 t_{20}^2 e^{-2\frac{\omega_0}{c}\varepsilon_1'' L_1}}{1 + 2r_{12}r_{20}\cos(2k_2(L_2 - L_1)) + r_{12}^2 r_{20}^2} \qquad (4.3.12)$$

当频率为 ω_0 时,有等式 $\varepsilon_1 = \mu_1$,即超材料具有同样显著的介电性能和磁性能。因此有

$$k_1 = \frac{\omega_0}{c}\sqrt{\varepsilon_1 \mu_1} = \frac{\omega_0}{c}\varepsilon_1, \qquad k_1'' = \frac{\omega_0}{c}\varepsilon_1'' \qquad (4.3.13)$$

通过分析式(4.3.13),可以看到超材料的波数与介电常数成正比,而不像普通介质在电动力学中得到的与 $\varepsilon_1/2$ 成正比。因此,当 $\varepsilon_1' > 1$ 时,超材料具有比普通介质更大的折射率。同时,当 $\varepsilon_1'' < 1$ 时,这种超材料的吸收系数小于普通吸收介质的。

对于没有基底的超材料,有 $r_{12} = 0$、$r_{20} = 0$,以及

$$| T_0(\omega_0) |^2 = e^{-2k_1'' L_1} = e^{-2\frac{\omega_0}{c}\varepsilon_1'' L_1} \qquad (4.3.14)$$

该式由文献[25]给出。利用式(4.3.12)并测量 $T(\omega_0)$,由于超材料在频率 ω_0 下的阻抗为 1,如果知道基底的参数,就可以计算出超材料介电常数的虚部 $\varepsilon_1''(\omega_0)$,因为超材料在频率 ω_0 处与自由空间相配,所以有 $\eta_1 = 1$,

$$r_{12} = \frac{\eta_2 - 1}{\eta_2 + 1}, \qquad r_{20} = \frac{1 - \eta_2}{1 + \eta_2}$$

因此,对于频率 ω_0,有 $r_{12} = -r_{20}$,这样可以得到

$$| T(\omega_0) |^2 = \frac{(1 - r_{20}^2)^2 e^{-2\frac{\omega_0}{c}\varepsilon_1'' L_1}}{1 - r_{20}^2 2\cos(2k_2(L_2 - L_1)) + r_{20}^4} \qquad (4.3.15)$$

等式右边分子中的指数因子是超材料的吸波因子,由于存在该因子,等式左边的系数小于当电磁波仅仅透过基底的情况。

将式(4.2.8)应用于频率为 ω_0 的脉冲模式,有 $r_{01} = 0$、$r_{12} = -r_{20}$,可以求解反射系数用以计算电磁波的功率。

因为,$k_1 = \frac{\omega_0}{c}\sqrt{\varepsilon_1 \mu_1} = \frac{\omega_0}{c}\varepsilon_1$,所以有

$$| R(\omega_0) |^2 = r_{20}^2 e^{-4\frac{\omega_0}{c}\varepsilon_1'' L_1} \qquad (4.3.16)$$

由于存在超材料的吸波因子,该系数小于仅从基底反射电磁波时的。通过对基底单独的实验,得到了基底太赫兹波波段的反射系数和透射系数。假设 $L_1 = 0$,这些系数也可以通过求解边值问题得到:

$$| R_s |^2 = r_{20}^2, \qquad | T_s |^2 = \frac{(1 - r_{20}^2)^2}{1 - r_{20}^2 2\cos(2k_2 L_s) + r_{20}^4} \qquad (4.3.17)$$

该式仅适用于基底,其中,$L_2 - L_1 = L_s$,为基底的厚度。通过引入归一化反射系数和透射系数,可以对比计算和实验的结果:

$$R_n(\omega) = \frac{| R(\omega) |}{| R_s(\omega) |}, \qquad T_n(\omega) = | T(\omega) | / | T_s(\omega) | \qquad (4.3.18)$$

它们通过除以基底的振幅反射系数和透射系数得到。对于谐振频率,当空气-超材料界面上不存在反射波时,可以得到一个简单的关系式:

$$R_n(\omega_0) = T_n^2(\omega_0) \tag{4.3.19}$$

上式说明电磁波只在超材料-基底的界面上反射。因此在脉冲模式下,反射波两次通过螺旋体吸收层,而透射波只通过一次。

4.3.2　实验与数值模拟结果的对比分析

用于实验和数值模拟研究的样品是采用三维纳米精密结构工艺制造的基于螺旋体的超材料[4-6],并在俄罗斯科学院半导体物理研究所进行了太赫兹波段实验研究。图 4.3.3 给出了 $In_{0.2}Ga_{0.8}As/GaAs/Ti/Au$ 薄膜单匝螺旋体超材料的 SEM 图像。成对的螺旋体排列在样品平面的水平和垂直方向上。

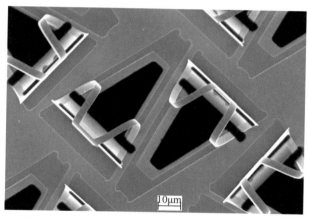

图 4.3.3　基于 $In_{0.2}Ga_{0.8}As/GaAs/Ti/Au$ 薄膜单匝螺旋体超材料的 SEM 图像

在卷曲状态下的薄膜条带的参数为:长度为 $77\mu m$,宽度为 $3\mu m$。该条带由 $In_{0.2}Ga_{0.8}As/GaAs/Ti/Au(16/40/4/40nm)$ 薄膜制成。螺旋体的仰角为 $13.5°$,半径为 $12.4\mu m$。阵列中螺旋的密度为 $2.3\times10^{13}/m^3$。如文献[21]和文献[22]所述,由于螺旋体仰角等于 $13.5°$,所以螺旋体电和磁的极化特性一样,具有最佳特性。

为了在太赫兹波段进行实验研究,研发了激光光学支架,该支架安装了基于 KYW:Yb 的飞秒激光器,可以产生波长为 1030nm 的激光脉冲,脉冲宽带 τ 约为 100fs。支架的光学配置方案如图 4.3.4 所示。实验样品由俄罗斯科学院半导体物理研究所制造,在白俄罗斯科学院物理研究所进行了超材料样品的反射和透射光谱实验研究,实验通过记录太赫兹波段电磁脉冲的时间分布图(时域光谱法,TDS)进行信号测量。

太赫兹波辐射器和探测器的光波导天线由平均功率约 15mW 的激光脉冲激

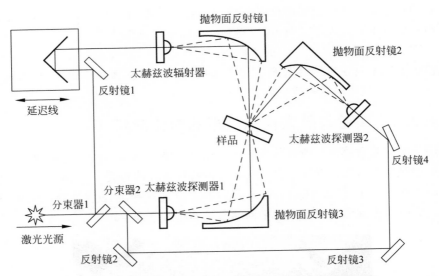

图 4.3.4　超材料样品太赫兹波段透射和反射光谱的实验台

励。为了确保激励功率的最佳值,使用了飞秒激光脉冲功率衰减器(图中未显示)和相应的分束器。为了最大限度地减少飞秒激光脉冲的相位失真和群速引起的色散,使用了金属反射镜 1~4、三个抛物面反射镜与金涂层的延迟线。图 4.3.5 和图 4.3.6 分别给出了归一化反射系数和透射系数的理论计算和实验结果。

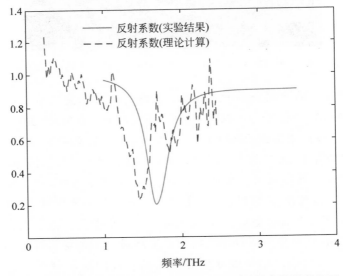

图 4.3.5　超材料-衬底界面反射系数与入射波频率的依赖关系

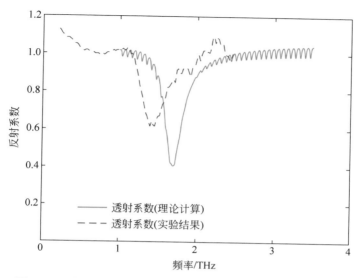

图 4.3.6　超材料-衬底界面透射系数与入射波频率的依赖关系

根据实验样品的参数确定了数值模拟的结构参数：$L = 77 \times 10^{-6}\,\mathrm{m}, \alpha = 13.5°$，$\omega_0 = 12.6 \times 10^{12}\,\mathrm{rad/s}, \rho = 2.42 \times 10^{-8}\,\Omega \cdot \mathrm{m}, N_h = 2.3 \times 10^{13}/\mathrm{m}^3$。

图 4.3.7 给出了假定基底不吸波时样品的吸波系数模拟仿真结果。归一化是在空基底上进行的，所以测量归一化的透射系数和反射系数有时会超过 1。图 4.3.6中的曲线显示了由于基底有限厚度而引发的法布里-珀罗谐振。图 4.3.5 中则没有谐振，因为在这种情况下没有考虑基底第二边界的反射。双层结构的研究结果

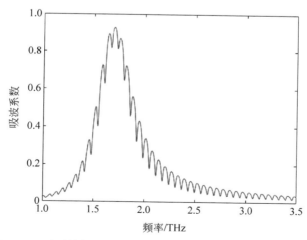

图 4.3.7　超材料-衬底界面吸波系数与入射波频率的依赖关系

表明,在谐振频率附近,样品表现出弱反射特性。同时,尽管基底对所研究的电磁波是透明的,但在谐振频率附近表现出显著的吸波特性。超材料的这种吸收性能是导电螺旋电流谐振激励的结果。

通过求解空气中双层吸收结构的边值问题,对超材料-基底双层结构的性能进行数值模拟仿真,并与太赫兹波段电磁波反射系数和透射系数实验结果进行了对比,从图 4.3.5 和图 4.3.6 结果的比较表明,所提出的模型令人满意地描述了人造超材料-基底结构的特性。采用该模型计算的透射系数和反射系数随入射波频率的变化关系与实验结果一致。

4.4 单组分手性超材料中存储和吸收的场能量

本节将介绍单组分手性超材料中电磁场能量密度和能量吸收的理论计算结果,这种单组分超材料由相同的螺旋体谐振器组成。螺旋体谐振器可以是各种形状的,从直线到扁平切割环。研究了超材料组成单元与圆极化平面电磁波的相互作用,主要着重于组成单元的形状如何影响超材料的性能。所得到的通解完全符合之前针对切环、直线和螺旋体形状谐振器的特解。确定具有损耗特性螺旋体谐振器的最佳几何形状,使其在与圆极化电磁波作用时表现出最好的选择性。

从物理和应用的角度了解各种材料中存储和消散的电磁场能量是非常重要的,例如,这些物理量的值决定了天线(包括纳米辐射器)的效率和带宽。我们知道,在能量损耗很小的情况下[8],材料中电磁场的能量密度可以由材料的有效参数唯一确定。对于超材料,即基于各种形状金属或介质的人造材料,如果材料结构是周期性的,当工作频率远离结构单元的谐振频率时,可以忽略其能量的吸收。然而,我们最感兴趣的是发生谐振时的现象。如果材料在某频率附近检测到显著的损失,则不可能通过一般的方式确定存储能量的密度,即不可能表示为介电常数和磁导率的函数形式[8]。只有在介质内部结构已知,并且适用特定的色散模型(如洛伦兹或德鲁德模型)时,才能根据色散模型的参数(谐振频率或等离子体频率以及衰减系数)来确定存储的无效能量,甚至对于有显著损耗的情况也适用。

这种损耗材料中的电磁场能量密度可以用几种不同的方法进行研究[26-31]。例如在文献[26]中,研究了单组分电介质非手性材料中电磁场的能量吸收问题。在文献[27]中,提出了确定微波复合材料中能量储存密度的一般方法。应当注意到,文献[31]对文献[27]中给出的方法做了重要的修正。

本节研究基于螺旋体复合手性材料的能量密度和吸收问题。文献[32]~文献[34]研究了手性材料中的损耗能量密度,确定了线极化情况下的能量密度。这些研究结果可以作为我们研究内容的补充,因为我们主要研究基于不同形状螺旋体的复合材料与圆极化电磁波相互作用以及极化选择性问题。利用微观和宏观模型，文献[34]的作者提出了一种宏观准单色电磁场在正常色散区域的平均总能量密度的计算方法，应用于可忽略损耗的电磁介质，以及计算有损耗的手性介质中宏观准单色电磁场平均能量密度，能量损耗取决于介质的折射率和特征阻抗。与本节的研究方法相比，文献[34]的方法不能用于研究螺旋体仰角的影响以及对手性介质电磁性能的优化。

　　本节提出的方法适用于基于任意形状螺旋单元组成的超材料，包括直线导体、切割环和 Ω 形结构单元等的各种情况。为了找到最一般的表达式，我们研究了手性复合超材料螺旋体阵列组成单元的各种形状（从直线导体到切割环），在半波谐振条件下，$L \approx \lambda / 2$，其中 L 是螺旋体导线的全长。应当指出的是，当超材料不是由螺旋体，而是由任何其他类型单元组成时，必须先得到针对该特定单元形状的相应表达式，本节提出的方法和结论仍然是有效的。

4.4.1　备选方案

1. 非吸波复合材料

各向同性手性材料或超材料的本构关系具有以下形式：

$$\begin{cases} \boldsymbol{D} = \varepsilon_0 \varepsilon_r \boldsymbol{E} - \mathrm{i} \sqrt{\varepsilon_0 \mu_0}\, \kappa_{\mathrm{em}} \boldsymbol{H} \\ \boldsymbol{B} = \mu_0 \mu_r \boldsymbol{H} + \mathrm{i} \sqrt{\varepsilon_0 \mu_0}\, \kappa_{\mathrm{me}} \boldsymbol{E} \end{cases} \tag{4.4.1}$$

式中，$\kappa_{\mathrm{em}} = \kappa_{\mathrm{me}}$，为手性参数。对于无吸收但有色散的手性超材料，其时间平均能量密度可以通过材料参数表示：

$$\langle w \rangle = \frac{1}{4} \varepsilon_0 \frac{\mathrm{d}}{\mathrm{d}\omega}(\omega \varepsilon_r) \boldsymbol{E} \boldsymbol{E}^* + \frac{1}{4} \mu_0 \frac{\mathrm{d}}{\mathrm{d}\omega}(\omega \mu_r) \boldsymbol{H} \boldsymbol{H}^* -$$

$$\mathrm{i}\frac{1}{4}\sqrt{\varepsilon_0 \mu_0}\frac{\mathrm{d}}{\mathrm{d}\omega}(\omega \kappa_{\mathrm{em}})(\boldsymbol{E}^* \boldsymbol{H} - \boldsymbol{E} \boldsymbol{H}^*) \tag{4.4.2}$$

　　这些表达式对于任何形状的组成单元或组件都有效。对于圆极化（CP）平面波，有以下关系式：

$$\langle w \rangle = \frac{\varepsilon_0}{4} \frac{\mathrm{d}(\omega \varepsilon_r)}{\mathrm{d}\omega}(|\boldsymbol{E}_+|^2 + |\boldsymbol{E}_-|^2) + \frac{\varepsilon_0}{4} \frac{\varepsilon_r}{\mu_r} \frac{\mathrm{d}(\omega \mu_r)}{\mathrm{d}\omega}(|\boldsymbol{E}_+|^2 + |\boldsymbol{E}_-|^2) +$$

$$\frac{\varepsilon_0}{2}\sqrt{\frac{\varepsilon_r}{\mu_r}}\frac{\mathrm{d}(\omega \kappa)}{\mathrm{d}\omega}(|\boldsymbol{E}_+|^2 - |\boldsymbol{E}_-|^2) \tag{4.4.3}$$

式中，$\kappa = \kappa_{\mathrm{em}}$，"+"和"−"分别表示右圆极化波和左圆极化波。$\boldsymbol{E}_\pm = E_{0\pm}(\boldsymbol{x}_0 \mp \mathrm{j}\boldsymbol{y}_0) \cdot \exp(\mathrm{i}\omega t - \mathrm{i}kz)$ 可以用于描述极化波。对于平面波，电场矢量幅度和磁场矢量幅度之间的关系为[35]

$$H_{\pm} = \pm\,\mathrm{i}\sqrt{\frac{\varepsilon_0\varepsilon_{\mathrm{r}}}{\mu_0\mu_{\mathrm{r}}}}\,E_{\pm}$$

一个有趣的事实是,电场矢量和磁场矢量之间的关系不包含明确的手性参数。因此,我们得出了一个重要的物理结论,即手性介质中平面波的坡印亭矢量也与手性参数无关。但是,如果材料介质中的损失不能忽略,则式(4.4.2)和式(4.4.3)不成立。

考虑如图 4.4.1 所示的情况,其中样品由导电螺旋单元组成。

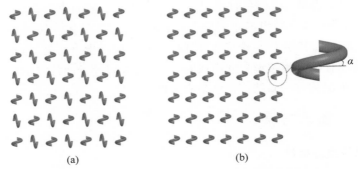

图 4.4.1 由单匝螺旋单元组成的阵列的示意图

(a) 各向同性;(b) 单轴

我们最感兴趣是所谓的"最佳"螺旋体。在文献[32][34][21][36][22][37]～[39][19]中研究了"最佳"螺旋体与两个正交圆极化波中的一个波相互作用的情况。这种"最佳"螺旋体的几何参数是已知的。例如,对于单匝螺旋体,在半波谐振条件下其最佳仰角为 $\alpha = 13.65°$。应当指出的是,对于基于最优螺旋体的超材料,材料参数有下列形式:

$$\varepsilon_{\mathrm{r}} \approx \mu_{\mathrm{r}} \approx 1 \pm \kappa \tag{4.4.4}$$

这个关系式意味着基于"最佳"螺旋体的超材料表现出同样显著的介电特性、磁性和手征特性。对于其实部和虚部分别有:$\varepsilon_{\mathrm{r}}' \approx \mu_{\mathrm{r}}' \approx 1 \pm \kappa'$ 和 $\varepsilon_{\mathrm{r}}'' \approx \mu_{\mathrm{r}}'' \approx \pm \kappa_{\mathrm{r}}''$。对于 $\kappa' > 0$ 的情况(即右旋螺旋体),振幅为 E_{0-} 的圆极化波没有被吸收。对于 $\kappa' < 0$ 的情况(即左旋螺旋体),不吸收的圆极化波振幅则为 E_{0+}。同样的结论也适用于储存能量的情况。

首先,考虑激励频率接近谐振频率的情况。虽然这个频率范围内波的吸收很小,但已出现材料参数的频率色散。在没有损耗的情况下,即满足条件:$\varepsilon_{\mathrm{r}} = \varepsilon_{\mathrm{r}}^*$、$\mu_{\mathrm{r}} = \mu_{\mathrm{r}}^*$、$\kappa_{\mathrm{r}} = \kappa_{\mathrm{r}}^*$,在所研究的频率范围内,式(4.4.3)基本可用。对于右旋螺旋体($\kappa > 0$),时间平均能量密度为

$$\langle w \rangle \approx \frac{1}{2}\varepsilon_0(|E_+|^2 + |E_-|^2) + \varepsilon_0\frac{\mathrm{d}}{\mathrm{d}\omega}(\omega\kappa)|E_+|^2 \tag{4.4.5}$$

式中,右边第一项表示真空中电磁场的能量,而第二项只表示螺旋体中一个圆极化波的场能量,因为螺旋体不激发另一个圆极化波。对于左旋螺旋体($\kappa < 0$),时间平均能量密度为

$$\langle w \rangle \approx \frac{1}{2}\varepsilon_0 (|\boldsymbol{E}_+|^2 + |\boldsymbol{E}_-|^2) - \varepsilon_0 \frac{\mathrm{d}}{\mathrm{d}\omega}(\omega\kappa) |\boldsymbol{E}_-|^2 \qquad (4.4.6)$$

很明显,与右旋螺旋体的差别在于式(4.4.6)约等号右侧第二项的符号。因此,在这种情况下,圆极化波对螺旋体的激励情况也正好与式(4.4.5)相反。

2. 单一组分吸波材料

为了对单一组分手性介质的吸收问题进行建模,我们使用了经典的自由电子振动模型,自由电子的振动是由入射波激发的谐振。由于导电电子受有限长度导线的限制,因此这些振动可以产生谐振。超材料组成单元的导电体具有有限长度,导体内会出现电流的驻波。这种驻波振幅在谐振时将显著增加。一般情况下,实际的超材料组成单元是细导线或带状导体,其谐振条件主要由导体的长度决定。当流经导体电流的长度是半波长的整数倍时,会发生谐振。因此,薄导体的谐振频率可以通过下式确定:

$$\omega_{0n} = \frac{\pi c n}{L}$$

式中,n 是整数,表示振荡模式数量,c 是真空中的光速,L 是导体的长度。有两个因素会影响这个反比关系:第一,谐振器的开放性和导线直径的细度;第二,超材料阵列中各个组成单元间的相互作用。单个组成单元的所有参数都是考虑了其相互影响的有效参数。特别是,作用于每个组成单元上局部的场和作用于全局的宏观平均场之间的差异会导致谐振频率的偏移,需要考虑这个因素以及单个螺旋体的损耗补偿问题[40]。

为了描述超材料电流驻波中导电电子的谐振,我们不仅考虑外谐波场,还必须考虑作用在电子上的恢复(返回)力,该力的方向与电子的位移方向相反。根据谐振理论,已知这种恢复力的大小与导电电子沿导线的位移成正比,即 $f_{\text{rest}} = -ks$。因此,这种力又称为准弹性力。这里,s 是电子位移,而 k 是有效弹性系数,它可以由谐振频率表示为 $k = m\omega_0^2$。我们认为这种恢复力的物理原因是导电电子的运动受限于导线的有限尺寸。正如文献[38]中数值模拟研究的结果,在半波谐振条件下,如果导线的厚度很小,则谐振频率主要取决于导线的长度。在这种情况下,导线和超材料单元的形状对谐振频率影响不大。例如,文献[38]研究了"最佳"螺旋体匝数的变化。在这种情况下,螺旋体的形状,即仰角也发生了变化。结果表明,在导线长度不变的情况下,谐振频率的相对变化约为 3%。

研究电子沿螺旋体振荡的模型实际上是一种天然手性材料的经典模型,参见

经典文献[10]中的例子。小谐振线(和其他)的金属扩散振荡模型是一个经典的模型,已被许多研究者采用。该模型已经过实验验证,文献[41]专门针对螺旋体进行了实验验证。在文献[41]中,采用天线模型计算了螺旋体的极化特性以及螺旋体散射的电磁场。但是,文献中并没有计算螺旋体结构中电磁场的能量。

本节采用的主要近似是,只考虑电子振动的一个谐振频率。对于超材料,这种近似是可行的,因为它们由谐振的"元原子"组成。天然手性介质通常具有以特定吸收带为特征的分子吸收光谱。与天然介质的分子不同,元原子具有离散的吸收光谱,其谐振频率彼此显著不同。如果元原子存在多个谐振频率,则必须分别为每个谐振进行场能的计算。我们使用的方法可以直接揭示导电电子振动的势能和动能如何形成超材料中的场能。在某些已知的特殊情况下,其结果与使用其他方法计算场能量的结果一致,例如,使用等效电路模型的结果。在文献[27]~文献[31]中,这些已知的特殊情况涉及基于直线导体和切割环的介质,即具有介电特性和磁特性的人造结构。本节我们研究了基于金属螺旋体的超材料,即同时具有介电特性、磁性和手征特性的人造结构,这是更一般的情况。如果介质特性参数不仅有介电常数和磁导率,还有手性参数,我们的方法可以描述介质电磁场能量是如何变化的。由于手性超材料中电磁场的本征模为圆极化模,因此可以假定对于右旋和左旋圆极化波,其电磁能量有所不同。

单个电子的能量为

$$W_e = \Pi_e + K_e = \frac{ks^2}{2} + \frac{mv^2}{2}$$

式中,s 是电子沿螺旋体的位移,v 是电子沿螺旋体的运动速度,m 是电子的质量,k 是描述作用于电子上、方向与其位移方向相反的准弹性力的有效系数。对于直导线振荡器和切割环谐振器情况,该模型的研究结果与以前的研究结果[26-27]一致。作为一种特殊情况,首先考虑沿着直导线振荡的电子。电子在具有单一谐振频率、单一组分介质中的运动方程为 $m\ddot{x} = -eE_x - \kappa x - \gamma\dot{x}$,其中电场为 $E_x = E_{0x}\exp(i\omega t)$,位移为 $x = x_0\exp(i\omega t)$,它们都是时间的函数。运动方程的解具有以下复数函数的形式:

$$x = -\frac{e}{m}\frac{E_x}{\omega_0^2 - \omega^2 + i\omega\Gamma} \qquad (4.4.7)$$

式中,$\Gamma = \dfrac{\gamma}{m}$。由单个具体组分激发的电场,称为局部场,不同于平均宏观全局场 E_x。可以使用谐振频率 ω_0 这一有效宏观值来描述这种差异,因为该值不仅取决于单个组分的参数,还取决于介质中该组分的密集度。同样,损耗系数 Γ 只考虑在各组分中的耗散,因为辐射损耗将通过各组分间的相互作用进行补偿[40]。

按照众所周知的方法,势能和动能分别为

$$\langle \varPi \rangle_t = \frac{1}{2}k\langle x'^2 \rangle_t, \quad \langle K \rangle_t = \frac{1}{2}m\langle v'^2 \rangle_t \tag{4.4.8}$$

式中，x' 和 v' 分别为电子位移和速度的实部，它们通常被定义为复数函数。尖括号表示对时间的平均。通过该运动方程的解，可以得到势能和动能式（4.4.8）的总和为

$$\langle \varPi \rangle_t + \langle K \rangle_t = \frac{1}{4}\frac{e^2}{m}E_{0x}E_{0x}^* \frac{\omega_0^2 + \omega^2}{(\omega_0^2 - \omega^2)^2 + \omega^2 \varGamma^2} \tag{4.4.9}$$

这是针对一个带电组分（如电子）振荡的总能量。

为了计算体积能量密度，我们需要考虑导电电子的浓度：$N = N_e V_c N_c$，式中，N_e 是金属中电子的浓度，$V_c = LS$ 为超材料阵列组成单元的体积。此时，该单元是直导线，N_c 是超材料中阵列单元的密集度。此外，增加了场本身的能量，有

$$\langle w_{el} \rangle_t = \frac{1}{4}\varepsilon_0 \left[1 + N\frac{e^2}{m\varepsilon_0}\frac{\omega_0^2 + \omega^2}{(\omega_0^2 - \omega^2)^2 + \omega^2 \varGamma^2} \right] E_x E_x^* \tag{4.4.10}$$

在这个表达式中，导电电子的能量以及场的能量在振动周期内取平均。在该阶段的模拟中，出现了一个已知等离子体角频率的表达式：

$$\omega_p^2 = \frac{Ne^2}{m\varepsilon_0}$$

特别是对于基于直导体的超材料，其相对介电常数有以下形式：

$$\varepsilon_r = 1 + \frac{\omega_p^2}{\omega_0^2 - \omega^2 + i\omega\varGamma} \tag{4.4.11}$$

利用等离子体角频率的这个关系式，体积能量密度可以写为

$$\langle w_{el} \rangle_t = \frac{1}{4}\varepsilon_0 \left[1 + \frac{\omega_p^2(\omega_0^2 + \omega^2)}{(\omega_0^2 - \omega^2)^2 + \omega^2 \varGamma^2} \right] E_x E_x^* \tag{4.4.12}$$

在文献[26]～文献[28]中，作者使用其他方法和近似值也得到了关系式（4.4.12）。对于单位体积、单位时间内吸收的电场能量，已知有以下关系式：

$$\langle Q_{el} \rangle_t = -\frac{1}{2}\omega\varepsilon_0\varepsilon_r'' |E|^2$$

式中，

$$\varepsilon_r'' = -N\frac{e^2}{m\varepsilon_0}\frac{\omega\varGamma}{(\omega_0^2 - \omega^2)^2 + \omega^2 \varGamma^2} < 0$$

为相对介电常数的虚部。需要注意，随着耗散力对电子做负功，场的能量减小了，运动也变慢了。像往常一样，我们假定减慢电子运动速度的力为 dA_{dis}，在 dt 时间、dV 体积内，可以得到以下关系：

$$\frac{dA_{dis}}{dt \cdot dV} = -\gamma(v')^2 N = -Q_{el} \tag{4.4.13}$$

式中,$v'=\mathrm{Re}(\dot{x})$,是电子运动速度的实数部分,一个电子的阻尼力等于$-\gamma v'$,其相对应的功率等于$-\gamma(v')^2$。对于单位体积,有必要将功率乘以电子的浓度N。由式(4.4.13)可知,如果吸收的能量为正($Q_{el}>0$),则耗散力做的功为负。

3. 吸波手性材料:与螺旋仰角的关系

对于电子运动路径更复杂的螺旋模型,使用以下运动方程:

$$m\ddot{s}=-ks-\gamma\dot{s}-eE_s \tag{4.4.14}$$

式中,$s=s_0\exp(i\omega t)$,为带电粒子沿着螺旋路径的位移,s_0为该位移的幅度,$E_s=E_x\sin\alpha$,为与螺旋体表面相切的场的分量,螺旋体的轴线与x轴重合,α是螺旋体的仰角,该仰角可表示为

$$\sin\alpha=\pm\frac{1}{\sqrt{1+q^2r^2}}$$

这里"+"对应于右旋螺旋体,而"—"对应于左旋螺旋体,$|q|=2\pi/h$,h是螺旋体的螺距,r是螺旋体的半径。$q>0$表示右旋螺旋体,$q<0$表示左旋螺旋体。式(4.4.14)是电子在有损耗时强制振动的标准方程。方程的左侧是电子质量和其加速度的乘积,右侧包含了作用于电子所有力的总和。方程右侧第一项为返回力,其方向与电子位移方向相反。如果没有它,导电电子的振动不可能发生。方程(4.4.14)等号右侧第二项为阻尼力,它导致电子振动时机械能的损耗。方程右侧第三项为电子受到的电磁波作用力。电子运动加速度和所有作用力都沿着电子运动轨迹的切线方向,即沿着螺旋导体的轴线方向。

当导线长度约为电磁波波长的一半时,有限长度细导线将发生谐振。如果导线形状的曲率半径远大于导线的直径(正是我们研究的情况),并且导线自身互相不接触或交叉,则改变导线的形状不会导致谐振频率的任何改变。无论这种薄导体的形状如何,其中的电流方向都是沿着导线的轴线方向。因此,式(4.4.14)中电子的系数主要取决于薄导体的总长度,而不取决于导体的形状。该系数有以下形式:

$$k=m\omega_0^2=m\left(\frac{\pi c}{L}\right)^2$$

式中,L是任意形状导体的长度。如果导体是单匝螺旋体的形式,可以写出L的表达式,$L=\sqrt{(2\pi r)^2+h^2}$,其中r是螺旋体的半径,h是螺旋体的螺距。对于直导体,有$r=0$和$h=L$。

考虑存在外部磁场:$B_x=B_{0x}\exp(i\omega t)$,它沿螺旋体轴线振荡并引起螺旋体的损耗。根据法拉第电磁感应定律,有

$$-E\cdot 2\pi r=\pi r^2\frac{\partial B_x}{\partial t} \tag{4.4.15}$$

式中，E 是涡流电场在螺旋体轴正交方向上的分量。由式(4.4.15)可以得到

$$E = -\frac{1}{2} r \mathrm{i}\omega B_x \qquad (4.4.16)$$

现在可以计算出电场沿螺旋体切线方向的分量：

$$E_s = E\cos\alpha = -\mathrm{i}\omega \frac{r}{2} B_x \cos\alpha$$

式中，螺旋体仰角的余弦

$$\cos\alpha = \frac{qr}{\sqrt{1+q^2 r^2}}$$

由于存在电场和磁场，沿螺旋体运动的电子其位移具有以下形式：

$$s = -\frac{e}{m} \frac{E_x \sin\alpha - \mathrm{i}\frac{\omega r}{2} B_x \cos\alpha}{\omega_0^2 - \omega^2 + \mathrm{i}\omega\Gamma} \qquad (4.4.17)$$

运用上述研究基于直导体超材料的方法，可以计算螺旋体中振动电子的局部时间平均能量：

$$\langle \Pi \rangle_t + \langle K \rangle_t = \frac{e^2}{4m} \frac{(\omega_0^2 + \omega^2)}{(\omega_0^2 - \omega^2)^2 + \omega^2\Gamma^2} \left[E_{0x}E_{0x}^* \sin^2\alpha + \frac{\omega^2 r^2}{4} B_{0x}B_{0x}^* \cos^2\alpha + \right.$$

$$\left. \mathrm{i}\frac{\omega r}{2}\sin\alpha\cos\alpha (E_{0x}B_{0x}^* - E_{0x}^* B_{0x}) \right] \qquad (4.4.18)$$

对于式(4.4.18)，可以考虑两种极限情况：

(1) 假设 $\alpha = \frac{\pi}{2}$(直导体的情况)，代入式(4.4.18)可以得到式(4.4.9)。

(2) 假设 $\alpha = 0$(切割环的情况)，然后乘以电子的浓度 N，增加磁场的能量(在真空中)，可以得到

$$\langle w_m \rangle_t = \frac{1}{4}\mu_0 |H|^2 + (\langle\Pi\rangle_t + \langle K\rangle_t)N$$

$$= \frac{1}{4}\mu_0 |H|^2 + \frac{1}{4}N\frac{e^2}{m} \frac{(\omega_0^2 + \omega^2)\frac{\omega^2 r^2}{4} B_{0x}B_{0x}^*}{(\omega_0^2 - \omega^2)^2 + \omega^2\Gamma^2} \qquad (4.4.19)$$

对于具有磁性的人造超材料，由于切割环谐振器中电流的存在，其相对磁导率为

$$\mu_r = 1 + \frac{A_1 \omega^2}{\omega_0^2 - \omega^2 + \mathrm{i}\omega\Gamma} \qquad (4.4.20)$$

式中，$A_1 = \frac{1}{4}\mu_0 \frac{Ne^2}{m} r^2$。磁场的时间平均能量为

$$\langle w_m \rangle_t = \frac{1}{4}\mu_0 \left[1 + \frac{A_1 \omega^2 (\omega_0^2 + \omega^2)}{(\omega_0^2 - \omega^2)^2 + \omega^2 \Gamma^2} \right] \mid H \mid^2 \qquad (4.4.21)$$

对于具有磁性的人造结构,文献[27]和文献[28]也给出了式(4.4.21)。回顾一下,在这个公式中,在对能量密度进行时间平均后出现了系数 1/4。

回到更复杂的情况,假设电子沿螺旋体振动,材料同时呈现出介电特性、磁性和手征特性。此时,我们使用单个电子能量一般表达式(4.4.9),它乘以导电电子的浓度,并且加上电场和磁场的能量后,有

$$\langle w \rangle_t = \frac{1}{4}\varepsilon_0 E_{0x} E_{0x}^* + \frac{1}{4}\mu_0 H_{0x} H_{0x}^* + (\langle \Pi \rangle_t + \langle K \rangle_t)N \qquad (4.4.22)$$

采用材料方程(4.4.1),它对应于空间色散的一阶效应,即考虑单元响应时可以忽略场的空间二阶导数(通常这意味着介质的手性很弱)。材料方程(4.4.1)仅包含一阶手性参数:$\kappa = \kappa_{em}$,因此在以后的推导及方程中,还必须保留该一阶手性参数。在计算中保留高阶的手性参数也是不切实际的,因为计算精度受到初始材料方程的限制。因此在对式(4.4.18)和式(4.4.22)进行变换时,引入近似关系式 $\boldsymbol{B} = \mu_0 \boldsymbol{H}$,得到

$$\langle w \rangle_t = \frac{\varepsilon_0}{4} E_{0x} E_{0x}^* \left[1 + \frac{1}{A\varepsilon_0} \frac{\omega_0^2 + \omega^2}{(\omega_0^2 - \omega^2)^2 + \omega^2 \Gamma^2} \right] +$$

$$\frac{\mu_0}{4} H_{0x} H_{0x}^* \left[1 + \frac{\mu_0 M^2}{A} \frac{\omega_0^2 + \omega^2}{(\omega_0^2 - \omega^2)^2 + \omega^2 \Gamma^2} \right] +$$

$$\frac{1}{4} \frac{\mu_0 M}{A} i(E_{0x} H_{0x}^* - E_{0x}^* H_{0x}) \frac{\omega_0^2 + \omega^2}{(\omega_0^2 - \omega^2)^2 + \omega^2 \Gamma^2} \qquad (4.4.23)$$

该方程等号右边第三项,包含了电子 q 沿螺旋轨迹运动的一阶比扭矩,它包含在系数 M 中。因此,该式中超材料的手性只考虑了其一阶近似,实际上也应该如此处理。式(4.4.23)的优点是,它定义了频率为 $\omega = \omega_0$ 时(即谐振频率时)体积能量密度的极限值,该频率时其吸收性能很强。此处使用了以下关系式:

$$A = m \frac{r^2 q^2 + 1}{Ne^2}$$

$$M = \frac{r^2 q \omega}{2}$$

对于同时具有相对介电常数、磁导率和手性参数的螺旋体超材料,有

$$\varepsilon_r = 1 + \frac{1}{A\varepsilon_0} \frac{\omega_0^2 - \omega^2 - i\omega\Gamma}{(\omega_0^2 - \omega^2)^2 + \omega^2 \Gamma^2}$$

$$\mu_r = 1 + \mu_0 \frac{M^2}{A} \frac{\omega_0^2 - \omega^2 - i\omega\Gamma}{(\omega_0^2 - \omega^2)^2 + \omega^2 \Gamma^2}$$

$$\kappa = \frac{M}{A} \sqrt{\frac{\mu_0}{\varepsilon_0}} \frac{\omega_0^2 - \omega^2 - i\omega\Gamma}{(\omega_0^2 - \omega^2)^2 + \omega^2 \Gamma^2}$$

对于平面波来说，$\langle w \rangle_t$ 具有以下形式：

$$\langle w \rangle_t = \frac{1}{4} \varepsilon_0 (\mid E_{0+} \mid^2 + \mid E_{0-} \mid^2) \left[1 + \frac{1}{A\varepsilon_0} \frac{\omega_0^2 + \omega^2}{(\omega_0^2 - \omega^2)^2 + \omega^2 \Gamma^2} \right] +$$

$$\frac{1}{4} \varepsilon_0 \left| \frac{\varepsilon_r}{\mu_r} \right| (\mid E_{0+} \mid^2 + \mid E_{0-} \mid^2) \left[1 + \frac{\mu_0 M^2}{A} \frac{\omega_0^2 + \omega^2}{(\omega_0^2 - \omega^2)^2 + \omega^2 \Gamma^2} \right] +$$

$$\sqrt{\varepsilon_0 \mu_0} \frac{M}{4A} \left(\sqrt{\frac{\varepsilon_r^*}{\mu_r^*}} + \sqrt{\frac{\varepsilon_r}{\mu_r}} \right) (\mid E_{0+} \mid^2 - \mid E_{0-} \mid^2) \frac{\omega_0^2 + \omega^2}{(\omega_0^2 - \omega^2)^2 + \omega^2 \Gamma^2}$$

$$(4.4.24)$$

对于谐振频率下的最佳螺旋体，有 $\dfrac{M}{c} = \pm 1$，或者有 $\dfrac{r^2 q \omega}{c} = \pm 2$，$\varepsilon_r = \mu_r$，其中 "＋"对应于右旋螺旋体，"－"对应于左旋螺旋体。

对于仅由右旋螺旋体组成的超材料，以下关系成立：

$$\langle w \rangle_t \approx \frac{1}{2} \varepsilon_0 (\mid E_{0+} \mid^2 + \mid E_{0-} \mid^2) + \frac{1}{A} \mid E_{0+} \mid^2 \frac{\omega_0^2 + \omega^2}{(\omega_0^2 - \omega^2)^2 + \omega^2 \Gamma^2}$$

$$(4.4.25)$$

式(4.4.25)约等号右侧第一项是两种圆极化模真空中电场和磁场能量的组合；由于正交模互不作用，第二项是其中一种模式与螺旋体相互作用的能量。对仅由左旋最优螺旋体组成的超材料，以下关系成立：

$$\langle w \rangle_t \approx \frac{1}{2} \varepsilon_0 (\mid E_{0+} \mid^2 + \mid E_{0-} \mid^2) + \frac{1}{A} \mid E_{0-} \mid^2 \frac{\omega_0^2 + \omega^2}{(\omega_0^2 - \omega^2)^2 + \omega^2 \Gamma^2}$$

$$(4.4.26)$$

上式表明，在这种情况下，超材料仅与圆极化的正交模相互作用。计算超材料中电磁场的能量损失后，我们发现单位体积、单位时间内吸收的能量为 $\langle Q \rangle_t = \langle \gamma (v')^2 N \rangle_t$（参见式(4.4.23)之后的相关解释内容）。

对于轴与 x 轴重合的螺旋体，吸收的能量为

$$\langle Q \rangle_t = -\frac{\omega}{2} \left[\varepsilon_0 \varepsilon_r'' \mid E_{0x} \mid^2 + \mu_0 \mu_r'' \mid H_{0x} \mid^2 + \mathrm{i} \sqrt{\varepsilon_0 \mu_0} (E_{0x} H_{0x}^* - E_{0x}^* H_{0x}) \kappa'' \right]$$

$$(4.4.27)$$

如果结构是各向同性的，即螺旋体在 x 轴和 y 轴上排列的密度相同，则必须考虑场分量 E_{0y} 和 H_{0y}。

这种情况下，式(4.4.27)很容易推广。为使计算更清晰，如前所述，我们只考虑沿 x 轴方向排列的螺旋体。如果减去真空中的场能量，则频率为 ω_0 时，存储于螺旋体中的能量为

$$\langle w \rangle_t (\omega_0) - \frac{1}{4} \varepsilon_0 \mid E_{0x} \mid^2 - \frac{1}{4} \mu_0 \mid H_{0x} \mid^2 = \langle w_{\mathrm{stor}} \rangle_t (\omega_0) \quad (4.4.28)$$

$$\langle w_{\text{stor}} \rangle(\omega_0) = \frac{1}{2} \cdot \frac{1}{\Gamma^2} \cdot \frac{1}{A} \left[\mid E_{0x} \mid^2 + \mu_0^2 M^2 \mid H_{0x} \mid^2 + \mu_0 Mi(E_{0x} H_{0x}^* - E_{0x}^* H_{0x}) \right]$$

$$(4.4.29)$$

$$\frac{\langle w_{\text{stor}} \rangle_t(\omega_0)}{\langle Q \rangle_t(\omega_0) \cdot T} = \frac{\omega_0}{2\pi\Gamma}, \quad T = \frac{2\pi}{\omega_0} \qquad (4.4.30)$$

这些关系式表明,当衰减系数 Γ 增加时,存储的能量(式(4.4.29))衰减得更快,吸收的能量在场变化期间显著减少了。对于虽小但非零的系数 Γ,在 T 时间内,存储的能量使吸收能量显著增加。对于平面波,吸收能量可以表示为

$$\langle Q \rangle_t = -\frac{\omega}{2}\varepsilon_0 \left(\left(\varepsilon_r'' + \mu_r'' \left| \frac{\varepsilon_r}{\mu_r} \right| \right) (\mid E_{0+} \mid^2 + \mid E_{0-} \mid^2) + \right.$$

$$\left. \kappa'' \left(\sqrt{\frac{\varepsilon_r^*}{\mu_r^*}} + \sqrt{\frac{\varepsilon_r}{\mu_r}} \right) (\mid E_{0+} \mid^2 - \mid E_{0-} \mid^2) \right) \qquad (4.4.31)$$

式中,$E_{0\pm}$ 为圆极化波的幅度,双撇号上标表示复数的虚部,星号上标表示复共轭。

对于螺旋体超材料,式(4.4.24)和式(4.4.31)所得到的结果与已知的直导体或环形谐振器超材料线极化波的结果一致。这是根据文献[26]~文献[28]中的方法,通过式(4.4.12)和式(4.4.21)验证证实的。然而,这种超材料不具有手性,不像基于螺旋体的超材料。对于后者,超材料表现出对右圆极化波和左圆极化波不同的选择性。因此,针对手性超材料必须对圆极化波的存储和吸收场能进行专门的计算。在其他文献给出的方法中,以前没有进行过这样的计算。

4.4.2　案例

为了对理论进行定量分析,我们构建了存储和耗散能量($\langle w \rangle_t^{\pm}$ 和 $\langle Q \rangle_t^{\pm}$)作为频率和螺旋仰角函数的典型关系式。这里的"±"分别表示右圆极化波和左圆极化波。需要注意,如果观察者沿着波的传播方向观察,若电场矢量按顺时针方向旋转,称之为"右"圆极化波。对于以下参数值的数值结果如图 4.4.2 所示,$N = 2 \times 10^{17}\,\mathrm{m}^{-3}$,$\Gamma = 0.03\omega_0$。

分析图 4.4.2 可以看出,一个特定几何形状的右旋螺旋体,其仰角约为 $13.7°$,它与左圆极化模的相互作用最小。我们称这种螺旋体为"最佳"。然而,还存在一个约 $48°$ 的极端仰角,该仰角的螺旋体与右圆极化模的相互作用具有最大值。研究两种极化模能量最大差值所对应的螺旋体仰角也非常有趣,最大能量差对应的是 $45°$ 角。请注意,图 4.4.2(c)和(d)的纵坐标是对数刻度的。在这个仰角下,左圆极化的能量明显大于最佳螺旋体的能量。图 4.4.2(d)中给出的吸收能量也具有类似趋势。有趣的是,将这些结果与文献[42]的结论进行比较,该文献中阐述了"最大手性介质"的概念。本书中"最大手性"的概念与文献[19][21][22]及[37]~

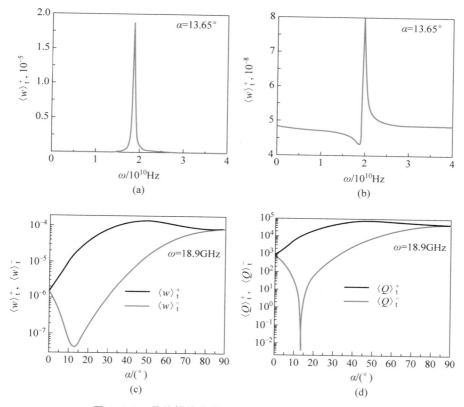

图 4.4.2　最佳螺旋体能量密度与频率和仰角的关系

（a）最佳螺旋体在右圆极化波电磁场中的能量密度随频率变化的关系；（b）最佳螺旋体在左圆极化波电磁场中的能量密度随频率变化的关系；（c）任意螺旋体（一般的、非最佳的）在右（＋）和左（－）圆极化波作用下谐振频率时能量密度随螺旋仰角变化的关系；（d）式（4.4.31）对应的螺旋体在右（＋）和左（－）圆极化波作用下谐振频率时吸收能量随螺旋仰角变化的关系

[39]所研究的最佳螺旋体对应，即只与两个正交圆极化波中的一个波相互作用的螺旋体。然而，所有研究结果表明，极端手性可以根据其他判据来确定：与左圆极化、右圆极化之一相互作用最大，或介质在右圆或左圆极化波场中反应能量的差值最大。很明显，根据手性介质拟应用领域而确定的判据是最可接受的。

　　本节研究了基于螺旋体手性离散结构在强耗散和损失情况下电磁能量的密度[43]。研究结果通过几种方法得到：一般方法、螺旋体模型和基于单一组分介质模型的方法。基于螺旋体超材料的储存能量密度和吸收能量取决于螺旋体仰角和频率。我们确定了螺旋体的几何参数，该参数可以使螺旋体在与右圆极化波和左圆极化波相互作用时具有最大选择性能，我们还讨论了确定"最大手性"介质的判据。研究结果可对手性介质组分的形状进行优化，优化的介质在从微波到光学范围具有各种特定的应用。虽然研究内容侧重于手性的效应,但所采用的方法可用于研究更一般的双各向异性组分,例如 Ω 形结构单元或假手性组分[11]。

参考文献

[1] ФЕДОРОВ Ф И. Теория гиротропии[M]. Минск：Наука и техника,1976.

[2] БОКУТЬ Б В,СЕРДЮКОВ А Н. К феноменологической теории естественной оптической активности[J]. Журнал экспериментальной и теоретической физики, 1971, 61 (5)：1808-1813.

[3] KHAKHOMOV S A, SEMCHENKO I V, SAMOFALOV A L, et al. Obtaining circularly polarized reflected electromagnetic waves by the artificial flat lattice with one-turn helies [C]. Bi-anisotropics 2006, Samarkand, Uzbekistan, 2006：24-25.

[4] НАУМОВА Е В, ПРИНЦ В Я, ГОЛОД С В, и др. Киральные метаматериалы терагерцового диапазона на основе спиралей из металл-полупроводниковых нанопленок[J]. Автометрия, 2009,45(4)：12-22.

[5] PRINZ V Y A, SELEZNEV V A, GUTAKOVSKY A K, et al. Free-standing and overgrown InGaAs//GaAs nanotubes, nanohelices and their arrays[J]. Physica E, 2000, 6 (1)：828-831.

[6] НАУМОВА Е В,ПРИНЦ В Я. Структура с киральными электромагнитными свойствами и способ ее изготовления (варианты)[P]: 2317942, РФ：МПК В82В 3/00 (2006)：27-02-2008.

[7] ТАММ И Е. Основы теории электричества[M]. Москва：Наука,1976.

[8] ЛАНДАУ Л Д, ЛИФШИЦ Е М. Электродинамика сплошных сред[M]. Москва：Наука,1982.

[9] NAUMOVA E V,PRINZ V Y,SELEZNEV V A,et al. Fabrication of metamaterials on the basis of precise micro-and nanoshells[C]. Proceedings of the First International Congress on Advanced Electromagnetic Materials in Microwaves and Optics Metamaterials,Rome,Italy, 2007：74-77.

[10] KAUZMANN W. Quantum chemistry：an introduction[M]. New York：Academic Press, 1957：744.

[11] SERDYUKOV A N, SEMCHENKO I, TERTYAKOV S, et al. Electromagnetics of bianisotropic materials：theory and applications[M]. London：Gordon and Breach Publishing Group,2001：337.

[12] LO Y T, LEE S W. Antenna handbook：theory,applications,and design[M]. New York：Van Nostrand Reinhold Company,1988.

[13] KING R W P,SMITH G S. Antennas in matter：fundamentals,theory, and applications [M]. Boston：The M. I. T. Press,1981：875.

[14] KING R W P,HARRISON C W. Antennas and waves：a modern approach[M]. Boston：The M. I. T. Press,1969：778.

[15]　BOSE J C. On the rotation of plane of polarization of electric waves by a twisted structure [C]. Royal Society of London：Proceedings,1898,63：146-152.

[16]　LAMB H. On group-velocity[C]. London：Proceedings of the London Mathematical Society,1904. s2-1(1)：473-479.

[17]　LAUE M. Die Fortpflanzung der Strahlung in dispergiernden und absorbierenden Medien [J]. Annalen Der Physik,2010,323(13)：523-566.

[18]　DOLLING G,ENKRICH C,WEGENER M,et al. Simultaneous negative phase and group velocity of light in a metamaterial[J]. Science,2006,312：892-894.

[19]　СИВУХИН Д В. Об энергии электромагнитного поля в диспергирующих средах[J]. Оптика и спектроскопия,1957,3(4)：308-312.

[20]　POCKLINGTON H C. Growth of a wave-group when the group velocity is negative[J]. Nature,1905,71(1852)：607-608.

[21]　KONG J A. Electromagnetic wave theory[M]. New York：Willey,1986：696.

[22]　LAFOSSE X. New all-organic chiral material and characterisation between 4 and 6 GHz [C]. Chiral'94：proceedings of the 3rd International Workshop on Chiral,Bi-isotropic and Bi-anisotropic Media Proceedings,Perigueux,France：1994.

[23]　SCHUSTER A. An introduction to the theory of optics[M]. London：Edward Arnold and Co,1928：397.

[24]　ШАТРОВ А Д. Искусственная двумерная изотропная среда с отрицательным преломлением[C]. Тезисы докладов и сообщений II научной-технической конференции "Физика и технические приложения волновых процессов". Самара：Самарский государственный университет, 2003：4-6.

[25]　PENDRY J B. Negative refraction makes a perfect lens[J]. Physical Review Letters,2000, 85：3966-3969.

[26]　БОКУТЬ Б В,БОНДАРЕВ С Б,СЕРДЮКОВ А Н. К определению энергии в феноменологической электродинамике поглощающих сред[J]. Доклады АН БССР,1979,23(2)：121-123.

[27]　TRETYAKOV S A. Electromagnetic field energy density in artificial microwave materials with strong dispersion and loss[J]. Physics Letters A,2005,343：231-237.

[28]　RUPPIN R. Electromagnetic energy density in a dispersive and absorptive material[J]. Physics Letters A,2002,299：309-312.

[29]　BOARDMAN A D,MARINOV K. Electromagnetic energy in a dispersive metamaterial [J]. Physical Review B,2006,73：165110.

[30]　IKONEN P M T,TRETYAKOV S A. Determination of generalized permeability function and field energy density in artificial magnetics using the equivalent-circuit method[J]. IEEE Transactions on Microwave Theory and Techniques,2007,55(1)：92-99.

[31]　LUAN P G. Power loss and electromagnetic energy density in a dispersive metamaterial medium[J]. Physical Review E,2009,80：046601.

[32]　WEBB K J. Electromagnetic field energy density in homogeneous negative index materials [J]. Opt. Express,2012,20(10)：11370-11381.

[33]　LUAN P G,WANG Y T,ZHANG S,et al. Electromagnetic energy density in a single-

resonance chiral metamaterial[J]. Opt. Lett. ,2011,36(5): 675-677.

[34] VOROBYEV O. Energy density and velocity of electromagnetic waves in lossy chiral medium[J]. J. Opt. ,2014,16(1): 100-103.

[35] LINDELL I V, SIHVOLA A H, TRETYAKOV S A, et al. Electromagnetic waves in chiral and bi-isotropic media[M]. Boston: Artech House,1994: 332.

[36] ШЕВЧЕНКО В В. Киральные электромагнитные объекты[J]. Соросовский образовательный журнал,1998,2: 109-114.

[37] BARRON L D. Fundamental symmetry aspects of chirality (Invited)[C]. the International Conference and Workshop on Electromagnetics of Complex Media,Glasgow,UK,1997: 27-30.

[38] CAI W, SHALAEV V. Optical metamaterials: fundamentals and applications[M]. New York: Springer,2010: 200.

[39] EMERSON D T. The work of Jagadis Chandra Bose: 100 years of millimeter-wave research[J]. IEEE Transactions on Microwave Theory and Techniques ,1997,45(12): 2267-2273.

[40] TRETYAKOV S. Analytical modeling in applied electromagnetics[M]. Norwood, MA: Artech House,2003: 272.

[41] TRETYAKOV S A, MARIOTTE F, SIMOVSKI C R, et al. Analytical antenna model for chiral scatterers: comparison with numerical and experimental data[J]. IEEE Transactions on Antennas and Propagation,1996,44(7): 1006-1014.

[42] FERNANDEZ-CORBATON I, FRUHNERT M, ROCKSTUHL C, et al. Objects of maximum electromagnetic chirality[J]. Phys. Rev. X,2016,6: 031013.

[43] RICHARD W. ZIOLKOWSK I. Metamaterial-inspired engineering of electrically small antennas from microwave to optical frequencies [C]. 5th International Congress on Advanced Electromagnetic Materials in Microwaves and Optics,Barcelona, Spain, 2011:1-4.

第 5 章

自然螺旋结构及其手征特征分析

5.0 引言

手性是宇宙间普遍存在的特征,体现在生命的产生和演变过程中。自然界的物质色彩斑斓,充满手性,特别是有机生物,对于光波的反射与吸收是人们在日常生活中观察物体就能体会到的。虽然人们对于自然物质分子结构与电磁波的相互作用机理的研究并不常见,但科学界对于自然材料结构与光波(电磁波)的相互作用研究已取得丰富的成果。相关研究表明,生物体内存在着手性环境,作用于生物体内的药物的药效作用多与它们和体内靶分子间的手性匹配和手性特征相关。同样,作用于尺度较大的手性超材料的电磁波极化状态也影响其与材料的相互作用和传播状态。本章将基于电动力学相似性原理,研究类 DNA 螺旋在微波频段观察到的极化选择性现象,并类推至纳米波段的 DNA 分子。随后将研究类 DNA 螺旋结构的最佳几何形状参数,以及类 DNA 分子与左、右圆极化波的相互作用,证明 DNA 分子存在的极化选择性。并在此基础上,进一步通过理论分析、建模仿真和实验研究电磁波照射 DNA 结构介质的能量吸收与传播的基本规律。通过理论研究和实验证明类 DNA 螺旋体与微波相互作用时的极化选择性,在远紫外波段具有最佳几何形状的 DNA 分子对右圆极化电磁波的影响不敏感特征,以及谐振状态下垂直于螺旋轴的右旋 DNA 分子辐射的是左圆极化波等特征。

5.1 脱氧核糖核酸的极化选择性

手性介质的研究已经进行了多年,早期的研究主要是针对天然晶体和人造三维复合材料进行的[1-14]。科学家们认为,随着时间的推移,并借助纳米结构工艺,人们将可以制造具有任何特性的三维超材料,实现宏观物体的光学隐身,应用于微波、射频和光学波段的各种设备,将来超材料会融入到人们的日常生活中。

然而,现有的局限性,主要是超材料中金属单元对电磁波吸收的相关问题,极大地限制了三维超材料的实际应用。2000 年之后,学者们逐渐认识到,超材料的实际应用研究应该另辟蹊径。其中的一个方向是有关从三维超材料到二维超材料的过渡,即过渡到超表面。正如 2.4 节提到的,制造结构化块状超材料是相当困难和昂贵的。虽然我们可以制作实验室样品,但是从实际应用的角度看,制造基于组成单元三维阵列的超材料,每个组成单元必须具有特定的形状,这是一个相当复杂的问题。

与此同时,有大量的二维加工工艺,不仅有纳米光刻,还有化学工艺方法可以获得具有某些投影特性的样品。在这方面,超材料的研究最近也已经从三维介质转换到二维介质。在科学文献中,广泛使用了"超表面"术语,即二维超材料,由于是二维结构,它具有普通自然介质无法实现的属性[15-24]。不同于超材料,超表面只包含一层金属单元,因此它对电磁波的吸收明显低于三维超材料。同时,由于采用的是超表面,而不是三维结构,在多数情况下可以实现极化、相位和波强度所需要的转换。

过去的 20 年中,学者们对生物体与电磁波相互作用的研究兴趣也日益增加。生物体组织吸收电磁波的物理特性研究尚未得到足够的重视,但毫无疑问,电磁场正好是一种有效的工具,它可以直接作用于每个细胞并影响细胞中发生的复杂过程。学者们特别关注于电磁场与染色体中 DNA 分子的相互作用。大多数研究人员认为 DNA 是探测外部电磁场的敏感器。

本节将介绍电磁场与螺旋形生物结构相互作用的研究结果,这种生物结构有DNA、蛋白质等。基于偶极子辐射的经典理论,提出描述 DNA 双螺旋任意片段电磁波辐射机理的模型,并特别研究辐射电磁波的极化选择性问题。

不同于螺旋体发射器的传统研究方法,下面的讨论不需要螺旋体中电流的显性解析表达式。螺旋体产生的电磁场被认为是螺旋体每半匝的电矩和磁矩辐射的结果。结果表明,电矩和磁矩彼此是不可分割的,并通过确定的关系联系在一起。对于 DNA 中的任意微电流,即任意的核苷酸序列(含氮碱基)都可以找到电矩和磁矩之间的关系。

特别有趣的情况发生在电矩和磁矩对辐射波贡献绝对值相等的时候。在这种情况下,DNA 辐射的是圆极化电磁波。

当电磁波波长约等于螺旋线圈的长度时,称其为周期性主共振螺旋结构,研究结果表明在这种谐振条件下,各种螺旋结构的几何尺寸可以仅用一个参数来表征。这个参数足以描述螺旋结构,即螺旋仰角——相对于垂直于螺旋轴平面的角度。

我们计算了螺旋体辐射圆极化所需的螺旋仰角。将计算的螺旋仰角与已知的 DNA 实验结果进行比较。通过这些研究,我们发现 DNA 螺旋仰角的相对误差为 2.1%～13.9%,可以认为理论分析结果与实验结果之间吻合良好。

我们对 DNA 的部分活化片段进行了研究,这些片段的长度超过了螺旋半匝的长度,确定了这些 DNA 片段在其周边产生的电磁场,该过程考虑到了螺旋中各个半匝螺旋辐射电磁波的延迟。结果表明,在主谐振条件下,总电磁波的极化非常接近圆极化。同时也表明,任意长度的活化 DNA 片段都具有该属性。此时,电磁波电场强度矢量在空间中构成左螺旋状态。由此可以假设,DNA 片段的电磁波极化选择性对于保存自然界右旋和左旋生物体间的遗传差异具有重要的意义。

在谐振条件下,DNA 不辐射右旋圆极化波。根据可逆性原理,这种波无法在 DNA 中激励产生电矩和磁矩,也就是说,它不能影响 DNA。因此,需要在无线电工程、电子、光学和纳米技术中更广泛地应用右圆极化波以保护人类健康。此外,圆极化波可用于生物学、化学和医学,以激活涉及螺旋结构的分子和分子化合物的反应过程。

5.1.1　具有周期性结构的脱氧核糖核酸分子

DNA 是一种微观周期结构,它由大量称为核苷酸的微小分子组成。我们可以用电流强度来描述在外场作用下或由于内部原因引发的 DNA 电磁激励。该电流不是导电电流,而是分子电流,即表现为电子相对于平衡位置的位移。由于 DNA 的周期性,电流也是关于坐标变量的周期函数,并可以表示为傅里叶级数的形式:

$$I(l) = \sum_{n=1}^{\infty} b_n \sin\left(n\,\frac{2\pi}{P}l\right) \tag{5.1.1}$$

式中,P 是完整一匝 DNA 的长度,n 是整数,l 是螺旋轴向坐标。

边界条件是在被激活的螺旋片段末端电流为零。需要注意,DNA 中的单个核苷酸分子具有不同的极化特性,并且可能表现出其固有的频率选择特性。同时,由于 DNA 的周期性,DNA 大分子中被激励的电流应作为整体考虑,且必须满足式(5.1.1)。

螺旋形电流在分子中同时激励出电矩 $\boldsymbol{p}$ 和磁矩 $\boldsymbol{m}$,它们相互关联。一是表征电子在分子中运动的位移,它与磁场强度变化速率以及电场强度成正比。二是由微电流的性质决定,并且与电场强度变化速率以及磁场强度成正比。

DNA 与电磁场最显著的相互作用发生在主谐振条件下。在傅里叶级数式(5.1.1)中,整数 n 表示谐波的级数或振动的模数。如果电磁波波长约等于 DNA 的螺旋长度 P,主谐振即基波,$n=1$:

$$\lambda_b = P \tag{5.1.2}$$

接下来将看到,满足主谐振条件式(5.1.2)时,DNA 分子中激励出同样重要的电矩和磁矩。此时,电矩和磁矩对分子辐射电磁场贡献的绝对值相等,产生圆极化波,这种情况导致 DNA 分子与电磁波相互作用时具有极化选择性。

实验研究[25-26]显示,DNA 分子具有如图 5.1.1 所示的双右螺旋结构,其半径和螺距分别为 $r=1.0\times10^{-9}$ m 和 $h=3.4\times10^{-9}$ m(文献[27]中分别为 $r=1.1\times10^{-9}$ m 和 $h=3.3\times10^{-9}$ m)。

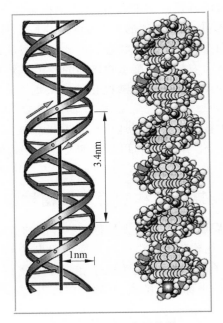

图 5.1.1　DNA 分子片段

有了这些信息,可以根据以下关系式计算完整的一匝螺旋的长度:

$$P = \sqrt{(2\pi r)^2 + h^2} \tag{5.1.3}$$

计算结果显示,P 在 $7.14\sim8.17$ nm,因此,λ_b 对应于伦琴射线的波长。如果知道螺旋的螺距和半径,基于几何关系可以计算出螺旋仰角:

$$\alpha_{exp} = \arctan(qr) \tag{5.1.4}$$

式中,$|q|=2\pi/h$,为螺旋的比扭矩;$q>0$ 表示右旋螺旋;$q<0$ 表示左旋螺旋。对于 DNA,实验结果表明螺旋仰角在 $24.00°\sim28.43°$ 变化。

在主谐振条件下,电磁波波长约等于 DNA 螺旋的长度,这意味着 DNA 的任何半匝螺旋中的电流与相邻半匝螺旋中的电流方向相反。相应地,电矩和磁矩移动到相邻的半匝螺旋时方向反向。因此,半匝螺旋中的电矩和磁矩是其主值。

电矩和磁矩投影在螺旋轴上的分量对于垂直于螺旋轴方向上的电磁场起主要作用。之前已经知道,电矩和磁矩在螺旋任意轴上的分量根据普遍关系式由螺旋中的电流确定(式(3.1.7))。这一普遍关系式对 DNA 中含氮碱基的任何序列仍然有效。

在前面的章节中,我们研究了具有任意电流分布的螺旋振荡器,得到了在垂直于螺旋轴方向上辐射圆极化波需要满足的条件(式(3.1.15))。

在这种情况下,辐射场矢量在空间中的旋转方向与螺旋体旋转方向相反。任何入射极化波不会激励螺旋产生符号不同的圆极化波。

研究结果表明,只有在某个严格限定的螺旋仰角才会发生这种极化选择性效应。螺旋的最佳仰角主要取决于螺旋中的谐振类型。对于匝数较少的螺旋发射器,在谐振条件下可以确定出最佳仰角。

$$\frac{\lambda}{2} = L \tag{5.1.5}$$

式中,L 是螺旋线的总长度,根据表达式定义

$$L = N_B P \tag{5.1.6}$$

式中,N_B 为螺旋匝数,P 为单匝螺旋的长度。然而,对于匝数非常大的 DNA 结构,其主谐振条件具有式(5.1.2)的形式。因此,要确定螺旋的最佳仰角,需要通过三角函数方程:

$$\sin^2\alpha + 2\sin\alpha - 1 = 0 \tag{5.1.7}$$

取二次方程(5.1.7)的正根,有

$$\alpha_{el} = 24.5° \tag{5.1.8}$$

所得的螺旋仰角 α_{el} 同时满足条件式(5.1.2)和式(3.1.15)。同时,作为通用关系式(3.1.7)适用于任意仰角的螺旋。

我们将理论计算的最佳螺旋仰角与已知 DNA 双螺旋仰角的实验数据[25,27]进行对比。理论计算的仰角与实验结果的相对偏差为 $2.1\%\sim13.9\%$。

在偶极子近似中,辐射波的电场强度具有以下形式[28]:

$$\boldsymbol{E}(\boldsymbol{R}, t) = \frac{\mu_0}{4\pi R}\left\{\left[\ddot{\boldsymbol{p}}\left(t - \frac{R}{c}\right)\boldsymbol{n}\right]\boldsymbol{n} + \frac{1}{c}\left[\boldsymbol{n}\ddot{\boldsymbol{m}}\left(t - \frac{R}{c}\right)\right]\right\} \tag{5.1.9}$$

式中,$\boldsymbol{R}$ 为从螺旋半匝到观测点的半径矢量,$\boldsymbol{n}$ 为方向与 $\boldsymbol{R}$ 重合的单位矢量,μ_0 为磁导率常数,矢量符号上的两点代表两次微分运算。在式(5.1.9)中,考虑到波从源点到观测点的延迟,需在前一时刻计算电矩和磁矩的导数。

我们假设矢量 $\boldsymbol{n}$ 沿着轴线 Oy(垂直于螺旋的轴线 Ox),由式(5.1.9),可以

得到

$$E(\mathbf{R},t)=\frac{\mu_0\omega^2}{4\pi R}\left(p_x\mathbf{x}_0+\frac{1}{c}m_x\mathbf{z}_0\right) \tag{5.1.10}$$

式中，$\mathbf{x}_0$ 和 $\mathbf{z}_0$ 分别是 Ox 轴和 Oz 轴的单位矢量。

电矩和磁矩的 Ox 分量以及电流强度随时间以频率 ω 谐振。谐振时，电矩和磁矩满足关系：

$$\ddot{m}_x=-\omega^2 m_x \tag{5.1.11}$$

$$\ddot{p}_x=-\omega^2 p_x \tag{5.1.12}$$

因为 $|p_z|\ll|p_x|$、$|m_z|\ll|m_x|$，这些分量的主值平行于 DNA 螺旋体的轴线，这些不等式是因为 DNA 分子是双螺旋结构，并且绕螺旋轴旋转 180°是对称的。结合式(3.1.7)和式(3.1.15)，对于 $q>0$ 有

$$p_x=\mathrm{i}\frac{m_x}{c} \tag{5.1.13}$$

由式(5.1.10)可得到如下关系：

$$E_x=\mathrm{i}E_z \tag{5.1.14}$$

因此，我们可以得出结论，在谐振条件下，DNA 分子在垂直于螺旋轴的方向上辐射左圆极化波。对于电流在 DNA 中的任意分布，也就是说，DNA 中任何的含氮碱基序列，辐射波的这种极化都保持不变。

5.1.2　脱氧核糖核酸分子的活性区域

式(5.1.14)表明，单独的半匝 DNA 螺旋辐射了圆极化波。现在我们研究 DNA 的某些激活片段，其长度超过半匝螺旋的长度。由这些 DNA 片段辐射的电磁波，再考虑到 DNA 不同的半匝螺旋引起波的延迟，可以确定最终的极化波。

在谐振条件下，半匝螺旋中电流的方向相对于相邻半匝螺旋在变化。因此，x 轴上的矩分量满足以下关系：

$$p_{xk}=(-1)^k p_{x0}, \quad m_{xk}=(-1)^k m_{x0} \tag{5.1.15}$$

式中，上标 k 是某个半匝螺旋的序数(图 5.1.2)。$k=0$ 对应于 DNA 激活片段的中心半匝螺旋。

由任意半匝螺旋的交变电矩产生的电场强度矢量位于 xOz 平面上(图 5.1.2)。

所有半匝螺旋的交变磁矩产生了电场，电场强度矢量只有 y 分量。考虑到各个半匝螺旋电磁波的延迟，基于式(5.1.9)得到场分量为

$$E_x=\frac{\mu_0}{4\pi}R_0^2\omega^2 p_{x0}^a\exp(-\mathrm{i}\omega t)\sum_{k=-N}^{N}(-1)^k\frac{\exp\left(\mathrm{i}\omega\dfrac{R_k}{c}\right)}{\left[R_0^2+\left(k\dfrac{h}{2}\right)^2\right]^{\frac{3}{2}}} \tag{5.1.16}$$

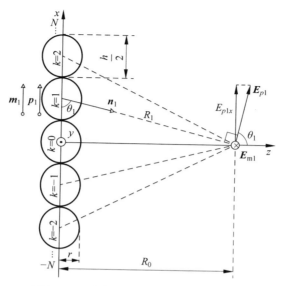

图 5.1.2　空间任意点的辐射波电场强度

$$E_y = \frac{\mu_0}{4\pi c} R_0 \omega^2 m_{x0}^a \exp(-\mathrm{i}\omega t) \sum_{k=-N}^{N} (-1)^{k+1} \frac{\exp\left(\mathrm{i}\omega \dfrac{R_k}{c}\right)}{R_0^2 + \left(k\dfrac{h}{2}\right)^2} \qquad (5.1.17)$$

式中,p_{x0}^a 和 m_{x0}^a 是中心半匝螺旋 Ox 轴上矩分量的幅度值,R_0 为螺旋轴到空间中任意点的距离,R_k 为从第 k 个半匝螺旋到同一观察点的距离。上标 k 的取值范围为 $-N \sim N$,因此,所研究的 DNA 片段由 $2N+1$ 个半匝螺旋组成。由 DNA 活性片段辐射的电磁波垂直于螺旋轴的方向(沿 Oz 轴的方向),该波的椭圆率为

$$\gamma = -\mathrm{i}\frac{E_y}{E_x} \qquad (5.1.18)$$

式(5.1.13)和式(5.1.16)~式(5.1.18)联立求解,可得到辐射波的椭圆率为

$$\gamma = \frac{1}{R_0} \sum_{k=-N}^{N} (-1)^k \frac{\exp\left(\mathrm{i}\omega \dfrac{R_k}{c}\right)}{R_0^2 + \left(k\dfrac{h}{2}\right)^2} \left\{ \sum_{k=-N}^{N} (-1)^k \frac{\exp\left(\mathrm{i}\omega \dfrac{R_k}{c}\right)}{\left[R_0^2 + \left(k\dfrac{h}{2}\right)^2\right]^{\frac{3}{2}}} \right\}^{-1} \qquad (5.1.19)$$

图 5.1.3 为辐射波的(式(5.1.19))椭圆率随观察点到螺旋轴距离的变化关系,其中,整个螺旋匝数为 10。图 5.1.4 给出了椭圆率随 DNA 活性片段螺旋数量的变化关系,图中,$R_0 = 100\lambda$,数值计算结果验证了式(5.1.14),椭圆率非常接近 $+1$,即辐射波具有圆极化,并且电场强度矢量在空间中呈左螺旋形状。

我们以 DNA 为例,对电磁场与生物螺旋结构相互作用进行了理论研究。基

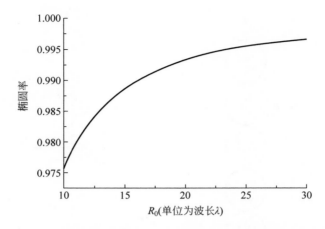

图 5.1.3　辐射波的椭圆率随观察点到螺旋轴距离的变化关系

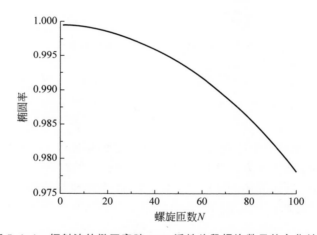

图 5.1.4　辐射波的椭圆率随 DNA 活性片段螺旋数量的变化关系

于偶极子辐射经典理论，提出了 DNA 双螺旋任意片段辐射电磁波的理论模型。当电磁波波长接近 DNA 螺旋结构周期，即 7～8nm 时，将发生主谐振。根据研究结果，可以得出结论，在谐振条件下，DNA 在垂直于螺旋轴方向上辐射左圆极化波。辐射波的这种极化对于 DNA 中任意的电流分布都保持不变，即对于 DNA 中任意含氮碱基的序列都一样。

　　基于电动力学相似性原理，类 DNA 螺旋在微波波段观察到的极化选择性现象对于 DNA 分子则可以发生在纳米波段。这种效应是 DNA（可能也是其他螺旋体）的决定因素之一，并且与非镜像对称的自然结构和现象直接相关。这种极化选择性对于保护野生动物右旋和左旋的遗传差异可能非常重要[29-32]。

5.2　脱氧核糖核酸分子的最佳结构参数分析

除了辐射理论的偶极子近似,还有一种方法可以确定 DNA 分子的最佳形状,即基于辐射能量分析的方法。考虑沿 Oz 轴传播的圆极化波,其在 xOy 平面中旋转的电场强度矢量和波矢量分别为 $\boldsymbol{E}$ 和 $\boldsymbol{k}$。螺旋轴沿 Ox 轴方向,如图 5.2.1 所示。

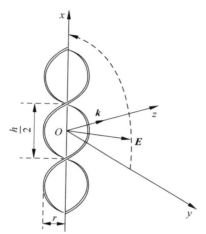

图 5.2.1　圆极化波电磁场中的 DNA 分子

现在计算在每半匝 DNA 螺旋中由圆极化波激励的电矩和磁矩。电磁波的电场强度和磁场强度分量可以表示为

$$E_x = E_0 \cos\omega t, \quad H_x = H_0 \sin\omega t$$

$$(5.2.1)$$

式中,

$$H_0 = \frac{E_0}{c\mu_0}$$

$$(5.2.2)$$

式中,μ_0 为磁导率常数,c 为真空中的光速。

这是右圆极化波,其矢量 $\boldsymbol{E}$ 在空间中成右螺旋形状。每个半匝螺旋电矩和磁矩在螺旋轴上的投影(分量)由以下关系式确定:

$$\begin{cases} p_x = \dfrac{e^2}{m_e(\omega_0^2 - \omega^2)(r^2 q^2 + 1)}(2E_0 \cos\omega t - \mu_0 r^2 q\omega H_0 \cos\omega t) \\[3mm] m_x = \dfrac{e^2 r^2 q}{m_e(\omega_0^2 - \omega^2)(r^2 q^2 + 1)}\left(\dfrac{\mu_0 r^2 q\omega^2}{2} H_0 \sin\omega t - \omega E_0 \sin\omega t\right) \end{cases}$$

$$(5.2.3)$$

式中,ω_0 是谐振频率,可以从式(5.1.2)得到

$$\omega_0 = \frac{2\pi c}{L}$$

$$(5.2.4)$$

我们根据电子沿螺旋轨迹运动推导得到式(5.2.3)，这与文献[33]中的处理方法是一样的。电磁场中螺旋的能量具有以下形式：

$$W = -p\boldsymbol{E} - m\boldsymbol{B} \tag{5.2.5}$$

式中，

$$\boldsymbol{B} = \mu_0 \boldsymbol{H} \tag{5.2.6}$$

考虑矢量在坐标系的几何关系，得到

$$W = -p_x E_x - m_x B_x \tag{5.2.7}$$

每个半匝螺旋中电流相对半匝的中心是对称分布的，因此，矩分量 p_y 和 m_y 等于零。对时间取平均后，得到

$$\langle W \rangle_t^R = -\frac{e^2}{m_e(\omega_0^2-\omega^2)} E_0^2 \frac{4\pi^2}{L^2} \left[\frac{1}{q} - \left(\frac{L^2}{4\pi^2} - \frac{1}{q^2} \right) \frac{\pi}{2L} \right]^2 \tag{5.2.8}$$

式中，$L = \sqrt{(2\pi r)^2 + \left(\frac{2\pi}{q}\right)^2} = \lambda$，为像 DNA 这样长螺旋体的主谐振条件。上标 R 表示螺旋的能量是针对右圆极化波计算的。令 $\dfrac{\partial \langle W \rangle_t^R}{\partial q} = 0$ 取极值，同样能够得到螺旋仰角 α 的三角函数方程(5.1.7)。

因此，利用辐射理论的偶极子近似和能量方法我们得到了相同的结果。求解方程(5.1.7)，得到 DNA 螺旋的最佳仰角为 $\alpha_{opt} = 24.5°$。计算结果表明，在最佳螺旋仰角时，右旋螺旋体在右圆极化波电磁场中的能量取极值，同时等于零。

为了验证螺旋体对入射电磁波的极化选择性，我们计算在右圆和左圆极化波电磁场中右螺旋体的能量取极值时的螺旋角。图 5.2.2 给出了长螺旋体在右圆 $\langle W \rangle_t^R$ 和左圆极化波 $\langle W \rangle_t^L$ 电磁场中的能量比 $\langle W \rangle = \dfrac{\langle W \rangle_t^R}{\langle W \rangle_t^L}$ 与螺旋仰角的函数关系。函数的极值点对应于最佳螺旋仰角 $\alpha_{opt} = 24.5°$。

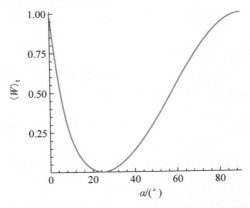

图 5.2.2　右圆螺旋体在右圆和左圆极化波电磁场中的能量比与螺旋仰角的函数关系

表 5.2.1 显示了不同匝数 N_B 的 DNA 螺旋体对应的最佳螺旋仰角。在这种情况下,可以由螺旋体辐射圆极化波。

表 5.2.1　不同匝数的螺旋体对应的最佳螺旋仰角

N_B	1/2	1	2	3
$\alpha_{opt}/(°)$	24.5	13.65	7.1	4.75

从应用能量方法的研究结果中,可以得出以下结论:

(1) 在谐振条件下,右圆极化波电磁场中最佳右旋 DNA 双螺旋的能量取极值且等于零。因而,此时的螺旋体和电磁波不存在相互作用;

(2) 在谐振条件下,具有最佳螺旋仰角 $\alpha_{opt}=24.5°$ 的 DNA 双螺旋对左圆和右圆极化波表现出最大程度的极化选择特性。

由此可见,因为具有最佳的几何形状,DNA 分子不受纳米波段右旋圆极化波的影响。这样的波,对于右旋 DNA 分子是"透明的",应在垂直于螺旋轴的方向上传播,并在空间中形成右螺旋。因此,在谐振条件下右旋 DNA 分子在垂直于螺旋轴方向上辐射的是左圆极化波。这些特征可用于构建具有极化选择性特性的类DNA 螺旋超材料[34-36]。另外,当电磁波垂直于螺旋轴传播时,类 DNA 双螺旋介质可作为最佳圆偏振器。当波沿螺旋轴方向传播时,情况也是类似的。它已被全面研究并应用于天线技术中。对于在垂直于螺旋轴方向辐射的波,螺旋取某类几何形状时具有最大的极化选择性,对于类 DNA 双螺旋体,其几何形状取决于其仰角[37]。

5.3　脱氧核糖核酸手性物质的分子螺旋模型

本节研究求解 DNA 螺旋最佳仰角问题的第三种方法。为此,先要研究在外部的右圆(+)和左圆(-)极化波作用下,DNA 每个半匝螺旋中激励的电矩比 p_+/p_- 和磁矩比 m_+/m_-。

入射电磁波在每半匝螺旋中感应的电矩和磁矩由以下关系确定:

$$p = \frac{e^2}{m_e(\omega_0^2 - \omega^2)(r^2 q^2 + 1)} \left(2\cos^2 \phi \cdot E - \mu_0 r^2 q \cos^2 \theta \cdot \frac{\partial H}{\partial t} \right) \tag{5.3.1}$$

$$m = \frac{e^2 r^2 q}{m_e(\omega_0^2 - \omega^2)(r^2 q^2 + 1)} \left(\frac{1}{2} \mu_0 r^2 q \omega^2 \cos^2 \theta \cdot H + \cos^2 \phi \cdot \frac{\partial E}{\partial t} \right) \tag{5.3.2}$$

式中,ϕ 和 θ 分别是螺旋轴与矢量 E 和 H 之间的夹角。

右圆(+)和左圆(-)极化波的电场强度为

$$E_\pm = E_0 \frac{x_0 \mp i y_0}{\sqrt{2}} \exp[i(kz - \omega t)] \tag{5.3.3}$$

式中，$\boldsymbol{x}_0$ 和 $\boldsymbol{y}_0$ 分别为 Ox 和 Oy 轴的单位矢量，$k = \omega/c$，为真空中的波数。

根据规定的符号规则，对于右圆和左圆极化波，矢量 $\boldsymbol{E}$ 与 $\boldsymbol{H}$ 之间的关系为

$$\boldsymbol{H}_\pm = \pm \frac{\mathrm{i}}{c\mu_0} \boldsymbol{E}_\pm \tag{5.3.4}$$

在螺旋轴 Ox 上的矩分量（在双螺旋中只存在这个轴向上的矩分量）由以下关系式确定：

$$p_{\pm x} = \frac{e^2}{m_e (\omega_0^2 - \omega^2)(r^2 q^2 + 1)} \left(2 \mp \frac{r^2 q \omega}{c}\right) \tag{5.3.5}$$

$$m_{\pm x} = \frac{e^2 r^2 q}{m_e (\omega_0^2 - \omega^2)(r^2 q^2 + 1)} \frac{\mathrm{i}\omega}{2} \left(\frac{r^2 q \omega}{c} \mp 2\right) \tag{5.3.6}$$

因此，矩的比率为

$$\frac{p_{+x}}{p_{-x}} = \frac{m_{+x}}{m_{-x}} = \frac{2c - r^2 q \omega}{2c + r^2 q \omega} \tag{5.3.7}$$

在波长为 $\lambda = 7.14\mathrm{nm}$ 时，该比率为零。这意味着 DNA 双螺旋在主谐振条件下（式(5.1.2)），只对某种符号的圆极化波易感而对极化符号相反的圆极化波不易感。然而，当频率（或波长）偏离谐振点时，这个比率很快趋向于 1。所以，对应于通用 GSM 移动电话标准的 1800MHz 频率，式(5.2.7)的矩比等于 0.999。这意味着左圆和右圆极化无线电波对 DNA 的影响没有区别，但对于软 X 射线设备的频率以及远紫外线波段，不同圆极化波对 DNA 分子影响的差异将非常显著。如果考虑圆极化波对 DNA 分子产生的热效应，这种差异将变得更加显著。在这种情况下，有必要考虑式(5.2.7)比率的平方，当电磁波的波长在 $1 \sim 35\mathrm{nm}$ 的范围内时，$\left(\frac{p_{+x}}{p_{-x}}\right)^2$ 小于 0.5。我们还不清楚地球上在这个范围内的天然辐射源，然而，辐射谱接近这个范围的设备在科学技术中却有相当广泛的应用，例如 X 射线扫描仪及相关的医疗设备，激光 X 射线显微镜、紫外线照射灯等。

因此，为了避免紫外线和软 X 射线设备对 DNA 分子的影响，有必要在这些技术设备中使用右圆极化波。

对辐射电磁波的极化选择性是螺旋体特性的决定因素之一，它直接关系到违反镜像对称的自然结构和现象。在自然界野生动物中，这种特性对保护其右旋和左旋形式间的遗传差异可能是非常重要的。

对 DNA 螺旋仰角的理论计算与已知的实验数据大致相同。这一事实以及 DNA 的双螺旋结构表明 DNA 分子在与电磁波相互作用及辐射时的极化选择性上具有一定的排他性。显然，DNA 的双螺旋结构是必要的，也是活体生物组织对高频电磁波高度灵敏的原因。同时要注意，右螺旋的 DNA 分子不受波长为 $7 \sim 8\mathrm{nm}$ 的右圆极化波的影响。

5.4　理论研究结果的实验验证

5.4.1　类单 DNA 和双 DNA 螺旋结构的微波实验研究

本节进行了类 DNA 的双螺旋体和单螺旋体对微波反射的实验研究。根据理论计算确定了螺旋体的参数,以获得高椭圆率的反射波。根据前述的理论分析,必须满足通用关系式(3.1.7)和式(3.1.15),无论 DNA 中的电流如何分布,这些关系都是有效的。满足这些条件,螺旋体将反射接近圆极化的、频率为谐振频率的电磁波。

在实验中,入射波为平面波,也就是说,螺旋体处于均匀的电磁场中。因此,在每个螺旋的中心,受其边缘的影响最弱,为电流驻波的波腹。在螺旋的边缘,电流变为零。因此,螺旋的总长度必须是电磁波半波长的倍数,即 $L = k \dfrac{\lambda}{2}$。此外,应满足主谐振条件: $P = \lambda$。

螺旋中心的最大电流(波腹)只能发生在螺旋的半匝数为奇数的情况下。这意味着 $k = 2m + 1$,其中 m 是整数。如果螺旋的匝数为整数,则入射平面波的均匀场不能在螺旋中产生电流。因此,实验使用螺旋的半匝数是 3 个和 5 个。

为了增强信号,在透波材料上排列了铜质螺旋阵列(图 5.4.1),图中半匝数 $k = 3$,螺旋体密度低。

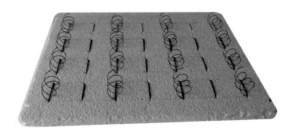

图 5.4.1　右旋双螺旋体辐射转换器的原型照片

实验采用了两种类型的螺旋体: 1.5 匝(3 个半匝)和 2.5 匝(5 个半匝)。每个实验样品由同类型的螺旋体组成。对双螺旋体和单螺旋体的样品进行了实验研究。

线极化波以 $45°$ 入射角入射到样品上并激励螺旋体阵列,仪器记录了来自单个双螺旋体相干信号形成的反射波。考虑到入射波激发螺旋体的两种情况,其一是电场强度矢量 E 沿着螺旋轴波动,另一种情况是沿轴的正交方向波动。

实验样品在暗室中的位置如图 5.4.2 所示。样品的法线与入射方向间的夹角为 45°。螺旋体在样品上的排列情况如图 5.4.1 所示。这意味着螺旋体末端（双螺旋的所有 4 个末端）平面垂直于泡沫底板。事实证明，泡沫板和电介质圆柱体不会扭曲入射波，也不会以任何显著的方式反射电磁波。

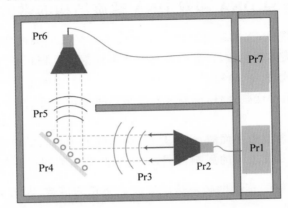

Pr1：微波信号发射器；Pr2、Pr6：用于发射线极化宽带信号和接收反射信号的喇叭天线；Pr3、Pr5：入射波和反射波；Pr4：实验样品；Pr7：微波接收器。

图 5.4.2　微波暗室实验布置图

在入射波矢量 E 的方向与双螺旋轴向相同的情况下，1.5 匝（双螺旋体中的半匝数为 3）双螺旋阵列反射波的椭圆率研究结果如图 5.4.3(a)所示，反射波的椭圆率随频率变化曲线的峰值对应于 0.81，其相应的频率为 3.15GHz。如果入射波矢量 B 的方向与双螺旋轴向相同（图 5.4.3(b)），则椭圆率最大值对应于较低的频率，如图 5.4.3(a)和(b)所示。

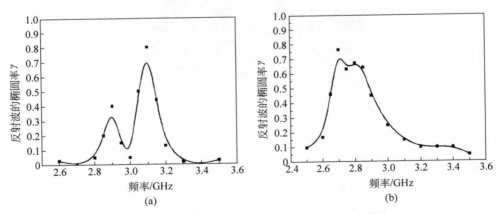

(a)　　　　　　　　　　　　　　　(b)

图 5.4.3　反射波的椭圆率随入射波频率的变化曲线

入射波矢量 E 相对于双螺旋体轴向的关系：(a) 平行；(b) 垂直

对于 2.5 匝双螺旋体(半匝数为 5)的情况,其螺旋仰角和螺距与 1.5 匝双螺旋体的一样,而其反射波椭圆率随入射波频率变化曲线的特性却几乎不依赖于入射波矢量 **E** 的方向。但是,该情况下,当入射波矢量 **B** 的方向与双螺旋轴向相同时,椭圆率最大值对应的频移小于较短螺旋体的情况(图 5.4.4)。

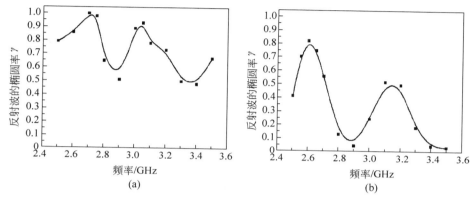

图 5.4.4 反射波的椭圆率随入射波频率的变化曲线

入射波矢量 **E** 相对于双螺旋体轴向的关系:(a) 平行;(b) 垂直

我们对含有单个螺旋体的样品(匝数为 2.5)进行了实验研究,如图 5.4.5 所示,发现它们的反射波不会将线极化入射波转换为椭圆极化波。在实验的所有数据中,反射波椭圆率最大值没有超过 0.2 的(图 5.4.6)。

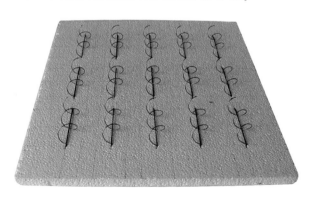

图 5.4.5 右旋单螺旋体辐射转换器的原型照片

因此,能有效地转换电磁波极化的必要条件是存在双螺旋结构,类似 DNA 分子的双螺旋结构。

此外我们还研究了反射波椭圆率与样品中螺旋体排列密度的关系。通过每两行移除其中一行来减少样品中的螺旋体数量(图 5.4.1 对应的样品)。结果证明,

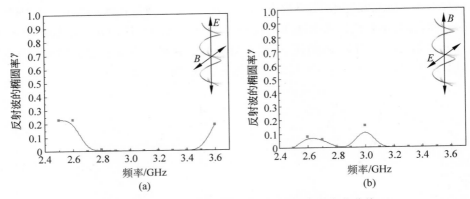

图 5.4.6　反射波的椭圆率随入射波频率的变化曲线

入射波矢量 E 相对于双螺旋体轴向的关系：（a）平行；（b）垂直

作为入射波频率函数的反射波椭圆率曲线形状没有改变,但信号强度下降了。因此,通过研究整个螺旋阵列反射波的椭圆率,可以得到单个双螺旋体反射波的椭圆率。这个结论是基于这样的事实,在实验中,由单个螺旋体发出的波是同相的。

我们通过另一个实验实现了以下想法:使用第一个样品反射的圆极化波作为第二个样品的入射波。因此,从第一个样品(图 5.4.7)反射的波非常适合激励第二个样品的螺旋体。然而,第二个样本也可能包含相反手性的螺旋体。螺旋参数为:半径 14.5mm、螺距 41.5mm、导线直径 1mm。阵列参数:尺寸 30cm×43cm、水平方向周期 80mm、垂直平面中相邻螺旋端面间的距离 80mm。

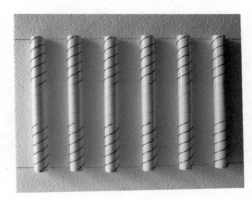

图 5.4.7　类 DNA 的右旋双螺旋的样品原型照片

已有研究表明,螺旋强烈地与这个螺旋发出的同向旋转的极化波相互作用。这种现象在光学中称为圆二色性,并广泛用于研究手性分子。该项实验研究是基于反射信号的特性分析,如图 5.4.8 所示。线极化入射波与样品平面成 45°入射至第一个样品并激励螺旋阵列。

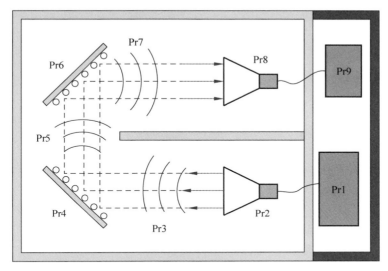

Pr1：微波信号发射器；Pr2,Pr8：用于发射信号和接收信号的喇叭天线；Pr3,Pr5,Pr7：分
别为入射波、第一样品的反射波、接收记录的波；Pr4,Pr6：类 DNA 的双螺旋实验样品；
Pr9：微波接收器。

图 5.4.8　微波暗室实验布置图

　　第一个样品的反射波在特定波长范围内接近圆极化,它入射到第二个样品的
螺旋阵列上(图 5.4.9)。如果两个样品的螺旋体是右旋的,则第二个样品反射的
波是左圆极化的(场强矢量在空间成左螺旋形状)；如果第一个样品的螺旋体是右
旋的,第二个样品的螺旋体是左旋的,则第二个样品反射的波是线极化的。在后者
情况下,经历了两次反射,波的强度显著降低。

　　在线极化入射波的电场矢量垂直于螺旋轴的条件下,我们得到了如图 5.4.10
所示的曲线。该图反映了反射波椭圆率与频率的关系。当两个样品均使用右旋螺
旋体时,在入射波频率为 2.8GHz 时表现出极化选择性,如图 5.4.10(a)所示。如
果第一个样品由右旋螺旋体组成,第二个样品由左旋螺旋体组成,则不会出现极化
选择性现象,如图 5.4.10(b)所示。在实验中,当矢量 E 沿着螺旋轴方向时,同样
得到了类似的椭圆率随频率变化的曲线。

　　此外,还研究了第二个样品的反射波强度随频率的变化关系。图 5.4.11(a)为
两个样品都是右螺旋的结果,图 5.4.11(b)为第一个样品是右螺旋体而第二个样
品是左螺旋体的结果。

　　相比于电磁波极化选择性,反射波强度的变化更加明显,最大椭圆率对应于
2.8GHz 的频率,在该频率下,符号相反的两个螺旋样品反射波强度约为两个同为

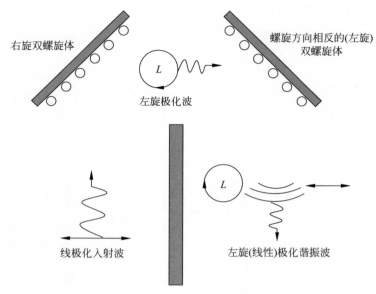

图 5.4.9　电磁波从类 DNA 的右旋和左旋螺旋体反射时的极化转换

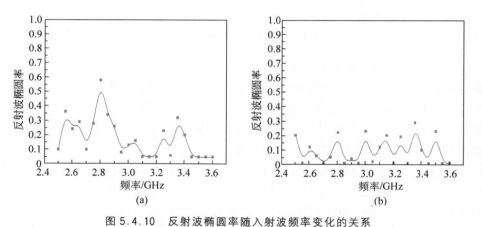

图 5.4.10　反射波椭圆率随入射波频率变化的关系

（a）两个样品都由右旋螺旋体组成；（b）第一个和第二个样品分别由右旋和左旋螺旋体组成

右旋螺旋样品反射波强度的一半。因此,极化选择性不仅意味着与波长和极化类型相关的选择性,还意味着与其强度相关的选择性。

　　因此,初始线极化波在相同样品上的两次反射后将得到高椭圆率和高强度的波。如果两个样品螺旋体的旋转方向相反,则两次反射后将返回到几乎是线极化的初始状态,但其强度减半。当入射波的矢量 **E** 沿螺旋轴振动时,也可以观察到类似的趋势。

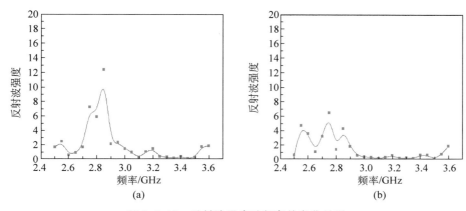

图 5.4.11 反射波强度随频率的变化关系

（a）两个样品都由右旋螺旋体组成；（b）第一个和第二个样品分别由右旋和左旋螺旋体组成

实验数据与理论结果吻合良好。结果表明,优化的双螺旋体可以通过非轴向反射将入射波从线极化转换为圆极化,这是使用优化的单螺旋体无法实现的。这也是对理论结果的实验验证。

在具有相同和相反手性的双螺旋体二维阵列样品的两次反射实验中,对圆极化波的高选择性是基于过滤原理(只反射两个圆极化模中的一个)。当电磁波沿螺旋体阵列的轴向传播时,也会发生这种效应。

从上述理论模型可以得出,谐振的波长取决于螺旋体的大小,因此,基于麦克斯韦电动力学的可扩展性,类似的结果也可以外推到其他波段。然而,由于低导电性和非常小的尺寸,目前很难肯定在 DNA 分子中是否存在极化效应。这个问题只有通过实验研究来回答。而这样的实验需要非常昂贵和复杂的设备以产生圆偏振紫外辐射。近年来,一些世界领先水平的研究中心正在构建这样的实验系统。

5.4.2 脱氧核糖核酸的光学实验研究

我们对光学偏振选择性进行了以下实验研究:采用氦氖激光器发出的波长为 633nm 的可见光对桦树(纬桦)DNA 的实验;采用 AIG-Nd^{3+} 四次谐波激光器发出的紫外激光($\lambda=266$nm)对蒸馏水溶液中 DNA 样品的实验。

在可见光范围内进行的实验结果表明,DNA 样品对激光束的吸收实际上不会根据辐射的圆偏振类型而变化。在这种情况下,线偏振辐射比圆偏振的吸收程度更大,这可以通过样品中 DNA 螺旋的部分线性排序来解释,因为植物 DNA 是通过沿电场作用方向在凝胶中移动而获得的,这导致它们"分选"为大致相等长度的片段,如图 5.4.12 所示。图中暗区是凝胶中的 DNA,按分子的长度排序,选择分子浓度最高的区域进行研究。

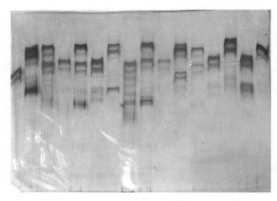

图 5.4.12　聚合物外壳上的桦树 DNA 样本

图 5.4.13～图 5.4.15 分别对应于线偏振、左圆偏振和右圆偏振紫外线辐射照射在 DNA 溶液上的情况。

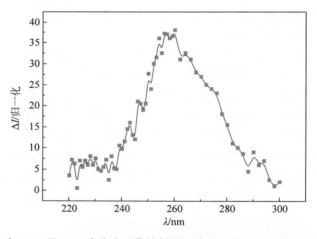

图 5.4.13　在 1mm 厚 DNA 溶液中吸收的辐射强度随入射波长的变化关系(线偏振)

将 DNA 溶液倒入石英比色皿中,图 5.4.16 为其照片。在这种情况下溶液的厚度为 1mm。从这个实验结果中可以发现,DNA 样品对波长为 266nm 的辐射吸收非常弱,根据圆偏振类型不同仅有 5％的变化。在这种情况下,线偏振辐射的吸收比圆偏振的吸收多了约 20％,这是二向色性效应(偏振选择性效应)的指标。

这个结果与早期类似研究的结果是一致的,但应该注意的是,根据理论计算,偏振选择性的最大值应该出现在 DNA 螺旋的主谐振条件下,也就是当辐射波长接近 7～8nm 时,氦氖激光波长大约是这些值的 80～90 倍,因此 DNA 螺旋对可见光范围内线偏振和圆偏振光的吸收是基本相同的。

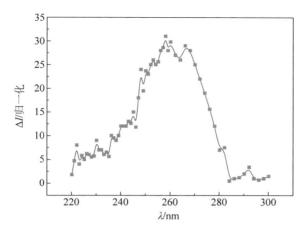

图 5.4.14　在 1mm 厚 DNA 溶液中吸收的辐射强度随入射波长的变化关系（左圆偏振）

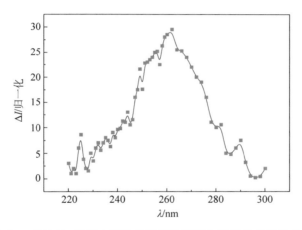

图 5.4.15　在 1mm 厚 DNA 溶液中吸收的辐射强度随入射波长的变化关系（右圆偏振）

图 5.4.16　石英比色皿中的植物 DNA 溶液

AIG-Nd^{3+} 激光的波长约为 DNA 螺旋谐振波长的 30 倍,我们在紫外波段观察到的偏振选择性影响已经更加明显,线偏振和圆偏振辐射的吸收差异已经达到 20%。

参考文献

[1] MAKSIMENKO S A,SLEPYAN G Y,LAKHTAKIA A. Gaussian pulse propagation in a linear,lossy chiral medium[J]. Journal of the Optical Society of America A,1997,14(4):894-900.

[2] БЕЛЫЙ В Н. Метаматериалы в оптической области спектра: технологии,свойства и перспективы применения. IV Международная конференция "Наноструктурные метаматериалы-2014"[C]. Минск,Беларусь,7-10 октября,2014: 41-42.

[3] РОПОТ П И,КАЗАК Н С,РОПОТ А П,и др. Способ определения оптического метаматериала и устройство для его реализации[P]. пат. 2551265 Рос. Федерация: МПК7 G 01 N 21/41; заявитель и патентообладатель ГНУ "Институт физики им. Б. И. Степанова Национальной академии наук Беларуси" № 2013155329/28; заявл. 12. 12. 2013; опубл. 20. 05. 2015.

[4] МОХАММЕД Д Б,БЕЛЫЙ В Н,МАРЗУК С А,и др. Конструкция гиперболического метаматериала для оптического спектрального диапазона[P]; пат. на пол. мод. 10687 U Респ. Беларусь: МПК (2006. 01) H01L 29/06/; заявители и патентообладатели ГНУ «Институт физики им. Б. И. Степанова Национальной академии наук Беларуси», научно-технический центр им. Короля Абдулазаиза. -№ u 20140450; заявл. 12. 12. 2014; опубл. 30. 06. 2015.

[5] HARDY W N,WHITEHEAD L A. Split-ring resonator for use in magnetic resonance from 200-2000 MHz[J]. Review of Scientific Instruments,1981,52: 213-216.

[6] ВОЛОБУЕВ А Н,ОСИПОВ О В,ПАНФЁРОВА Т А. Способ определения параметра киральности искусственных киральных сред[P]: пат. 2 418 292 Рос. Федерация: МПК G01N 23/02 (2006. 01) № 2010110767/07: заявл. 22. 03. 2010; опубл. 10. 05. 2011.

[7] ШЕПЕЛЕВИЧ В В. Запись и считывание голограмм в кубических гиротропных фоторефрактивных пьезокристаллах[J]. Журнал прикладной спектроскопии,2011,78(11): 493-515.

[8] ВИНОГРАДОВ А П. Электродинамика композитных материалов[M]. Москва: Эдиториал УРСС,2001.

[9] РЫЖЕНКО Д С. Применение метаматериалов при разработке волноводных СВЧ устройств [D]. дисс. канд. техн. наук: 05. 12. 07. Москва: МГТУ им. Н. Э. Баумана,2011: 141.

[10] КИСЕЛЬ В Н. Электродинамические модели сложных электрофизических объектов и эффективные методы расчета их полей рассеяния[D]. дисс. докт. физ. -мат. наук: 01. 04. 13,05. 12. 07. Москва: ОИВТ,ИТПЭ РАН,2004: 339.

[11] ОДИТ М А. Моделирование электродинамических параметров изотропного метаматериала на основе диэлектрических резонаторов[D]. дисс. канд. физ. -мат. наук: 01. 04. 03. Санкт-Петербург: ЛЭТИ,2010: 127.

[12] САМОФАЛОВ А Л. Преобразование электромагнитных волн СВЧ диапазона в искусственных киральных средах［D］. дисс. канд. физ. -мат. наук：01. 04. 03. Гомель：ГГУ им. Ф. Скорины,2012：122.

[13] БАЛМАКОВ А П. Структурная оптимизация спирального электромагнитного элемента и его применение в метаматериалах в качестве составляющего компонента массива［D］. дисс. канд. физ. -мат. наук：01. 04. 05. Гомель：ГГУ им. Ф. Скорины-Сидзуока университет,2013- 2014：151.

[14] ЗЕНЬКЕВИЧ Э И. Нанокомпозиты на основе полупроводниковых нанокристаллов и органических молекул：принципы формирования,свойства и применения［С］. Инженерия поверхностного слоя деталей машин：сборник материалов II Международной научно- практической конференции,2010：67-69.

[15] ASADCHY V. Spatially dispersive metasurfaces：thesis for the degree of doctor of philosophy ［D］. Finland：Aalto University,2017.

[16] FANIAYEV I. Design and fabrication of functional helix-based metasurfaces：thesis for the degree of doctor of philosophy［D］. Japan：Shizuoka University,2017.

[17] CUESTA F S, FANIAYEU I A, ASADCHY V S, et al. Planar broadband Huygens' metasurfaces for wave manipulations［J］. IEEE Transactions on Antennas and Propagation, 2018,99：1-1.

[18] LONDONO M, SAYANSKIY A, ARAQUE-QUIJANO J L, et al. Broadband Huygens' metasurface based on hybrid resonances［J］. Phys. Rev. Applied, 2018, 10：034026-1- 034026-13.

[19] MUSORIN A I,BARSUKOVA M G,SEIGIREV V S,et al. Enhancement of the intensity magneto-optical effect in magnetophotonic metasurfaces［J］. Journal of Physics：Conf. Series,2018,1092：012094.

[20] AFINOGENOV B I,KOPYLOVA D S,ABRASHITOVA K A,et al. Midinfrared surface plasmons in carbon nanotube plasmonic metasurface［J］. Phys. Rev. Applied, 2018, 9： 024027-1-024027-9.

[21] MUSORIN A I,BARSUKOVA M G,SHOROKHOV A S,et al. Manipulating the light intensity by magnetophotonic metasurfaces［J］. Journal of Magnetism and Magnetic Materials,2017,409：165-170.

[22] WONG J P S,EPSTEIN A,ELEFTHERIADES G V. Reflectionless wideangle refracting metasurfaces［J］. IEEE Antennas and Wireless Propagation Letters,2016,15：1293-1296.

[23] CHEN M, ABDO-SANCHEZ E, EPSTEIN A, et al. Theory, design, and experimental verification of a reflectionless bianisotropic huygens' metasurface for wide-angle refraction ［J］. Phys. Rev. B,2018,97：125433.

[24] LAVIGNE G,ACHOURI K,ASADCHY V S,et al. Susceptibility derivation and experimental demonstration of refracting metasurfaces without spurious diffraction［J］. IEEE Transactions on Antennas and Propagation,2018,66：1321-1330.

[25] WATSON J D,CRICK F H C. A Structure for deoxyribose nucleic acid［J］. Nature,1953, 171(4356)：737-738.

[26] TAYLOR D J,STOUT G W,SOPER R,et al. Biological science 1 and 2[M]. Cambridge：Cambridge University Press,1997：928.

[27] Wikipedia. DNA[OL].[2016-02-23]. http：//en. wikipedia. org/wiki/DNA.

[28] ЛАНДАУ Л Д, ЛИФШИЦ Е М. Теория поля[M]. Москва：Наука,1973.

[29] PENDRY J B, HOLDEN A J, ROBBINS D J, et al. Magnetism from conductors and enhanced nonlinear phenomena［J］. IEEE Transactions on Microwave Theory and Techniques,1999,47(11)：2075-2084.

[30] SHELBY R A,SMITH D R,SCHULTZ S. Experimental verification of a negative index of refraction[J]. Science,2001,292：77-79.

[31] DOLLING G, WEGENER M, SOUKOULIS C M, et al. Negative-index metamaterial at 780 nm wavelength[J]. Optics Letters,2007,32：53-55.

[32] ПАФОМОВ В Е. Излучение от электрона, пересекающего пластину［J］. Журнал экспериментальной и теоретической физики. 1957,33(4)：1074-1075.

[33] СЕМЧЕНКО И В,СЕРДЮКОВ А Н. Влияние молекулярной гиротропии на распространение света в холестерических жидких кристаллах[J]. Докл. АН БССР,1982,26 (3)：235-237.

[34] МАНДЕЛЬШТАМ Л И. Групповая скорость в кристаллической решетке[J]. Журнал экспериментальной и теоретической физики,1945,15：475-478.

[35] МАНДЕЛЬШТАМ Л И. Полное собрание трудов. Т. 5[M]. Моска：Издательство АН СССР,1950.

[36] МАНДЕЛЬШТАМ Л И. Лекции по оптике, теории относительности и квантовой механике[M]. Москва：Наука,1972.

[37] ВЕСЕЛАГО В Г. Волны в метаматериалах：их роль в современной физике[J]. Успехи физических наук,2011,181(11)：1201-1205.

第 ❻ 章

平面手性超材料的结构设计与制备

6.0 引言

    2004 年,潘德利在 *Science* 发表了题为《一条通向负折射的手性途径》的文章,指出可以通过手性单谐振实现极化波的负折射,借此改进和简化负折射率超材料的设计[1]。自此以后,手性材料的设计与制备技术备受人们关注,从自然界的手性分子结构到各种非对称人工结构不断出现,随着人们对光-物质相互作用的了解更加深入,控制超材料的手性光学性质的能力得到加强,应用领域也得以拓展[2-6]。从这一领域相关研究团体的持续努力和进展可以看出,螺旋结构作为一种具有明显手征特性的超材料单元结构,可望在先进光学和微波器件研制方面取得颠覆性突破[7]。前几章较详细地介绍了基于自然 DNA 双螺旋结构和人工金属螺旋结构在微波和太赫兹波段手征材料的相关研究、设计与制备技术。从本章开始,我们将重点介绍微波频段基于平面结构的手性超材料的设计与制备方法。由于平面结构手征材料相对而言设计简单,且易于制备,成本较低,因此在电磁波极化转换、电磁吸波和天线设计等领域有着广泛的应用前景。本章将从对简单的非对称开口环结构的分析开始,介绍几种典型的平面手性结构超材料的设计机理与手性特征,并通过从单层平面手性结构材料的设计、手征特性分析和实验制备方法,逐步拓展到双层乃至多层结构手性材料的设计、手性特征分析与制备技术,并在此基础上介绍平面手征材料在电磁波极化转换、吸波和天线优化设计几个方面的典型应用。

6.1　单层平面手性超材料结构设计及其特征分析

6.1.1　非对称 SRR 手性结构设计与特征分析

在单层的平面手性超材料中,开口谐振环(split ring resonator,SRR)也简称开口环,是一种相对简单且便于分析的结构,早在超材料研究初期,潘德利就已构造了由金属谐振环阵列组成的具有等效负磁导率的人造媒质[8]。随后,人们在研究手性材料时,又将 SRR 和非对称 SRR 作为超材料设计的基本单元[9-11]。近年来,SRR 结构及其多种变体在基于二维平面手性结构实现极化调控和吸波等特殊电磁特性中被广泛应用。本节首先以单层非对称 SRR 结构为例,阐述其设计过程与手征特性,并对其相关电磁传输特性及等效参数进行电磁仿真和特征分析。

正如绪论中对手性的定义,手性结构的镜像不能与自身通过旋转、平移等操作重合,因此一般的平面手性结构都是通过打破对称性来满足这一要求。英国南开普敦大学的普拉姆(E. Plum)等 2009 年发表的论文[12]在常用 SRR 设计的基础上,提出了通过两个不对称 SRR 进行手性 SRR 结构的设计思想,这是一种典型的二维平面内的非对称手性结构。本节首先介绍基于这种结构进行手性超材料的设计,研究如何通过设计金属圆环中的两个不同开口尺寸及两端圆弧长,利用其结构上的对称性缺失,实现具有不同手性特征,从而电磁波传输的正向与反向观察呈现出不同的特性。该非对称 SRR 手性结构如图 6.1.1 所示,其中图(a)是非对称 SRR 的单元结构,由多个非对称 SRR 单元排列组合而成的超材料周期结构如图(b)所示。

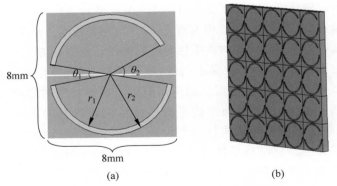

（a）　　　　　　　　（b）

图 6.1.1　非对称 SRR 手性结构示意图

（a）非对称 SRR 单元结构；（b）周期结构超材料

我们知道,当超材料周期单元的尺寸以及不同单元之间的间隔远小于电磁波的工作波长时,电磁波在整个结构中的空间变化将远大于因其周期单元不连续而引起的局部空间变化,因此从宏观角度来看,超材料对电磁波的响应可以等效为均质媒介。正如参考文献[8]所指出的,采用 SRR 可以使单元结构的谐振频率大大降低。因此,在实际设计过程中超材料单元尺寸一般可取为工作波长的四分之一或五分之一。这里首先研究基于非对称 SRR 的单层手性结构在 X 波段的设计与应用,因此综合考虑工作波长与制作工艺难度,该非对称 SRR 结构详细参数设计如下:单元结构尺寸为 8mm,金属圆环层采用厚度为 0.035mm 的铜质结构,其电导率为 $5.8 \times 10^7 \text{S/m}$,且圆环的内、外半径分别为 $r_1 = 3.5\text{mm}$、$r_2 = 3.8\text{mm}$,相应的两个非对称 SRR 开口夹角分别设为 θ_1 和 θ_2,并设介质板由介电常数为 4.5、损耗正切为 0.025 的有损 FR-4 材料构成,其厚度为 2mm。首先根据相关资料将 θ_1 和 θ_2 取值为 20° 和 40° 进行材料手征特性分析,在此基础上,再通过改变它们的取值,寻求手征特性优化的材料参数。

在给出手性超材料物理结构设计的基础上,可以对非对称 SRR 进行建模与仿真分析。这里的建模具有两层含义:一是建立等效电路模型来近似原有实际结构,从理论上定性地分析电磁波入射到结构内产生电磁耦合的机理并研究其谐振特性;二是利用电磁仿真软件对所设计的结构进行电磁建模,通过数值模拟电磁波与结构之间的相互作用并得到所需的电磁波传输参数数据,进而分析结构的传输特性及手性特征。

下面对上述单层非对称 SRR 的等效电路进行简单分析。由法拉第电磁感应定律可知,外界变化的电磁场在 SRR 的金属环内会激发出感应电流,产生感应电场,从而引起 SRR 的电磁谐振。由于电流经过 SRR 金属环线部分具有电感,而开口部分由于电荷的积聚相当于电容,因此单层非对称 SRR 结构可以等效为两个电感和两个电容组成的 LC 串联回路,其等效电路模型如图 6.1.2 所示。

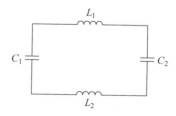

图 6.1.2　单层非对称 SRR 等效电路

我们知道,基本的单 SRR 可以等效为单个电容和电感组成的串联回路,且其固有谐振频率为 $\omega_0 = 1/\sqrt{LC}$。那么,对于图中的串联电路可以求解其等效总电感为 $L = L_1 + L_2$,等效总电容为 $C = C_1 C_2 /(C_1 + C_2)$,则可得到其谐振频率为 $\omega_0 = \sqrt{(C_1 + C_2)/[(L_1 + L_2)C_1 C_2]}$。由文献[13]可知,每个开口电容可用修正后的平行板电容公式来近似,根据 SRR 的线宽(圆环内外半径之差)、厚度以及开口宽度来计算;电感可用修正后的双线平行传输线电感来近似,根据金属圆环的弧长、线宽以及厚度来计算。

由此可以看出，该手性结构的谐振频率与金属等效电感及开口等效电容均有关，当其结构参数确定后，谐振频率便成为一个固定值。如果对 SRR 的尺寸、厚度、弧度或开口角度等参数进行调整，其谐振特性也会随之改变，这一点将在后面结合仿真结果进行定性分析。

接下来，利用电磁仿真软件 CST Microwave Studio 对该不对称 SRR 手性结构进行建模与仿真，并重点研究其针对圆极化入射波的透射特性，在此基础上分别观察对比不同圆极化波作用下直接透过与极化转换分量对应的电磁传输系数，从而了解所设计平面结构非对称 SRR 阵列具体的手征性能。在仿真中，将 SRR 两个开口夹角设定为 $\theta_1 = 20°$、$\theta_2 = 40°$，在 x 方向和 y 方向上设置周期性边界条件，在 z 方向上设置开放边界条件，并使用频域求解器仿真获取 S 参数，以完成后续的参数计算和处理。如图 6.1.3 所示为仿真示意图，将 SRR 周期结构与 xy 平面平行放置，令电磁波沿 $-z$ 方向（正向）垂直入射至结构中，并分别采用左旋圆极化波和右旋圆极化波作为电磁激励进行仿真分析。

值得说明的是，本章如无特殊注明，均默认超材料结构按上述方式进行放置，并且统一定义 $-z$ 方向为电磁波正向入射方向，后文将不再赘述。

如图 6.1.4 所示为对应仿真得到的左旋圆极化波（left-handed circularly polarization，LCP）和右旋圆极化波（right-handed circularly polarization，RCP）各自的总透射率。从图中曲线可以看出，在 X 波段（8～12GHz），该 SRR 手性结构对两种不同圆极化波的透射情况既存在差异也具有相似之处。具体来说：LCP 的总透射率高于 RCP 的总透射率，同时它们的透射率随频率的变化趋势是一致的，并且在约 9.3GHz 达到一个谐振透射峰。这表明，该结构在 X 波段对正向入射的 LCP 而言更易透过。

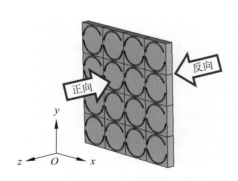

图 6.1.3　电磁波入射非对称 SRR
周期结构示意图

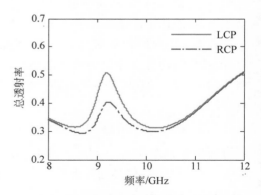

图 6.1.4　非对称 SRR 左旋及右旋
圆极化波总透射率

根据第 2 章的理论分析可知,手性超材料可以使入射电磁波的电场与磁场产生交叉耦合,从而令其初始极化状态发生转变。因此,一般来说透射波中将同时包含与入射波具有同极化与交叉极化关系的极化分量。为了进一步研究该手性结构的电磁传输特性,判断其具备何种手性特征,我们根据同极化 S 参数与交叉极化 S 参数分别计算得到了针对特定圆极化波的透过率与转换率,结果如图 6.1.5 所示。

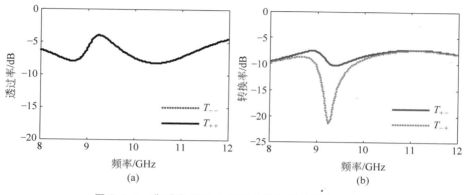

图 6.1.5　非对称 SRR 左旋及右旋圆极化波传输参数

（a）透过率；（b）转换率

图中,T_{--} 和 T_{++} 分别表示 LCP 和 RCP 的直接透过率,而 T_{+-} 和 T_{-+} 分别表示 LCP 和 RCP 相互转换的转换率,同时为了使对比更加清晰,图 6.1.5 中透射率结果以分贝(dB)表示。从图中可以发现,在所考察的频率范围内,两种圆极化波的直接透过率几乎一致,并且随频率的变化特性与总透射率十分相似。另外,两种圆极化波的转换率具有明显的差异,其中 T_{+-} 变化较为平缓,围绕在 -10dB 上下波动,而 T_{-+} 的值始终小于前者,并在约 9.3GHz 处形成凹陷,最小值约为 -22dB。

由此可知,该单层不对称 SRR 结构不具有圆二色性,但是具有圆转换二向色性。在圆转换二向色性中,通常需要关注电磁波从正、反两个方向入射手性结构所表现出的传输差异,也就是非对称传输特性。

下面,令电磁波激励从 $+z$ 方向(反向)垂直入射至该结构中,仿真得到了两种圆极化波的传输特性曲线。图 6.1.6 显示了 LCP 和 RCP 各自的总透射率,可以观察到其透射谱曲线与图 6.1.4 正向入射下的情况几乎一致,但是两种圆极化波对应的曲线出现了反转,即 RCP 的总透射率高于 LCP 的总透射率,此时该结构在 X 波段对 RCP 来说更易透过。

为了进一步观察总透射波中包含的直接透过部分以及极化转换部分,图 6.1.7 给出了针对特定圆极化波的透过率与转换率曲线。从图中可以看出,当电磁波反向入射该 SRR 结构时,LCP 和 RCP 的直接透过率曲线同样是重合的,并且其特性

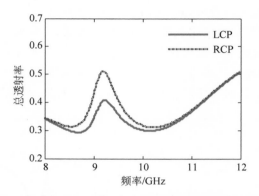

图 6.1.6　非对称 SRR 左旋、右旋圆极化波总透射率（反向入射）

与之前正向入射时几乎完全一致。另外,它们的转换率同样存在明显的差异,但与正向入射情况不同的是,T_{-+} 的变化较为平缓,围绕 $-10\mathrm{dB}$ 上下波动,而 T_{+-} 始终小于前者,并在约 $9.3\mathrm{GHz}$ 处形成凹陷,最小值约为 $-22\mathrm{dB}$。也就是说,反向入射情况下两种圆极化波的转换率相较于正向入射发生了反转。

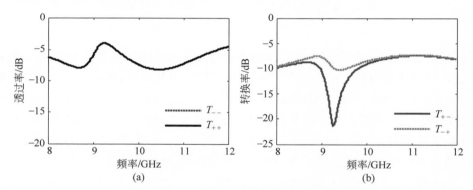

图 6.1.7　非对称 SRR 左旋及右旋圆极化波传输参数（反向入射）

(a) 透过率；(b) 转换率

综合以上的仿真结果可知,电磁波通过该 SRR 结构的直接透过率并不受入射方向与极化形式的影响,而极化转换率同时依赖于入射方向与极化形式。沿着同一方向入射的不同圆极化波的转换率不同,且沿着不同方向入射的同一圆极化波的转换率也不同。由于总透射率在不同极化形式入射波以及不同入射方向之间的差异均来源于极化转换分量,因此某种特定圆极化波的总透射率在不同传输方向上也是不对称的。值得一提的是,这种不对称性不仅体现在透射率上,还体现在反射率与吸收率上[12]。

另外还可以看到,当入射方向改变时,两种圆极化波的转换率产生了互换,即

$T^{(-)}_{+-}=T^{(+)}_{-+}$、$T^{(-)}_{-+}=T^{(+)}_{+-}$，这是由反向入射下的传输矩阵中反对角线上的两个元素值与正向入射下的传输矩阵发生互换所导致的。为了更加直观地显示不同传输方向上的转换率之间的关系，图 6.1.8 给出了电磁波分别由正向和反向入射时得到的圆转换率之差，也即非对称传输参数圆转换二向色性（circular conversion dichroism，CCD），用公式表示为

$$\Delta_{\mathrm{CCD}}=T_{-+}-T_{+-} \tag{6.1.1}$$

从仿真结果可以看出二者曲线幅值是相反的，与理论分析一致。

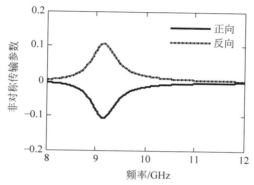

图 6.1.8　非对称 SRR 在不同传输方向上的非对称传输参数

如图 6.1.9 与图 6.1.10 所示，为 CST 仿真得到的 LCP 和 RCP 分别从正向和反向入射到非对称 SRR 中产生的表面电流分布图，其中观测频点为 9.27GHz。当电磁波正向入射时，可以看到 LCP 在两段金属圆弧上产生的电流方向是相同的，因而对应了电偶极子谐振；RCP 产生的电流方向是相反的，对应了磁偶极子谐振，该磁偶极子是由两段圆弧上流动的反对称电流引起的，且指向垂直于 SRR 所在的平面。

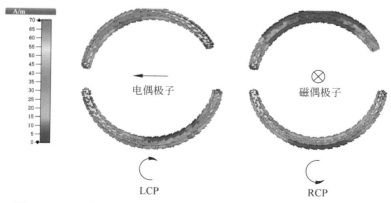

图 6.1.9　两种圆极化波从正向入射到 SRR 中产生的表面电流分布图

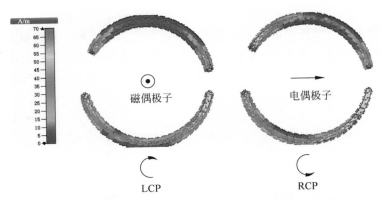

图 6.1.10　两种圆极化波从反向入射到 SRR 中产生的表面电流分布图

对上述结果分析可知：一方面，由入射 LCP 所激发的线性电偶极子可以看作是左旋和右旋圆极化分量的叠加，其中右旋散射分量会引起强烈的谐振从而使入射波的极化状态发生转换；另一方面，由入射 RCP 所激发的磁偶极子耦合的能量经介质损耗被吸收、耗散，使得透射率较低，所以对入射波的极化转换效果更加微弱[12]。

当电磁波反向入射时，从入射波角度看到的 SRR 结构相当于与正向入射时关于 xy 平面的镜像，此时该结构作用于 LCP 和 RCP 所产生的效果发生了互换，即 RCP 激发出电偶极子并使其极化状态发生转换，而 LCP 激发出磁偶极子使得转换效果微弱。

由此可见，对于单层非对称双 SRR 手性结构，不论电磁波从哪个方向垂直入射，其圆转换二向色性的表达均是电偶极子作用的结果。

下面，我们讨论改变该 SRR 的尺寸、厚度、弧度或开口角度等参数对手征材料谐振频率及其手征性的影响情况。以开口角度参数为例，假设 $\theta_1 = 20°$ 固定，通过调整上端圆弧使 θ_2 作为一个变量，研究其取不同值时会对 SRR 的非对称传输性能产生何种影响。

仿真结果如图 6.1.11 所示，我们得到了在 θ_2 分别取 10°、30°、50°时该 SRR 结构的转换率之差（反向入射），同时将原 40°时的结果加入对比。从图中可以看出，在 θ_2 不同取值条件下，转换率之差峰值出现的频点具有明显差异，随着角度增大该频率也逐渐向高频方向推移。另外，当 θ_2 在 10°～40°之间增大时，曲线的峰值略微有所提升但相差不大，而当 $\theta_2 = 50°$时其峰值出现了明显的下降，对应谐振电路 Q 明显下降，说明在 SRR 的 θ_2 开口角取较大值的情况下，将严重影响其非对称传输特性。结合前面的等效电路模型可以做如下分析，当改变 θ_2 时，其中一个开口宽度和圆弧长度均会发生改变，因此在结构的线宽、厚度不变的情况下，其等效

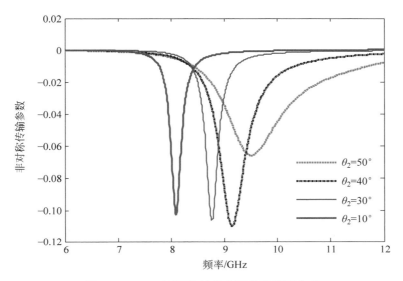

图 6.1.11　θ_2 不同取值条件下的转换率之差

电容与等效电感的数值将同时产生变化,从而使谐振频率发生移动。

最后,超材料的等效电磁参数反演是指通过仿真或实验测量得到的 S 参数,反推求出其等效阻抗和折射率,进而计算等效介电常数和等效磁导率[14-17]。手性超材料等效电磁参数反演可以帮助研究人员分析其物理本质与电磁作用机理,是对手性结构研究的一种重要理论方法。关于手性结构电磁参数反演的理论分析和推导在式(2.1.34)和式(2.1.35)已给出,下面重点研究结构谐振频率附近的等效介电常数 ε 和等效磁导率 μ。基于上述设计非对称 SRR 结构的电磁仿真结果,其等效电磁参数反演结果如图 6.1.12 所示。

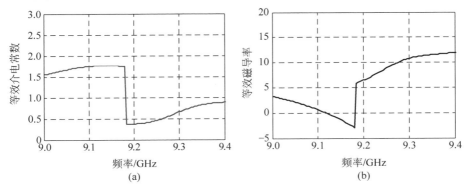

图 6.1.12　非对称 SRR 手性结构等效电磁参数

(a)等效介电常数;(b)等效磁导率

从图 6.1.12 可以看出,该非对称 SRR 手性结构在谐振频率 9.2GHz 附近产生了等效介电常数及等效磁导率的极小值。其中,等效磁导率达到负值,说明该结构在此频率附近出现负折射,具有明显圆转换二向色性,这与前面图示的非对称 SRR 非对称传输特性是一致的。

6.1.2 嵌套 SRR 手性结构设计与特征分析

在 6.1.1 节中提到,不对称双 SRR 通过设置不同的开口及圆弧参数使其打破结构对称性,从而具备普通单 SRR 不具有的手征性。实际上,基于单层多 SRR 也能构造出非对称手性结构,下面我们就以嵌套型双 SRR 为例,阐述其设计方法与电磁特性分析过程。

如图 6.1.13 所示为该嵌套 SRR 结构示意图,它由两个尺寸不同的 SRR 内外嵌套而成,其中外环开口朝向 $+y$ 方向,而内环开口方向沿顺时针旋转了 θ_0 角度。可以看出,当 θ_0 不等于 $0°$ 与 $180°$ 时,该结构的镜像无法与自身通过几何变换重合,可以构成非对称手性超材料。下面,仍然以微波频段平面手征材料的设计为例。结构的详细参数设计如下:单元结构尺寸为 8mm,金属圆环层采用厚度为 0.015mm 的铜质结构,其电导率为 $5.8×10^7$ S/m;嵌套环的外环外半径和内半径分别为 3.7mm 和 3.2mm,内环外半径和内半径分别为 2.7mm 和 2.2mm,内外环开口宽度均为 0.5mm;介质基底采用介电常数为 3.5、损耗正切为 0.025 的 FR-4 有损材料,厚度为 2mm。

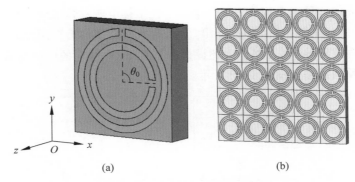

(a)   (b)

图 6.1.13 嵌套 SRR 结构示意图

(a) 单元结构;(b) 周期结构

接下来,对上述单层嵌套 SRR 结构在 CST 中进行建模与仿真,并分析其电磁传输特性和手征特性。仿真中设定 $\theta_0=90°$,即内、外环开口方向相互正交,采用 LCP 和 RCP 作为激励,并观察电磁波正向垂直入射情况下的透射系数仿真结果,如图 6.1.14 所示。

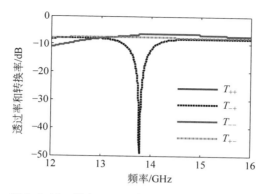

图 6.1.14　嵌套 SRR 圆极化波透过率和转换率

从图 6.1.14 可以看出，LCP 和 RCP 在该嵌套 SRR 结构中的直接透过率（T_{--} 和 T_{++}）几乎完全重合，并且在 12～16GHz 内变化较平缓，其幅值波动范围不超过 5dB，这说明该结构同样不具备圆二色性。另外，可以发现 LCP 的极化转换率 T_{+-} 变化非常平缓，始终维持在 −7dB 左右，而 RCP 的极化转换率 T_{-+} 始终低于前者，同时具有较大的波动范围，并在约 13.8GHz 处达到了 −49dB。由此说明，该结构具有较为显著的圆转换二向色性。此外，通过分析还可以得出：在 12～16GHz 内 LCP 的总透射率 T_{-}（包括 T_{--} 和 T_{+-}）的波动范围始终保持在很小的范围内，说明该结构对于正向入射的左旋圆极化波不敏感。

根据文献[13]的分析，对于上述嵌套型 SRR 结构，每个金属环开口电容大小依赖于其线宽、厚度与开口宽度，电感则依赖于其弧长、线宽与厚度。与此同时，内环和外环之间还存在着电容与互感，它们不仅受每个 SRR 自身参数的影响，也依赖于两个 SRR 之间的间距与旋转角度。也就是说，内外环之间的几何关系会影响该结构内部的电磁耦合程度，进而影响其谐振特性与手征性能。

既然之前的仿真表明该结构具有较明显的圆转换二向色性，下面就以内环旋转角度为例，研究当其他参数固定时，该角度取不同值会对该结构的非对称传输性能产生何种影响。我们通过电磁仿真计算得到了当 θ_0 分别取 0°、30°、60°、90°时该嵌套 SRR 结构的转换率之差（反向入射），如图 6.1.15 所示。

从图 6.1.15 可以看出，当 $\theta_0 = 0°$ 时内外环开口方向平行，此时结构具有完美的对称性，因而不具备手性特征，所以其非对称传输参数为零。在 θ_0 取其他不同值的条件下，转换率之差峰值出现的频点具有明显差异，随着旋转角度增大该频率也逐渐向低频方向推移。另外，当 θ_0 逐渐增大时曲线谷值也出现了较明显的下降，并在 $\theta_0 = 90°$ 时达到 −0.18。同时，通过仿真发现，在 90°～180°之间继续增大旋转角 θ_0，非对称传输参数的谷值又开始逐渐上升，说明在内外环开口方向相互垂直时入射波在结构内发生的电磁耦合强度最大，此时具有显著的圆转换二

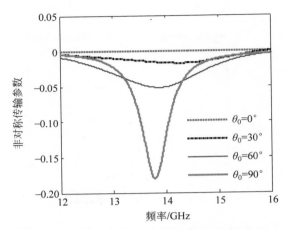

图 6.1.15 θ_0 不同取值条件下的转换率之差

向色性。

另外,图 6.1.16 给出了基于电磁仿真数据对上述手性结构进行电磁参数反演得到等效介电常数和等效磁导率的计算结果。由图中可以看出,该嵌套 SRR 手性结构在频率为 13.9GHz 附近产生谐振,其等效介电常数及等效磁导率取极小值,并且等效介电常数和等效磁导率均达到了负值,此频率附近所设计的嵌套 SRR 结构具有负折射率,同时具有明显的圆转换二向色性。

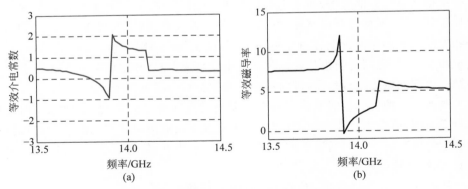

图 6.1.16 嵌套 SRR 手性结构等效电磁参数
(a) 等效介电常数;(b) 等效磁导率

最后,值得一提的是,文献[18]通过实验测量了微米量级单元尺寸的方形嵌套 SRR 在太赫兹波段的传输系数,验证了不同极化方向垂直入射的电磁波可产生单独的电谐振或同时产生磁谐振、电谐振。通过对等效磁导率和等效介电常数进行反演发现,在其磁谐振与电谐振引起的传输禁带内分别可以得到负磁导率和负介电常数,这对设计无金属棒结构的负折射率 SRR 材料具有一定的指导意义。不过,该结构中内、外环开口方向相差 $180°$,并不属于本书重点讨论的手性结构,因此不再详细介绍。

6.1.3　阿基米德螺旋手性结构及特征分析

螺旋是生物学中最常见的手性结构之一,被广泛地用于天线设计与超材料研究中,而阿基米德螺旋就是一种典型的平面化螺旋结构。同样以基于微波波段手性材料的设计为例,其螺旋单元结构如图 6.1.17(a)所示,由多个单元阵列组合而成的超材料周期结构如图 6.1.17(b)所示。

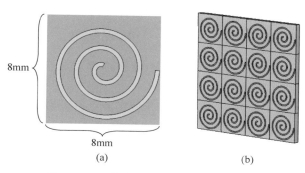

图 6.1.17　单臂阿基米德螺旋结构示意图

(a) 单元结构;(b) 周期结构

类似于不对称双 SRR,综合考虑工作波长与制作工艺难度,适合微波频段工作的阿基米德螺旋结构的详细参数设计如下:单元结构尺寸为 8mm,金属螺旋线采用厚度为 0.015mm 的铜质结构,其电导率为 $5.8 \times 10^7 \mathrm{S/m}$,线宽为 0.3mm;介质板由介电常数为 4.3、损耗正切为 0.025 的有损 FR-4 材料构成,其厚度为 1.4mm。另外不同于 SRR 结构的是,阿基米德螺旋结构轨迹的设计遵循如下极坐标方程:

$$\begin{cases} x = (r + st)\cos(t) \\ y = (r + st)\sin(t) \end{cases} \tag{6.1.2}$$

式中:r 为螺旋起始点与坐标系原点之间的距离,设为 0.3mm;s 为螺旋半径的变化率,设为 0.2;t 为螺旋线的旋转角,可以表示为 $t = n\pi$,这里 n 为角度周期数,设为 5。

由阿基米德螺旋几何构造的特殊性,在上述单臂螺旋的基础上还可以得到多臂螺旋结构。这里以双臂为例,为实现结构上的非对称,不妨将单臂螺旋线绕中心旋转 $180°$,并将角度周期数变为 5.5,则可以得到一种非对称双臂阿基米德螺旋,结构如图 6.1.18 所示。

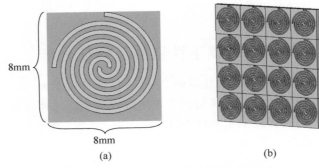

(a)   (b)

图 6.1.18　双臂阿基米德螺旋结构示意图
(a) 单元结构；(b) 周期结构

　　可以看出,不论是单臂还是双臂结构,其镜像都无法与自身通过几何变换重合,因此满足手性结构的设计要求。

　　根据文献[19]给出的分析,单臂阿基米德螺旋可以采用如图 6.1.19 所示的等效电路模型来近似。其中,L 为螺旋线自身电感,可由该结构的等效环形电流片平均直径与螺旋线宽度计算得到[20]。电路的总电容 C 由相邻线圈之间的电容 C_a 与相距最近的非相邻线圈之间的电容 C_{na} 并联而成,即 $C = C_a + C_{na}$。这里,电容 C_a 和 C_{na} 均可由相邻线圈之间间隙的展开长度、无介质基底条件下的单位长度电容以及共面带状线的有效介电常数求解得到,只是二者在参数设置上有所不同[21]。因此,根据公式 $\omega_0 = 1/\sqrt{L(C_a + C_{na})}$ 便可求解得到该单臂阿基米德螺旋等效电路的谐振频率。

　　双臂阿基米德螺旋的等效电路模型可由单臂模型拓展而成,如图 6.1.20 所示。假设该结构中存储的磁场能量变化量较小,则其电感可以近似等于其中一个螺旋臂所具有的自电感,从而可以采用上述单臂螺旋电感的计算方法进行求解。另外,该电路的总电容可看作由两个螺旋臂的自电容 C_{11}、C_{22} 以及它们的互电容 C_{12}、C_{21} 组成,这里忽略了非相邻线圈之间的电容。由于两个螺旋臂完全相同,因此有 $C_{11} = C_{22}$、$C_{12} = C_{21}$,则自电容与互电容的值均可按照单臂螺旋结构的电容计算方法求解获得,只是二者在参数设置上有所区别。所以,该等效电路的总电容可以表示为 $C = (C_{11} + C_{12})/2$,并且其谐振频率等于 $\omega_0 = \sqrt{2/[L(C_{11} + C_{12})]}$。通过调整阿基米德螺旋结构的部分参数可以改变其谐振特性,这一点我们将在后面结合仿真进行定性分析。

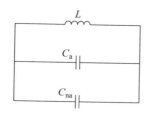

图 6.1.19　单臂阿基米德螺旋等效电路

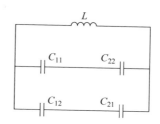

图 6.1.20　双臂阿基米德螺旋等效电路

下面,重点通过 CST 建模与仿真,对双臂阿基米德螺旋手性结构的电磁传输特性进行研究。与 6.1.1 节不对称 SRR 结构的仿真设置相同,将其与 xy 平面平行放置,采用 LCP 和 RCP 作为激励,并观察对比沿 $-z$、$+z$ 方向垂直入射的仿真结果。

如图 6.1.21(a)、(b)所示,分别为两种圆极化波从正向、反向入射到双臂阿基米德结构上得到的总透射率曲线。可以看到,在 $11\sim15\mathrm{GHz}$ 内,其透射谱在约 12.3GHz 和 13.6GHz 处存在两个谐振透射峰,这一点与非对称 SRR 不同,但是二者也具有诸多相同之处。例如,在不同入射方向下两种圆极化波的透射谱形状均具有一致性,在正向入射下 RCP 透射率始终大于 LCP 的透射率,而在反向入射下情况正好相反。

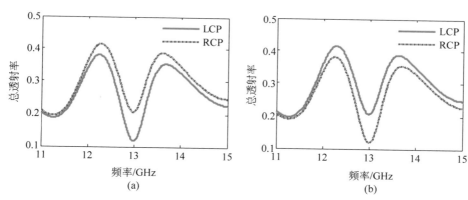

图 6.1.21　双臂阿基米德螺旋左旋及右旋圆极化波总透射率

(a) 正向；(b) 反向

进一步地,我们仿真得到了两种圆极化波分别从正向、反向入射双臂阿基米德螺旋结构的透过率和转换率频谱,结果分别如图 6.1.22 和图 6.1.23 所示。通过对比分析可知,入射波的直接透过率并不受入射方向与极化方式的影响,不同条件下的透过率曲线几乎完全一致,并与总透射谱的形状十分相似。另外,入射波的极化转换率同时受到入射方向与极化方式的影响,在同一方向下的不同圆极化波之间存在明显差距,并且在相反方向下发生互换。具体来说,对于正向(反向)入射情况,T_{-+}(T_{+-})变化较为平缓并围绕 -10dB 上下波动,T_{+-}(T_{-+})始终保持在较低的水平并在约 12.9GHz 处形成凹陷,最小值约为 -25dB。

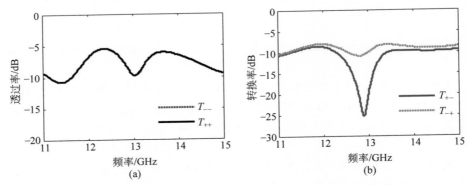

图 6.1.22　双臂阿基米德螺旋左旋及右旋圆极化波传输参数(正向)

(a) 透过率;(b) 转换率

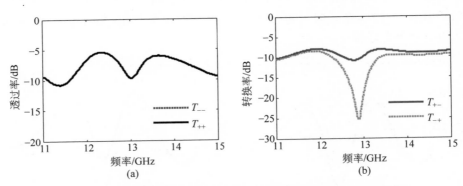

图 6.1.23　双臂阿基米德螺旋左旋及右旋圆极化波传输参数(反向)

(a) 透过率;(b) 转换率

图 6.1.24 给出了电磁波在两个相反传输方向上的非对称传输曲线,可以看出二者的值也是相反的,并在约 13GHz 处达到峰值(谷值)。

此外,通过改变阿基米德螺旋方程中的个别参数,使其在总体尺寸不变的条件下具有不同的螺旋疏密程度。这里设置了三种不同参数下的结构:其中结构 1 的螺旋半径变化率为 0.1,角度周期数分别为 9 和 9.5;结构 2 的螺旋半径变化率为 0.2,角度周期数分别为 5 和 5.5;结构 3 的螺旋半径变化率为 0.3,角度周期数分别为 3 和 3.5。同时它们的线宽均为 0.2mm、螺旋起始点与坐标系原点之间的距

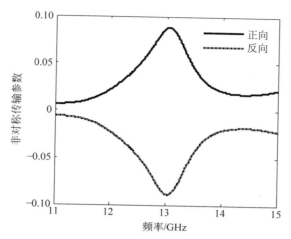

图 6.1.24　双臂阿基米德螺旋在不同传输方向上的非对称传输参数

离均为 0.3mm。

　　如图 6.1.25 所示为仿真得到的三种结构非对称传输参数结果,可以看出它们的手征性能具有明显的差异。结合前面等效电路模型进行分析可知,在保持线宽不变的情况下,通过调整螺旋半径变化率和角度周期数以改变相邻螺旋线间距,同时也会使螺旋线总长度发生变化,因此该结构的等效电容和等效电感均会随之改变,从而使谐振频率移动,甚至在观察的频率范围谐振点的个数也会发生变化,如图中结构 1 曲线所示。

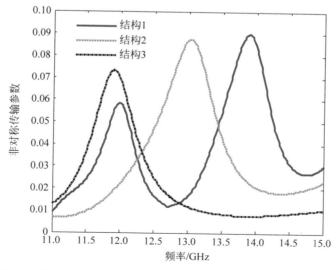

图 6.1.25　三种不同参数下的双臂阿基米德螺旋非对称传输参数

综合本节的理论分析和仿真结果可以看出,以不对称双 SRR 与阿基米德螺旋线为代表的基本单层手性超材料具有一定的圆转换二向色性或非对称传输特性,而其圆二色性则可以忽略。因此,这一类结构可以在极化敏感器件与圆极化转换等方面发挥作用,并且为微波波段电磁波的辐射调控提供新的思路。此外,从仿真结果也可以看出,这两种未经特别优化设计的平面手性结构所能实现的极化转换率之差较低,仅为 0.1 左右,这也限制了其作为圆极化转换器的应用性能。后文将介绍通过形状变体或拓展至多层等方式有效提高平面手性结构的圆转换二向色性,同时实现一般单层结构不具备的圆二色性等手征特性。

6.2　双层平面手性超材料结构设计与制备

6.2.1　双层 SRR 手性结构设计与特征分析

自从阿诺(L. R. Arnaut)将平面手性结构引入电磁学研究中后[22],相比于三维结构制作更加简单的平面手性超材料便逐渐引起人们的关注。尽管已有研究证明[23],通过在介质基底材料上的单层金属手性结构来打破传输方向上的对称性可以实现平面结构的旋光性,但其手征性仍相对较弱。罗加乔夫(A. V. Rogacheva)等率先提出了通过双层手性结构实现巨旋光性[24],他通过两层金属之间的耦合来获得单层结构所达不到的电磁性能,为之后双层手性超材料的设计开辟了新的思路。

本节在 6.1 节介绍的两种典型单层手性结构的基础上,重点分析双层手性结构的设计、建模以及电磁特性。2008 年普拉姆(E. Plum)等在单层非对称 SRR 的基础上,研究了双层非对称 SRR 对映体极化光波的非对称传输特性[9]。南京大学冯一军团队也提出了一种两层结构相同而相对旋转的 SRR 构成的简单双层手性超材料[25]。下面我们基于上述设计思想,阐述双层手性材料设计过程及相关特性分析,并在此基础上,推广到结构复杂一些的嵌套双层双 SRR 结构。

我们知道,单层的单 SRR 由于可以通过旋转与其镜像重合,所以不满足手性条件,而本节给出的双层结构采用两层相同的单 SRR 并使其中一个旋转一定的角度(角度不为零),从而使整体的结构具有手性特征。上述双层 SRR 结构主要设计工作在微波频段,其三维结构单元如图 6.2.1(a)所示,由多个单元排列组合而成的超材料周期结构如图 6.2.1(b)所示。

综合考虑工作波长与制作工艺难度,该结构的详细物理参数设计如下:单元结构尺寸为 8mm,金属圆环层采用厚度为 0.017mm 的铜质结构,其电导率为 $5.8 \times 10^7 \mathrm{S/m}$;圆环的内、外半径分别为 2.8mm、3.8mm,开口缝隙宽度为 1mm;两层金属 SRR 中间是介电常数为 4.2,损耗正切为 0.025 的介质板,其厚度为 1.8mm。

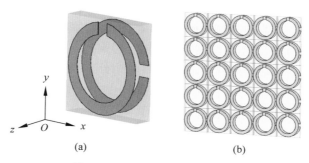

图 6.2.1 双层 SRR 结构示意图

(a) 单元结构；(b) 周期结构

另外,表层 SRR(电磁波正向入射首先接触到的一层)开口方向与 y 轴平行,底层 SRR 由表层 SRR 沿顺时针旋转一定角度得到,两层之间的空间关系可由其开口方向的夹角表示。

根据该双层单 SRR 的结构特点,图 6.2.2 给出了其对应的等效电路模型。与单层结构不同的是,双层结构中所包含的两个 SRR 除了具有自电感与自电容外,由于相距较近,它们之间还存在着互电感与互电容。又因为这两个 SRR 除了存在相对旋转角度外其他参数完全相同,所以它们具有相同的自电感 L 和自电容 C,每个单独 SRR 的固有谐振频率为 $\omega_0 = 1/\sqrt{LC}$。另外,图中的 M 和 C_x 分别为两个 SRR 之间的互电感与互电容。

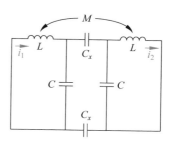

图 6.2.2 双层 SRR 等效电路

为了定性地分析该电路模型的谐振特性,可以设 i_1、i_2 分别为左右两边 LC 回路的电流,则根据基尔霍夫定理,对左边和右边的回路分别有如下电路方程[26]:

$$\begin{cases} \dfrac{\mathrm{d}^2 i_1}{\mathrm{d}t^2} + \dfrac{1}{LC}i_1 + \dfrac{a_{12}}{LC}i_2 + \dfrac{M}{L}\dfrac{\mathrm{d}^2 i_2}{\mathrm{d}t^2} = 0 \\ \dfrac{\mathrm{d}^2 i_2}{\mathrm{d}t^2} + \dfrac{1}{LC}i_2 + \dfrac{a_{21}}{LC}i_1 + \dfrac{M}{L}\dfrac{\mathrm{d}^2 i_1}{\mathrm{d}t^2} = 0 \end{cases} \tag{6.2.1}$$

式中,$a_{12}=a_{21}=C_x/2C$,且回路电流 i_1、i_2 可以分别表示为 $I_1 \mathrm{e}^{\mathrm{i}\omega t}$ 和 $I_2 \mathrm{e}^{\mathrm{i}\omega t}$,则上式可写成下面的矩阵形式:

$$\begin{bmatrix} -\omega^2 + \omega_0^2 & -\kappa_\mathrm{m}\omega^2 + \kappa_\mathrm{e}\omega_0^2 \\ -\kappa_\mathrm{m}\omega^2 + \kappa_\mathrm{e}\omega_0^2 & -\omega^2 + \omega_0^2 \end{bmatrix} \begin{bmatrix} I_1 \\ I_2 \end{bmatrix} = 0 \tag{6.2.2}$$

式中,$\kappa_\mathrm{e}=C_x/C$,$\kappa_\mathrm{m}=M/L$,分别表示上下两层金属 SRR 之间的电场耦合与磁场耦合系数。

可以看出,电磁耦合系数不仅依赖于 SRR 自身尺寸、弧度与开口等固有参数决定的自电感和自电容,还会受到两层 SRR 之间的空间关系(包括介质板厚度以及 SRR 相对旋转角度)决定的互电感和互电容影响。

针对式(6.2.2)通过求解欧拉-拉格朗日偏微分方程,可以得到该双层 SRR 结构的谐振频率为

$$\omega_{\pm} = \omega_0 \sqrt{\frac{1 \mp \kappa_e}{1 \mp \kappa_m}} \tag{6.2.3}$$

由上式可知该结构具有两个谐振频率,并且它们均与两层 SRR 之间的电磁耦合程度有关。也就是说,当 SRR 固有参数以及介质板厚度确定时,调整其中一个 SRR 的旋转角度会使整个结构的谐振频率发生变化。

下面,通过 CST 仿真对上述双层单 SRR 的电磁传输系数进行分析,并在此基础上探究改变 SRR 旋转角度会对其谐振特性及手征性产生何种影响。

首先,对圆极化波入射该结构产生的传输特性进行仿真,结果如图 6.2.3 所示。此时设定底层 SRR 相对于表层 SRR 的旋转角度为 90°,电磁波为正向垂直入射,且观测频率范围为 3~13GHz。从图中可以看出,两种圆极化波的转换率曲线在整个考察频段内几乎完全重合,说明该结构不具备圆转换二向色性。在直接透过率方面,两种圆极化波的透过率在 4~6GHz 与 9~13GHz 都有较明显的差异,并且其幅值大小关系均出现了前后反转,这说明该结构具有圆二色性,并且在多个频段均有表达。

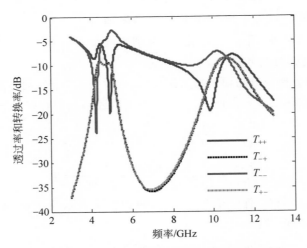

图 6.2.3　双层 SRR 圆极化波透过率和转换率

为了进一步研究其圆二色性的具体特点,图 6.2.4 给出了两种圆极化波同极化透过系数之差,该结果定义为圆二色性参数(circular dichroism,CD),用公式表

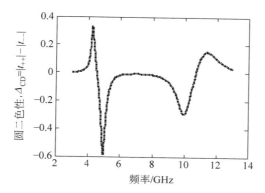

图 6.2.4　双层 SRR 圆二色性曲线

示为

$$\Delta_{CD} = |\,t_{++}\,| - |\,t_{--}\,| \tag{6.2.4}$$

　　从仿真结果可以看出,圆二色性在低频段内先为正后为负,说明 LCP 透过率先低于 RCP 而后高于 RCP;在高频段内先为负后为正,说明 LCP 透过率先高于 RCP 而后低于 RCP。同时,该结构在低频段内具有更强的圆二色性,其谷值在约 5GHz 处达到 −0.6,而在高频段内的谷值在约 10GHz 处达到 −0.3,仅为前者的一半。

　　尽管该双层 SRR 结构不具有圆转换二向色性,但是根据文献[24]的研究,它对于入射的线极化波在 X 波段具有良好的极化转换能力,并且其性能会随着两层 SRR 之间的旋转角度而改变。接下来,我们便分别采用 x 极化波与 y 极化波作为激励,重点对 X 波段进行仿真分析,并先设置底层 SRR 相对于表层 SRR 的旋转角为 45°,得到的相关结果如图 6.2.5 所示。

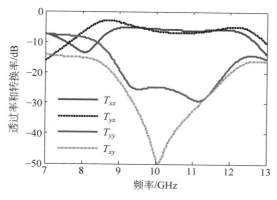

图 6.2.5　双层 SRR 线极化波透过率和转换率(旋转角为 45°)

图 6.2.5 中，T_{xx} 和 T_{yy} 分别表示 x 极化波、y 极化波的直接透过率，而 T_{yx} 和 T_{xy} 分别表示 x 极化波、y 极化波转换为正交极化形式的转换率。在所考察的 X 波段内，对比各个传输参数随频率的变化情况可以得出以下结论：首先，两种不同线极化波的直接透过率与极化转换率均有差异；其次，在透过率上，T_{xx} 在 8GHz 后开始上升并在 9～12GHz 始终维持在 -6dB 左右，而 T_{yy} 在 8GHz 后开始陷落并在 9～12GHz 始终维持在 -20dB 以下；在转换率上，T_{yx} 在 8.7GHz 与 12.2GHz 左右各有一个谐振峰，且峰值达到 -3dB，而 T_{xy} 则始终维持在 -14dB 以下，幅值较小；最后，在 9～12GHz 内 x 极化入射波的总透射率（包括 T_{xx} 和 T_{yx}）远高于 y 极化入射波的总透射率（包括 T_{yy} 和 T_{xy}），说明该手性结构对入射波的极化形式较为敏感，具有较强的极化选择性。

接着，设置底层 SRR 相对于表层 SRR 的旋转角为 90°，也就是令两个 SRR 开口方向相互垂直。此时，仿真得到的线极化波透过率与转换率结果如图 6.2.6 所示。

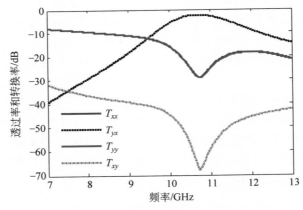

图 6.2.6　双层 SRR 线极化波透过率和转换率（旋转角为 90°）

观察各个传输参数随频率变化的情况可以发现：T_{xx} 和 T_{yy} 在所考察频段内的曲线几乎完全重合，并在约 10.7GHz 处达到最小值，约为 -29dB；两种极化转换率差异较大，其中 T_{yx} 在约 10.7GHz 处达到峰值，约为 -2.5dB，而 T_{xy} 则已接近 -70dB，远小于前者。与之前旋转 45°情形相比，此时该双层 SRR 结构对不同线极化波的直接透过性不再具有选择性，而对不同线极化波的极化转换性能具有非常明显的选择性，并且 x 极化波转换率 T_{yx} 的谐振点从两个合并为一个。

结合前面的等效电路理论分析可知，两层 SRR 之间的旋转角确会影响其谐振透射特性。具体来说，当旋转角为 45°时 x 极化入射波透射率的转换分量存在两个谐振频率，当旋转角改变时电磁波在结构中传输时受到的电磁耦合强度 κ_e、κ_m 发生改变,谐振频率也随之改变,当旋转角增大到 90°时其转换分量的谐振频率合并为一个。值得一提的是,在这两种旋转角情形下,该双层 SRR 结构均表现出显著的手性特征。

如图 6.2.7 所示为 x 极化波、y 极化波入射到旋转角为 90°的双层 SRR 结构中表层 SRR 的表面电流分布图,图 6.2.8 为其底层 SRR 的表面电流分布图,其中观测频点为 10.75GHz。

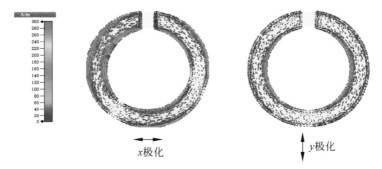

图 6.2.7　x 极化波、y 极化波在表层 SRR 中产生的表面电流分布图

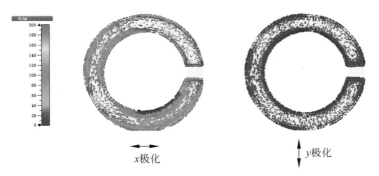

图 6.2.8　x 极化波、y 极化波在底层 SRR 中产生的表面电流分布图

从图 6.2.8 可以看出,当 x 极化波入射到该结构中时,在谐振频率处表层与底层 SRR 均产生了较大的表面电流,说明入射波通过表层 SRR 产生电磁谐振而耦合进入手性结构内,并在两层 SRR 之间产生电磁交叉耦合使得绝大部分原 x 极化波转换为 y 极化波,最后通过底层 SRR 透射出去。当 y 极化波入射到该结构中时,表层与底层 SRR 的表面电流均明显偏小,说明入射波耦合进入手性结构并在其中发生交叉耦合与极化转换的部分很少,因此最终透射波中的 x 极化分量极其微弱。

基于以上的仿真结果可知,该双层 SRR 手性结构具有较强的极化选择特性,当入射电磁波的电场与表层 SRR 开口方向垂直时,入射波容易通过谐振耦合进入结构并发生极化转换,而当入射电场与表层 SRR 开口方向平行时,入射波将难以与之产生电磁谐振。另外,在 x 极化波入射情形下,透射波中除了占主导地位的 y 极化波(转换分量)外,还存在一小部分的 x 极化波(直接透过分量)。因此,最终的透射波将不完全是线极化波,而是椭圆极化波,并且其偏振面将会产生一定角度的偏转,这便是手性超材料极化旋转特性的体现。

6.2.2 嵌套双层 SRR 手性结构及特征分析

如果说双层结构是对单层结构在垂直层面上的拓展,那么嵌套结构就是对其平行层面上的拓展,而将这两种拓展模式相结合,便得到了双层嵌套型手性结构。接下来,我们基于比利时鲁汶大学彦(S. Yan)等提出的一种嵌套双层 SRR 手性结构进行分析[27]。

如图 6.2.9 所示,该双层 SRR 结构的表层由两个半径不同的同心 SRR 嵌套而成,其中外环开口朝向 $+y$ 方向,内环开口朝向 $-y$ 方向,而底层是由表层整体逆时针旋转 θ_0 得到,当 $\theta_0 = 90°$ 时其外环、内环开口朝向分别为 $-x$、$+x$ 方向。该结构在电磁波传输方向上具有明显的不对称性,同样可以构成手性超材料。

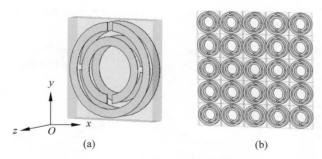

图 6.2.9 双层嵌套 SRR 结构示意图

(a) 单元结构;(b) 周期结构

上述双层嵌套 SRR 的详细参数设计如下:单元结构尺寸为 3.5mm,金属圆环层采用厚度为 0.017mm 的铜质结构,其电导率为 5.8×10^7 S/m;嵌套环的外环外半径和内半径分别为 1.65mm 和 1.35mm,内环外半径和内半径分别为 1.15mm 和 0.85mm,所有开口宽度均为 0.2mm;两层金属开口环中间是介电常数为 3.5、损耗正切为 0.025 的 FR-4 有损介质板,厚度为 0.8mm。

下面我们对该双层嵌套 SRR 手性结构进行电磁仿真,并重点分析其具有的手性特征。仿真中,首先采用 LCP 和 RCP 沿 $-z$ 方向垂直入射,通过频域求解器仿真获取其四个电磁传输参数,结果如图 6.2.10 所示。

从图 6.2.10 中可以看出,在 8~12GHz 内,该结构对 LCP 和 RCP 的极化转换率几乎完全重合,所以不具有圆转换二向色性。另外,不同圆极化波的直接透过率

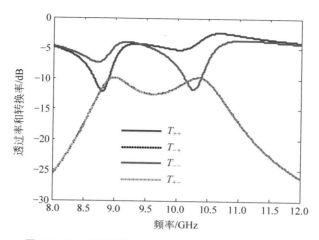

图 6.2.10　双层嵌套 SRR 圆极化波透过率和转换率

出现较大差异,在 8~9.4GHz LCP 透过率高于 RCP 的透过率,而在 9.4~12GHz 情况发生了反转,RCP 透过率高于 LCP 的透过率。因此,该结构具有一定的圆二色性,图 6.2.11 给出了其圆二色性参数曲线。

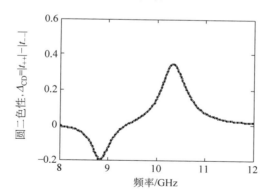

图 6.2.11　双层嵌套 SRR 圆二色性参数曲线

从图 6.2.11 中可以看出,曲线的负、正峰值在约 8.8GHz、10.3GHz 处分别达到 -0.2 和 0.35,因此该结构的圆二色性较弱,在此不做过多讨论。

根据文献[27]中的研究,这一结构在将线极化波转换为圆极化波方面具有较好的性能,下面,我们对入射的 x 极化波、y 极化波分别转换为 LCP 和 RCP 的情况进行电磁仿真,结果如图 6.2.12 所示。其中,T_{+x}、T_{-x}、T_{+y}、T_{-y} 分别表示 x 极化波转换为 RCP、x 极化波转换为 LCP、y 极化波转换为 RCP、y 极化波转换为 LCP 的转换率。

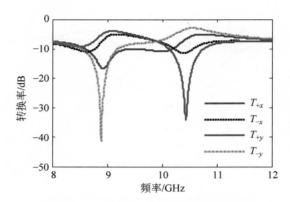

图 6.2.12　双层嵌套 SRR 线转圆转换率

从图 6.2.12 中可以发现，在约 8.9GHz 处 T_{-y} 出现一个明显的低谷，约为 −41dB，而在约 10.4GHz 处 T_{+y} 出现一个明显的低谷，约为 −34dB。当线极化波转换为一种圆极化波的比率远大于（或小于）另一种圆极化波时，透射波将近似为某种圆极化波。也就是说，对于这种手性结构，当 y 极化波入射时，透射波在两个不同谐振频率处可能呈现出不同的圆极化特性。

图 6.2.13 显示了该双层嵌套 SRR 结构对线极化入射波的透过率和转换率仿真结果，可以看出，在以上两个谐振点 y 极化波的透过率及其转换率曲线均产生了交汇。我们知道，将特定的线极化波转换为理想圆极化波需要满足两个条件：该线极化波透过率和转换率的幅值相同，同时它们的相位相差 ±90°。为了进一步探究该结构的线转圆特性，我们对 y 极化入射波的直接透过率与线极化转换率之间的幅值差以及相位差进行了计算，结果如图 6.2.14 所示。

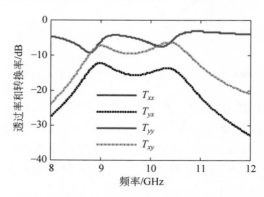

图 6.2.13　双层嵌套 SRR 线极化入射波透过率和转换率

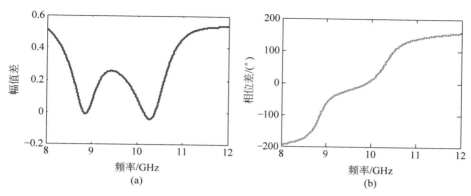

图 6.2.14　y 极化入射波透过率与转换率之间的差异

(a) 幅值差；(b) 相位差

　　基于仿真得到的数据可知,在约 8.9GHz 处 y 极化波的透过率与转换率的幅值差仅为 -0.01,同时其相位差为 $-89°$,在约 10.4GHz 处两者幅值差仅为 0.02,同时相位差为 $89°$。因此,该结构在这两个谐振点处的特性均基本满足线极化波转理想圆极化波的条件,并且透射波中的主要成分分别为 RCP 和 LCP。

　　类似于非对称传输参数,图 6.2.15 给出了线极化入射波转换为 RCP 和 LCP 的转换率之差,可以看出 y 极化波对应曲线在两个谐振频率处产生了较大的转换率差值,因此透射波将呈现出较理想的圆极化特性；另外,该结构对 x 极化波同样具有一定的转换效应,但是由于转换率差值相对较小,因此透射波将呈现出椭圆极化特性。

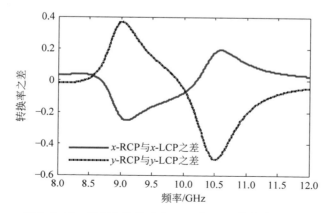

图 6.2.15　线极化波转换为 RCP 与 LCP 的转换率之差

最后,为了探究该双层嵌套 SRR 结构的表层与底层之间相互旋转角对其圆二色性产生何种影响,我们固定表层结构,将底层结构整体旋转角 θ_0 分别设为 0°、30°、60°、120°,仿真得到了其圆二色性参数,并将 $\theta_0 = 90$° 时的结果加入对比,如图 6.2.16 所示。

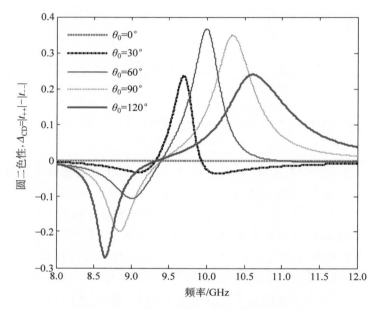

图 6.2.16　θ_0 不同取值条件下的圆二色性参数

从图中可以看出:当圆二色性为负也即 LCP 透过率更高时,其强度随着旋转角的增大而增强,且出现负峰值的频点逐渐向低频段推移;当圆二色性为正也即 RCP 透过率更高时,其强度在 $\theta_0 = 60$° 时达到了最高,其次为 90°,而在 30° 与 120° 时的强度相当,并且出现峰值的频点逐渐向高频段推移。此外,当 $\theta_0 = 0$° 时该结构不具有手性特征,因此圆二色性始终为零。

6.3　多层平面手性超材料结构设计与制备

6.3.1　多层 SRR 平面手性结构设计与特征分析

6.2 节提到,双层手性超材料结构通过两层之间的电磁耦合可以有效增强其手征性,从而具备比单层结构更好的极化旋转能力。在双层的基础上,可以进一步将层数增加,从而得到多层平面手性结构。本节将重点分析多层结构的设计与手征特性,这里多层特指层数为三层或更多。

文献[28]基于内外环开口方向相差 180°的嵌套 SRR,构造了由相同尺寸与不同尺寸谐振环组成的多层超材料,并研究了其在太赫兹波段的传输特性。结果表明,对于相同尺寸谐振环构成的多层超材料,当电场方向与开口方向垂直时,谐振随着超材料层数增加明显增强。对于不同尺寸谐振环构成的多层超材料,当电场方向与开口方向平行时,谐振带宽明显增大。由此说明,多层超材料具有比单层甚至双层更好的谐振特性,在相应频段下的滤波器、吸波器及偏振器等器件设计中具有良好的应用价值。

接下来,我们主要基于包含 X 波段的微波频段设计的多层手性结构进行分析。首先,给出一种基于单 SRR 设计的三层手性结构,其三维单元与阵列结构如图 6.3.1 所示。

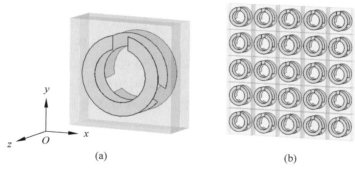

(a)　　　　　　　　　　　　　(b)

图 6.3.1　三层 SRR 结构示意图

(a) 单元结构;(b) 周期结构

综合考虑工作波长与制作工艺难度,该结构的详细物理参数设计如下：单元结构尺寸为 8mm,三层金属圆环均采用厚度为 0.017mm 的铜质结构,其电导率为 5.8×10^7 S/m;圆环的内、外半径分别为 2mm、3mm,开口缝隙宽度为 1.2mm;相邻两层金属 SRR 中间是介电常数为 4.3、损耗正切为 0.025 的介质板,其厚度均为 1.5mm。另外,表层 SRR 开口朝向 +y 方向,中间层 SRR 由表层 SRR 沿顺时针旋转 120°得到,底层 SRR 由中间层 SRR 继续沿顺时针旋转 120°得到。

下面我们对上述三层 SRR 结构在 CST 中进行建模与仿真,并分析其电磁传输参数和手征特性。仿真中分别采用 LCP 和 RCP 作为激励,获取电磁波正向垂直入射情况下的透射系数,结果如图 6.3.2 所示。

观察图 6.3.2 可以发现,在所考察的 5~13GHz,LCP 和 RCP 入射波的极化转换率曲线几乎完全重合,说明该结构不具有圆转换二向色性。另外,LCP 和 RCP 入射波的直接透过率曲线仅在很小的频段内发生重合,在三个不同频段上均产生了较明显的差距,说明该结构在多个频段均具有圆二色性。

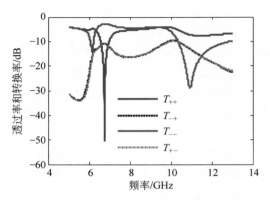

图 6.3.2　三层 SRR 圆极化波透过率和转换率

图 6.3.3 所示为该三层 SRR 结构的圆二色性参数计算结果。从图中可以看出,其圆二色性曲线在三个频率处出现了正/负峰值。具体来说,在约 6.2GHz 处第一个正峰值达到了 0.38,此时结构对 RCP 的透过率相较 LCP 具有较大的优势;紧接着在约 6.7GHz 处负峰值达到了 -0.72,此时结构对 LCP 入射波的透过率远高于 RCP 入射波;而在约 10.9GHz 处第二个正峰值达到了 0.4,与第一个正峰值大小相近,但具有更宽的频带特性。

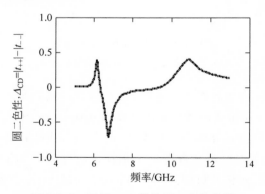

图 6.3.3　三层 SRR 结构圆二色性曲线

这里,可以将上述三层 SRR 结构与 6.2 节中给出的双层单 SRR 进行简单的比较。通过对比可以看出,双层结构的圆二色性参数正、负峰值分别为 0.33 和 -0.6,均不及该三层结构。由此可知,通过增加结构层数来设计手性超材料,可以有效增强其手征性能。

我们知道,手性超材料的旋光性主要通过圆二色性、旋光角以及椭偏度等参数来共同表征,当圆二色性的值越大时其旋光性越强。下面,我们根据仿真得到的透射系数计算得到了该三层 SRR 的旋光角和椭偏度,分别如图 6.3.4(a)和(b)所示。旋光角表示入射电磁波通过手性介质发生极化旋转后,其透射波偏振面与入射波偏振面之间的夹角,用公式表示为

$$\theta = \frac{1}{2}\left[\arg(t_{++}) - \arg(t_{--})\right] \tag{6.3.1}$$

椭偏度表示线极化波通过手性介质后转换为椭圆极化形式电磁波的程度,用公式表示为

$$\eta = \frac{1}{2}\arcsin\left(\frac{\mid t_{++}\mid^{2} - \mid t_{--}\mid^{2}}{\mid t_{++}\mid^{2} + \mid t_{--}\mid^{2}}\right) \tag{6.3.2}$$

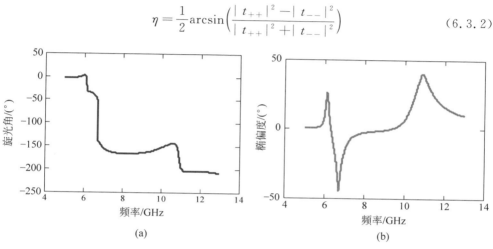

图 6.3.4　三层 SRR 结构旋光性参数

(a) 旋光角;(b) 椭偏度

　　根据图中结果分析可知:在约 6.2GHz 处旋光角从 0°很快变到约−30°,此时椭偏度约为 26°,说明透射波为椭圆极化波,并且极化角相比入射波发生了一定的偏转;在约 6.7GHz 处旋光角又迅速下降到约−140°,此时椭偏度约为−45°,出射波接近理想圆极化电磁波;在约 8GHz 处旋光角继续减小到约−170°,然后缓慢上升,至 10.9GHz 时旋光角又迅速下降到 200°,此时椭偏度约为 40°,透射波同样为椭圆极化波,但是比 6.2GHz 时更接近圆极化形式。另外,还可以看到在 8～10GHz 旋光角始终维持在−160°上下,而椭偏度几乎为零,说明此时透射波为线极化波,但其偏振面仍然发生了旋转,这显示了该三层 SRR 结构对入射电磁波的极化旋转调控能力。

　　另外,图 6.3.5 给出了基于电磁仿真数据对上述手性结构进行电磁参数反演得到的等效介电常数和等效磁导率结果。

　　由图 6.3.5 可以看出,该多层 SRR 平面手性结构在谐振频率 10.9GHz 附近产生了等效介电常数及等效磁导率的极小值,并且等效介电常数和等效磁导率均

达到了负值,与上述设计的手性超材料的二向色性与强旋光特性相对应。

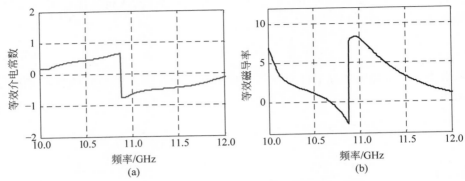

图 6.3.5 三层 SRR 平面手性结构等效电磁参数

(a) 等效介电常数;(b) 等效磁导率

6.3.2 多层类 DNA 螺旋平面手性结构与特征分析

我们知道,具有类 DNA 形状的三维螺旋结构能够实现良好的旋光性和圆二色性,并且由于螺旋超材料具有宽带和结构紧凑、易于集成的优点,可在红外和可见光波段作为圆偏振器[29-30]。2012 年,得克萨斯大学奥斯汀分校赵阳等(Y. Zhao)提出了一种具有一定旋转角度的金属条阵列通过多层堆叠的方式近似三维螺旋结构,在实现高效、宽带圆二色性的同时简化了三维手性结构的设计[31]。由此可见,将多层平面结构堆叠同样可以实现接近三维手性超材料的手征性能。

接下来,我们提出一种基于金属圆弧构造的多层螺旋手性结构,阐述其设计过程并对其手征特性进行仿真和分析。

该堆叠型手性结构是由一圆弧通过一定角度旋转得到的多层螺旋结构,其单元及周期阵列三维示意图如图 6.3.6 所示,为了设计与制作方便,仍然考虑厘米级工作波长,结构的详细物理参数设计如下:单元结构尺寸为 4mm,所有金属圆弧均采用厚度为 0.017mm 的铜质结构,其电导率为 5.8×10^7 S/m;圆弧的内、外半径分别为 1.25mm、1.75mm,弧度为 180°;相邻两层金属中间是介电常数为 4.3、损耗正切为 0.025 的介质板,其厚度均为 0.5mm。另外,该类螺旋结构由六层平面金属圆弧扭转、堆叠而成,后一层圆弧均由前一层圆弧顺时针旋转 60°得到。

下面,我们对上述六层类螺旋堆叠结构在 CST 中进行建模与仿真,并分析其电磁传输参数和手征特性。仿真中仍采用 LCP 和 RCP 作为激励,获取电磁波正向垂直入射情况下的透射系数,结果如图 6.3.7 所示。

从图 6.3.7 中可以看出,在所考察的 10~17GHz,LCP 和 RCP 入射波的极化转换率基本上是重合的,表明该结构的圆转换二向色性可以忽略不计。此外,从

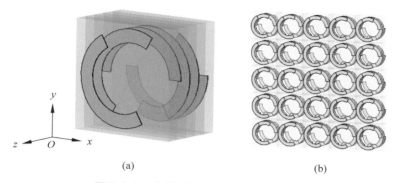

(a)　　　　　　　　　　　　(b)

图 6.3.6　多层金属圆弧堆叠结构示意图

（a）单元结构；（b）周期结构

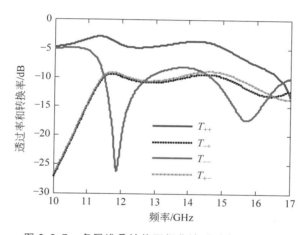

图 6.3.7　多层堆叠结构圆极化波透过率和转换率

10GHz 开始两种圆极化波的直接透过率曲线开始出现差异,并且一直到约 16.8GHz 才重新交汇,在此频段内 RCP 入射波的透过率始终高于 LCP 入射波的透过率。以上结果表明该结构具有宽带特性的圆二色性。

为了进一步分析上述结构的手性特征,我们给出了其圆二色性参数计算结果,如图 6.3.8 所示,可以将其与 6.3.1 节的多层 SRR 结构进行对比分析。可以看出,在 10~16.8GHz 该结构的圆二色性始终为正,不同于多层 SRR 的曲线正负交替变化,说明该结构对不同圆极化入射波的透过系数不会发生反转,右旋圆极化波的透过性能始终占据优势。在峰值方面,该结构的圆二色性在约 11.8GHz 处达到 0.58,虽然不及多层 SRR 结构,但是其在 11.2~16GHz 将近 5GHz 带宽下均大于 0.24,说明该结构在宽带圆二色性方面具有明显的优势。

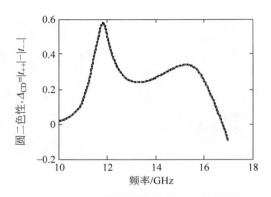

图 6.3.8　多层堆叠结构圆二色性曲线

此外，通过优化设计每一层金属圆环参数、增加金属圆环层数等，可以进一步拓宽其圆二色性的响应频段，实现更好的手征性能。这里，我们给出一种设计方案，将四个手征单元按照 2×2 排列，得到四单元组合结构，如图 6.3.9(a)所示。图中，左上角即原结构，右上角为其逆时针旋转 90°得到的结构，同时右下角、左下角分别与左上角、右上角的结构相同，即位于对角线的单元结构保持一致。需要注意的是，这种四单元组合结构与传统 C_4 结构不同，它围绕中心旋转 90°并不能与自身重合。由这四个子单元组合得到一个新的总单元，再以新单元为基础得到的手性周期结构如图 6.3.9(b)所示。

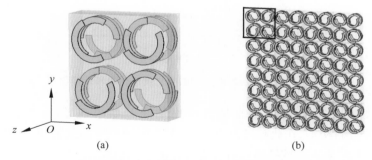

(a)　　　　　　　　　　　　　(b)

图 6.3.9　多层堆叠四单元组合结构示意图

(a) 单元结构；(b) 周期结构

在 CST 仿真中设置 LCP 和 RCP 入射波作为激励，得到电磁波正向垂直入射情况下的四种圆极化透射系数如图 6.3.10 所示。从图中可以看出，该四单元组合结构的 LCP 和 RCP 透过率及转换率频率响应曲线与原结构十分相似。两种圆极化波的极化转换率几乎重合，所以该结构基本不具备圆转换二向色性，另外它们的直接透过率在两个频点处产生了非常大的差异，因此具有良好的圆二色性。此外，由于将四个单元合成新的单元进行周期排列,相当于扩展了原结构的单元尺寸,所以其谐振频段也整体向低频发生了推移,在 9～14GHz 具备显著的手征性。

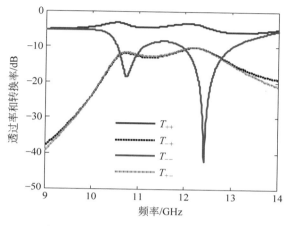

图 6.3.10　多层堆叠四单元组合结构圆极化波透过率和转换率

接下来,我们计算上述组合结构的圆二色性参数,结果如图 6.3.11 所示。可以发现,在整个观察频段内其圆二色性始终为正,在约 10.7GHz 处达到第一个峰值 0.53,在 12.4GHz 达到第二个峰值 0.61,同时在 10.4～13GHz 将近 3GHz 的带宽内均高于 0.23,说明该组合结构在宽带圆二色性方面同样具有一定的优势。

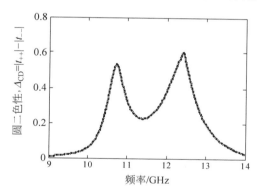

图 6.3.11　多层堆叠四单元组合结构圆二色性曲线

最后,与原多层堆叠结构相比可以看出,新的组合结构圆二色性在宽带性能方面略有下降,但在峰值性能方面提升明显,其在两个频点附近均实现了幅值超过 0.5 的圆二色性,并且正负未反转。由此可见,该组合结构具有双频带、单极化的强圆二色性。

　　另外,图 6.3.12 显示了基于 S 参数电磁仿真数据对上述手性结构进行等效电磁参数反演计算得到的计算结果。由图中结果可以看出,该多层类 DNA 螺旋平面手性结构在谐振频率 11.8GHz 附近产生了等效介电常数及等效磁导率的极小值,并且等效磁导率达到了负值,且等效参数随频率变化比较平缓,也验证了上述指出的该结构具有宽带圆二色性的特征。

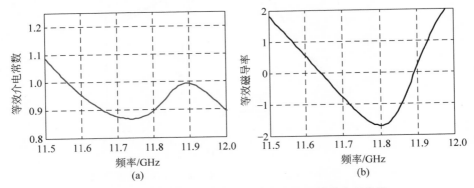

图 6.3.12　多层类 DNA 螺旋平面手性结构等效电磁参数

(a) 等效介电常数;(b) 等效磁导率

6.3.3　多层锥形组合 SRR 平面手性结构与特征分析

　　在 6.3.1 节和 6.3.2 节给出的多层手性结构中,通过每一层金属结构的相对旋转打破了结构对称性从而具有手性特征,但是每个金属单元自身结构是一致的,或者说每一层的尺寸是不变的。本节将探讨由具有不同尺寸的同类金属结构构成的多层平面手性结构,并以一种三层锥形组合 SRR 结构为例进行设计与仿真分析。该结构的三维单元示意图如图 6.3.13 所示。

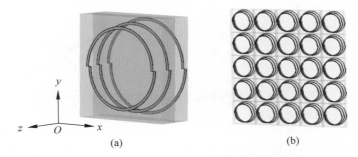

(a)　　　　　　　　　　(b)

图 6.3.13　多层锥形组合 SRR 结构示意图

(a) 单元结构;(b) 周期结构

　　观察其结构特点可以看出,它的每一层由两个金属半圆环在 x 方向错开一定的位移组成,因此将其定义为锥形组合 SRR 结构。从另一个角度来看,该结构也可以看作单层阿基米德螺旋线在 z 方向上被拉伸并离散成为的多层锥形体。如图 6.3.14 所示为该结构在 xy 平面的投影,从中可以直观地看出其与 6.1 节中阿基米德螺旋的相似性。

图 6.3.14　多层锥形组合 SRR 结构平面投影

　　基于公式(6.1.2),可以从阿基米德螺旋极坐标方程的角度对其参数定义如下:螺旋起始点与坐标系原点之间的距离设为 3mm,螺旋半径的变化率设为 0.08,角度周期数分别为 0、1、2、3,螺旋线线宽为 0.2mm。另外,综合考虑工作波长与制作工艺难度,其他主要的结构参数设置如下:单元结构尺寸为 8mm,金属圆弧采用厚度为 0.017mm 的铜质结构,其电导率为 $5.8×10^7$ S/m;两层介质板由介电常数为 4.3、损耗正切为 0.025 的有损 FR-4 材料构成,其厚度均为 1.5mm。

　　通过对上述多层锥形组合 SRR 结构在 CST 中进行建模与仿真,可以根据电磁传输系数分析其具备的手征特性。采用 LCP 和 RCP 激励正向垂直入射该结构,得到的圆极化透射系数结果如图 6.3.15 所示。

　　从图 6.3.15 中可以看出,这一结构与之前讨论的几乎所有手性结构的圆极化透射特性均有所不同。具体来说,在我们考察的 6~20GHz,左旋和右旋圆极化入射波的极化转换率曲线几乎是重合的,与此同时它们的直接透过率曲线也基本上重合,仅仅在 13GHz 附近产生了微小的差异。由此可知,该结构不具有圆转换二向色性,同时其圆二色性极其微弱,所以无法有效地应用在圆极化入射波的极化旋转与调控等方面。

　　接下来,我们采用线极化波作为入射激励,仿真得到了 x 极化波与 y 极化波的直接透过率和极化转换率曲线,结果如图 6.3.16 所示。

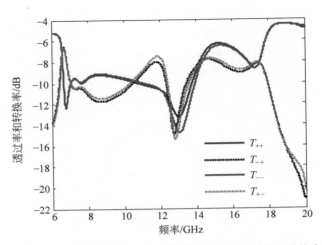

图 6.3.15　多层锥形组合 SRR 结构圆极化波透过率和转换率

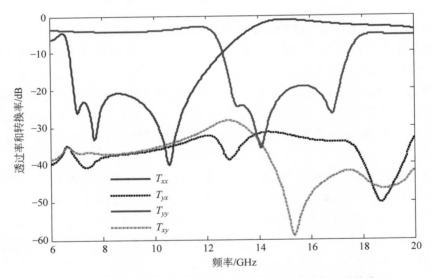

图 6.3.16　多层锥形组合 SRR 结构线极化波透过率和转换率

　　从图 6.3.16 中可以看到,在 7~12GHz y 极化波的透过率较高,并且远高于 x 极化波;在 13~18GHz 情况发生了反转,此时 x 极化波具有较高的透过率,并且远高于 y 极化波。另外,x、y 极化波的转换率在整个观察频段内几乎都低于 -30dB,所以它们的绝对幅值或相对差异都不会对其透过率特性造成较明显的影响。简而言之,该结构对两种线极化波的透射性能主要由其透过率主导,在对线极化波的选择性透射方面表现出了较强的手征性。

进一步地,我们给出了两种线极化波入射该结构的总透射率曲线,如图 6.3.17 所示。可以观察到,在 7～12GHz,y 极化波透射率始终维持在 0.4 附近,而 x 极化波透射率则几乎为零。另外,在 13～17GHz,x 极化波的透射率开始随频率快速增大并在 15GHz 附近达到了接近 0.8 的峰值,随后逐渐下降,但仍具有高于 0.4 的幅值;y 极化波在此频段内的透射率则几乎为零,直到 17GHz 后才开始上升至 0.3 左右。

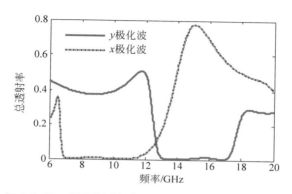

图 6.3.17　多层锥形组合 SRR 结构线极化波总透射率

由此可见,本节给出的多层锥形组合 SRR 结构虽然对圆极化波没有表现出显著的手性,但其不同线极化入射波的直接透过率或总透射率具有较大差异,可以在不同频带对两种线极化波分别实现通带与阻带效应,具有双频带下的双极化选择性透射性能。

6.4　平面手性结构超材料应用

6.4.1　平面手性结构超材料的极化旋转与极化转换

平面手性超材料在极化旋转、实现负折射率、构造圆偏振器与偏振转换器等方面具有广泛的运用[32-33]。白俄罗斯戈梅利国立大学在这方面也开展了工作,并取得了一些成果[34]。本节将基于华中科技大学武霖提出的一种双层不对称 SRR 手性结构为例[35],阐述其两层 SRR 在不同的空间关系条件下,表现出两种不同的手性特征,从而可以分别用于极化调控与极化转换。

该结构设计的基本思路是在 6.1 节介绍的单层不对称 SRR 的基础上,构造出双层 SRR 手性结构,如图 6.4.1 所示。其中,图 6.4.1(a)中的底层 SRR 可由表层 SRR 沿 z 轴平移得到,而图 6.4.1(b)中的两层 SRR 关于 xy 平面镜像对称。两个

SRR 其他的所有参数均保持一致：单元结构尺寸为 8mm，金属圆环层厚度为 0.01mm，介质板厚度为 1mm，介电常数为 4.3，两段圆弧的弧度分别为 160° 和 140°。图 6.4.2(a)和(b)为对应不对称 SRR 的周期结构。

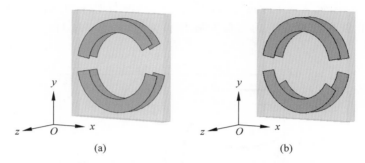

图 6.4.1　两种双层不对称双 SRR 单元结构
(a) 平移关系；(b) 镜像关系

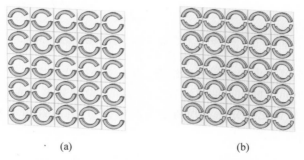

图 6.4.2　两种双层不对称双 SRR 周期结构
(a) 平移关系；(b) 镜像关系

接下来，我们对上述两种双层不对称双 SRR 进行简单的仿真分析。首先是两层 SRR 具有平移关系的手性结构，其电磁传输参数仿真结果如图 6.4.3 所示，其中入射波采用 LCP 和 RCP，且入射方向为正向入射。从图中可以看出，左旋和右旋圆极化入射波通过该手性结构的直接透过率几乎完全重合，而其极化转换率在 10～12GHz 内具有相当大的差异，所以该结构不具备圆二色性，却具有显著的圆转换二向色性。

由于该结构与 6.1 节中的单层不对称双 SRR 单元尺寸相同，且结构形式类似，因此可以将它们的非对称传输参数进行仿真对比，如图 6.4.4 所示。结果表明，单层结构在其谐振点达到的非对称传输参数负峰值仅为 −0.1，而双层结构达到了 −0.3，说明双层 SRR 手性结构具有更强的圆转换二向色性。

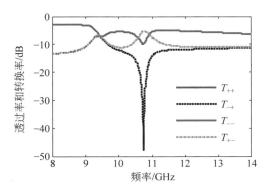

图 6.4.3　双层不对称 SRR 圆极化波透过率和转换率（平移关系）

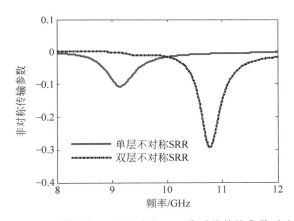

图 6.4.4　单层与双层不对称 SRR 非对称传输参数对比

　　实际上,根据文献[35]的推导,单层手性超材料对不同圆极化波的透射率或者圆转换率之差的理论极限为 0.25,这无疑限制了其在非对称传输方面的应用,而我们的仿真结果表明双层手性结构可以突破这一极限值。此外,通过优化结构参数、采用多个不同尺寸的 SRR 单元进行排列,可以进一步增强圆转换率之差,并且实现宽带的圆转换二向色性。因此,基于该双层 SRR 结构的手性超材料可有效应用于圆极化转换器的设计与构造中。

　　此外,为了分析双层不对称 SRR 结构能够实现比单层结构更高的转换率之差的机理,我们仿真得到了 LCP 和 RCP 在表层 SRR 以及底层 SRR 中产生的表面电流分布图,分别如图 6.4.5 和图 6.4.6 所示。观察可以发现,在表层结构中,LCP与 RCP 产生的电流分别对应电偶极子和磁偶极子,这与 6.1 节中单层 SRR 表面电流分布特性是相同的。由此说明,双层结构与单层结构表现出圆转换二向色性的主要机理是一致的,均由电偶极子引起。另外,在底层结构中,LCP 经由表层电偶极子作用发生转换后,底层的表面电流分布对应透过率最大值,使得转换分量很容易透过;RCP 经由表层磁偶极子作用仅发生了极少转换,同时底层的表面电流分布对应反射最大值,使其透射更小。由此可以看出,双层结构在两层 SRR 的共同作用下,使不同圆极化波的转换率进一步增强或抑制,从而具有相比于单层结构更明显的圆转换二向色性。

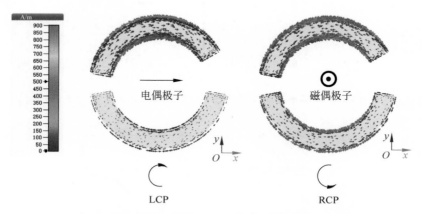

图 6.4.5　圆极化波在表层 SRR 中产生的表面电流分布图

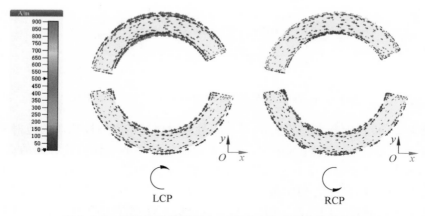

图 6.4.6　圆极化波在底层 SRR 中产生的表面电流分布图

接下来,我们对另一种双层不对称 SRR 具有镜像对称关系的手性结构进行仿真,得到的电磁传输参数结果如图 6.4.7 所示。从图中可以看出,左旋、右旋圆极化入射波通过该手性结构的极化转换率几乎完全重合,而其直接透过率在 11～12GHz 处具有相当大的差异,所以该结构不具备圆转换二向色性,却具有比较显著的圆二色性。

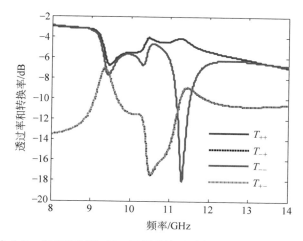

图 6.4.7　双层不对称 SRR 圆极化波透过率和转换率(镜像关系)

如图 6.4.8 所示为该结构的圆二色性参数曲线,可以看出其在约 11.3GHz 处达到了正峰值 0.5,此时 RCP 的透过性能相比于 LCP 具有较大优势。因此,不同于单层的不对称双 SRR 只具有圆转换二向色性,上述双层 SRR 结构在消除了圆转换二向色性的同时还表现出良好的圆二色性。另外,还可以通过优化设计参数以及采用 C_4 旋转对称性方案来进一步提高消光比,并降低极化转换率,使其可有效应用于微波圆偏振器的设计与构造中。

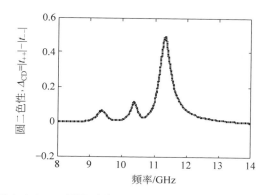

图 6.4.8　双层不对称 SRR 圆二色性参数(镜像关系)

6.4.2　平面手性结构吸波超材料

除了对电磁波的极化调控与转换方面,平面手性结构也可以用于吸波材料的构造。我们知道,超材料对入射电磁波的吸收率 A 可以用透射率 T 和反射率 R 来计算,公式如下:

$$A = 1 - T - R \qquad (6.4.1)$$

其中透射率和反射率可通过二端口网络的 S 参数计算：$T = |S_{21}|^2$，$R = |S_{11}|^2$。

为了实现完美吸波器，需要满足两个条件[36]，分别是：吸波器阻抗匹配自由空间阻抗和获得尽可能大的折射率虚部。前者是为了减少结构表面对入射波的反射，后者是为了增强介质对电磁波的损耗。近年来，学者们对手性结构超材料的吸波特性特别是其对 LCP 和 RCP 的非选择性与选择性吸收进行了广泛的研究。其中，非选择性吸收是指对 LCP 和 RCP 具有相同程度的吸收特性，而选择性吸收是指对它们表现出不对等的吸收特性。此外，由于线极化波均可表示为 LCP 和 RCP 的叠加，因此通常针对线极化波的非手性吸波超材料可以对两种圆极化波同时表现出良好的吸收。

南京理工大学超宽带雷达研究实验室和白俄罗斯戈梅利国立大学电波传播物理研究实验室均在这方面开展了工作，并进行了合作研究，取得了系列结果[37]。接下来，我们以 6.2 节中给出的双层单 SRR 结构为例，通过仿真描述其在吸波方面的应用。根据前文内容可知，该双层结构的底层 SRR 相对于表层 SRR 具有不同旋转角度时均表现出一定的手征性，而当旋转角为 90°时，该结构对入射的不同线极化波具有非常大的极化转换率差异。实际上，根据文献[24]的研究，当底层 SRR 的旋转角继续增大至某一角度时，该双层结构还将表现出一定的谐振吸收特性。

如图 6.4.9 所示，通过仿真得到了旋转角为 100°时，x 极化波入射该结构的同极化与交叉极化传输系数结果。从图中可以看出，同极化反射率 R_{xx}、交叉极化反射率 R_{yx}、同极化透射率 T_{xx} 的曲线均随频率先减小后增大，而交叉极化透射率 T_{yx} 则先增大、后减小最后再增大，并且这四种传输系数均在约 10.6GHz 处达到最小值。根据超材料吸波率的计算公式，可知此时该结构对 x 极化波的吸收率将出现峰值。

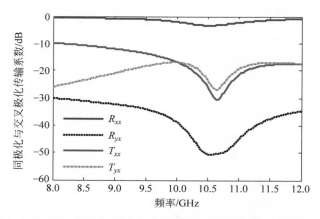

图 6.4.9　双层 SRR 同极化与交叉极化传输系数（旋转角为 100°）

图 6.4.10 给出了该双层 SRR 结构在旋转角为 $100°$ 条件下对 x 极化波的总反射率、透射率以及吸收率的计算结果。从中可发现,吸收率曲线在约 10.6GHz 处达到了峰值 0.52,此时该结构在具有手征性的同时还表现出了谐振吸收的特性。

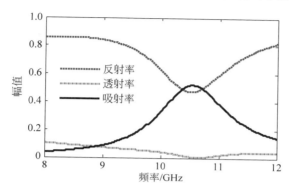

图 6.4.10　双层 SRR 总反射率、透射率及吸收率(旋转角为 $100°$)

此外,我们还将上述结构加入金属背板以隔绝掉入射波的透射分量,观察其电磁传输特性。通过 CST 仿真发现,此时该结构对入射 x 极化波的两种透射率以及交叉极化反射率均远远小于其同极化反射率,因此可以忽略不计,同时可根据同极化反射率参数计算出相应的吸收率。

如图 6.4.11 所示为该结构在加入金属背板后得到的反射率及吸收率结果,同时我们将观测频段扩大到了 $2\sim18\text{GHz}$。仿真结果表明,在约 4.2GHz 和 10.7GHz 处该结构均对 x 极化波产生了谐振吸收,其吸波率分别达到了 0.96 与 0.41。由此可见,6.2 节介绍的双层 SRR 手性结构在构造吸波器方面具有一定的应用前景,通过进一步设计与优化有望实现更加高效、宽带的吸波性能。

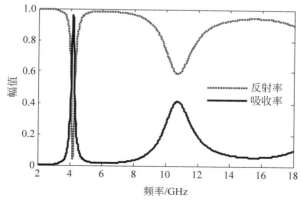

图 6.4.11　双层 SRR 反射率与吸收率(旋转角为 $100°$、加入金属背板)

6.4.3 平面手性结构超材料加载阵列天线

超材料由于具备多种传统介质所没有的新奇物理特性,已被广泛应用于改善传统电磁器件性能或设计新型功能器件方面。在天线设计与优化领域,研究人员已将左手超材料应用在天线反射器构造中[38],以及将零折射率超材料应用在偶极子天线设计中用以提升其方向性[39]。目前,基于手性结构超材料的天线研究还比较少,主要是西班牙的费尔南德斯(O. Fernández)等在文献[40]和文献[41]中所进行的工作。他们设计、仿真了一种 W 波段线阵平面天线,并对其进行了制作与实验测量,其每个辐射阵元由插槽馈电的贴片构成,所以具有较低的实现成本。除此之外,他们还将基于双层相互扭转的平面金属手性超材料覆盖在天线表面,探究其对天线辐射性能的影响。仿真与实验结果表明,通过将手性超材料覆盖于天线阵列表面,可以有效增强其辐射性能,提高天线方向图在方位和俯仰面上的指向性。

除此之外,中国科学院光电技术研究所公开了一项发明专利[42],其中提出了一种基于弧形手性超材料的双频双圆极化天线。该手性结构可以在两个频段下将入射的线极化波分别转换为 LCP 和 RCP,它主要由介质基板及两层印刷在其两面、周期排列的圆弧形金属线构成。将这种手性超材料加载到传统线极化喇叭天线中作为覆层所构造出的双频双圆极化天线,可以在对天线增益产生极小增益减弱的情况下,将传统线极化天线改造为圆极化天线,并且其转换效率接近 90%。

文献[43]基于相似的机理,提出了一种宽带圆极化法布里-珀罗谐振天线。该研究成果利用一个线极化单极天线作为馈源,并将其与接地板、平行放置的介电薄层反射板构成一个法布里-珀罗谐振腔。该谐振腔系统无需复杂的馈电网络就可显著提升天线增益,当腔体高度满足谐振条件时,电磁波在腔内经多次反射后可以在反射板后方同相叠加输出,从而形成更窄的波束,获得更好的方向性。另外,他们设计了一种手性超材料周期结构,可以在 7.6GHz 附近将入射的 y 极化波转换为 LCP,与此同时在 6~8.5GHz 对 y 极化波反射波中的交叉极化几乎可以忽略。所以,该手性结构在具备线转圆特性的同时,还可以增强谐振腔内的反射,以提高整个天线系统的增益。

接着,他们将所设计的手性超材料覆盖在介电薄层反射板上,并通过仿真与实验测量分析了天线系统的性能。结果表明,该系统可以在 7.15~8.55GHz 实现宽带阻抗匹配,同时加入反射薄板后使原有的馈源天线增益在 7.95GHz 处提升了 5dB,而将手性超材料覆盖于反射薄板后使其增益进一步增加了 5dB。上述天线系统在 7.8GHz 处具有 14.76dBi 的峰值增益,同时在 7.4~8.45GHz 带宽内可以实现 S_{11} 幅值小于-10dB、轴比小于 3dB、峰值增益衰减小于 3dB 的性能。

日本学者中野（H. Nakano）等研究了各种基于自然和人工结构的螺旋天线[44-45]，在宽带辐射、低剖面及采用 EBG 反射器改善螺旋天线特性等方面开展工作，验证了螺旋结构的极化转换及超材料螺旋天线可以在不同频率呈现 LCP 和 RCP 辐射的特点。

以上研究均表明手性超材料可以有效地应用在改善天线波束方向性、提高增益以及构造圆极化辐射天线等方面。接下来，我们以 6.2 节给出的嵌套双层 SRR 手性结构为例，通过仿真说明利用其极化转换特性将普通线极化天线改造为圆极化天线的应用。

如图 6.4.12 所示为 CST 中建立的馈源天线与手性周期结构组成的圆极化天线系统示意图，其中天线的辐射贴片尺寸为 6.7mm×6.05mm，其介质基板尺寸为 24mm×25mm，工作频段为 8.83～8.98GHz，面向＋z 方向辐射 y 极化波并且与接地板相连；由手性超材料构成的极化转换平面结构尺寸为 70mm×70mm，共包含 20×20 个手性单元，其与贴片天线之间的 z 轴距离 10mm。

图 6.4.12(a) 给出了上述天线系统的结构示意图，图 6.4.12(b) 给出了原始贴片天线的三维辐射方向图。

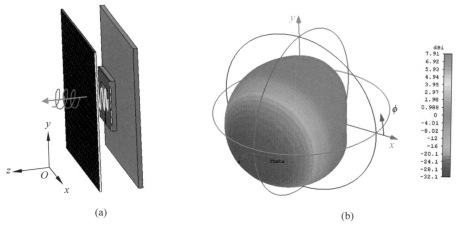

(a)　　　　　　　　　　　　　　　(b)

图 6.4.12　天线系统示意图

（a）天线系统结构；（b）贴片天线方向图

通过 CST 电磁仿真得到了前面构造的天线系统在未加入手性周期结构以及加入手性周期结构产生的远场平面电场分布图，分别如图 6.4.13(a) 和(b) 所示。从中可以清晰地看出，原始贴片天线辐射场在远场的分布为 y 极化波，而经过双层嵌套 SRR 手性周期结构的转换后，其极化特性在 8.9GHz 附近变为圆极化波，这与 6.2 节中的仿真结果是一致的。

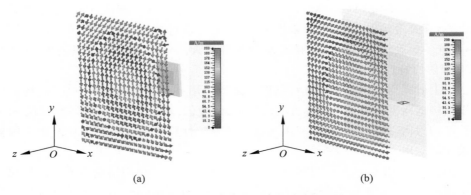

图 6.4.13　远场平面电场分布图

（a）未加入手性周期结构；（b）加入手性周期结构

　　由此可见，嵌套双层 SRR 手性超材料具备的线转圆特性成功实现了由传统线极化波得到圆极化波辐射特性，这表明平面结构手性超材料在天线设计与改造方面具有良好的应用性。

6.5　基于 PCB 的平面手性结构超材料的制备与实验

　　本章的前三节分别讨论了单层、双层和多层平面手性超材料的结构设计、电磁仿真以及手征特性分析，并在 6.4 节举例说明了手性结构在极化旋转与转换、吸波、天线设计及改善等方面的应用。本节将以前面讨论过的一种手性结构为例，重点阐述其加工制备与实验测量过程，根据测量数据得到其相应的透射参数，并结合仿真结果进一步分析手征性能。

　　这里选用了 6.3 节给出的多层堆叠类 DNA 螺旋手性结构的四单元组合形式作为制备与实验测量范例。我们知道，超材料制备主要采用传统印刷电路板（printed circuit board，PCB）生产工艺和激光刻蚀工艺，考虑到结构工作频段为微波段，因此采用 PCB 进行制备即可达到性能需求。另外，在超材料电磁传输特性实验测量方法中，主要有矩形波导法、自由空间法以及弓形法等。这里，我们采用比较常用的自由空间法进行测量。如图 6.5.1 所示为加工得到的手性周期结构实验测试样品，尺寸为 240mm×240mm，单元结构数为 30×30（四个子单元重新组合为一个新单元），其他参数均按照 6.3.2 节的仿真参数进行设计。如图 6.5.2 所示为实验测量场景图。发射天线固定在左边三角架上，手征材料试验板和接收天线放置在右边转台上，信号通过电缆传送至暗室处的数据处理设备。实验采用 Keysight 公司频率范围为 300MHz 至 20GHz 的双端口网络分析仪 E5071C，天线

用了专门研制用于该波段测试的左旋极化天线和右旋极化天线。两对天线如
图 6.5.3(a)和(b)所示,天线基本参数为:带宽 6～14GHz,回波损耗小于－10dB,
前向辐射天线增益为 3.2～4.5dBi。

图 6.5.1　多层堆叠螺旋结构实验样品

图 6.5.2　实验测量场景图

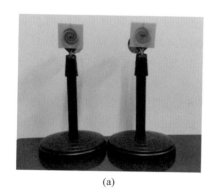

(a)

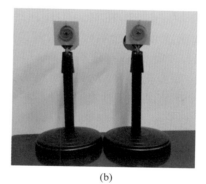

(b)

图 6.5.3　测试用圆极化天线

（a）右旋极化天线；（b）左旋极化天线

　　首先相同极化的左旋极化发射天线与接收天线相对水平放置,将待测的手性
结构固定在两天线中间的测量支架上,调节发射天线的位置使样品的两个表面与
两个天线的焦平面重合,此时到达结构表面的电磁波可近似认为是垂直入射的平
面波。将收发天线通过同轴电缆与矢量网络分析仪连接,分别测量其 S_{11} 和 S_{21}
参数;然后再用同样的方法,将左旋极化收发天线更换为右旋极化天线进行测试,
得到右旋圆极化 S_{11} 和 S_{21} 参数。由于该多层堆叠四单元组合手性结构的 LCP 和
RCP 的转换率差异非常小,实验重点测量了传输特性。如图 6.5.4 所示为根据测
量数据 S_{21} 得到的 LCP 和 RCP 的透过率。

　　从图 6.5.4 中可以看出,实验结果与图 6.3.10 仿真结果具有特性基本上吻
合。左旋圆极化波照射所设计手性材料时,仿真结果在约 10.7GHz 处达到第一个

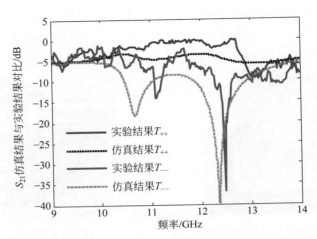

图 6.5.4 LCP 和 RCP 的实验测量与仿真透过率比较

吸收峰值,约-20dB,在 12.4GHz 达到第二个吸收峰值,约-40dB。在实际样品测试结果中明显出现两个吸收频点,但其频率要比仿真的频率高,分别在 11.3GHz 和 12.6GHz,其吸收峰值分别为-16dB 和-38dB。而右旋极化透过率 9GHz 和 14GHz 区间变化不大,表现出明显的圆二色性。图 6.5.5 显示了实验结果和仿真结果计算的圆二色性参数曲线,可以看到其在 11.2GHz 和 12.6GHz 处达到峰值,大小分别为 0.71 与 0.78。比仿真结果略大,可能是测量噪声影响造成的。

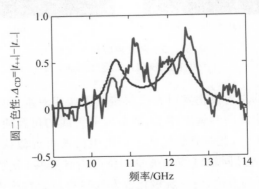

图 6.5.5 实验与仿真圆二色性参数曲线

由此可见,多层堆叠螺旋结构手性材料在高低两个不同频段呈现对左旋极化波的吸收,具有比较典型的非对称传输特性。

参考文献

［1］　PENDRY J B. A chiral route to negative refraction［J］. Science，2004，306：1353-1367.

［2］　CHENG Q，CUI T. Negative refractions in uniaxially anisotropic chiral media［J］. Physical Review B，2006，73(11)：113104-1-113104-4.

［3］　WANG B，ZHOU J，KOSCHNY T，et al. Chiral metamaterials：simulations and experiments［J］. Journal of Optics A Pure & Applied Optics，2009，11(11)：733-736.

［4］　KAFESAKI M，KENANAKIS G，ECONOMOU E N，et al. Chiral metamaterials：a tool for THz polarization control［C］. The 16th International Conference on Transparent Optical Networks，Graz，Austzia，2014.

［5］　KORDI M，MIRSALEHI M M. Optical chiral metamaterial based on the resonant behaviour of nanodiscs［J］. Journal of Modern Optics，2016，63(15)：1473-1479.

［6］　KARAASLAN M，KARADA F. Metamaterial design for natural like chiral and artificial chiral nihility［C］. IMSEC2016，Xian，2016.

［7］　PASSASEO A，ESPOSITO M，TASCO V，et al. Materials and 3D designs of helix nanostructures for chirality at optical frequencies［J］. Advanced Optical Materials，2017，(5) 1601079：1-25.

［8］　PENDRY J B，HOLDEN A J，ROBBINS D J，et al. Megnetism from conductors and enhanced nonlinear phenomena［J］. IEEE Trans. Microw. Theory Tech. ，1999，47(11)：2075-2084.

［9］　PLUM E，FEDOTOV V A，ZHELUDEV N I. Asymmetric transmission through chiral symmetry breaking in planar metamaterials［C］. CLEO/QELS，San Jose，USA，2008：1-2.

［10］　FENG Y J，ZHAO J M，ZHU B，et. al. Manipulating electromagnetic wave propagation，absorption and polarization with metamaterials［C］. 2012 IEEE Asia-Pacific Conference on Antennas and Propagation，Singapore，2012：1-2.

［11］　HUANG C，FENG Y J，ZHAO J M. Asymmetric electromagnetic wave transmission of linear polarization via polarization conversion through chiral metamaterial structures［J］. Physical Review B，Condensed Matter，2012，85(19)：195-131.

［12］　PLUM E，FEDOTOV V A，ZHELUDEV N I. Planar metamaterial with transmission and reflection that depend on the direction of incidence［J］. Applied Physics Letters，2009，94(13)：167401-1-4.

［13］　王甲富，屈绍波，徐卓，等. 基于双环开口谐振环对的平面周期结构左手超材料［J］. 物理学报，2009，5：3224-3229.

［14］　SMITH D R，SCHULTZ S，MARKOS P，et al. Determination of effective permittivity and permeability of metamaterials from reflection and transmission coefficients［J］. Physical Review B，2001，65：195104-1-5.

［15］　CHEN X，GRZEGORCZYK T M，WU B I，et al. Robust method to retrieve the constitutive effective parameters of metamaterials［J］. Physical Review E Statal Nonlinear & Soft

Matter Physics,2004,70(1): 016608.

[16] ZHAO R, KOSCHNY T, SOUKOULIS C M. Chiral metamaterials: retrieval of the effective parameters with and without substrate[J]. Optical Express, 2010, 18 (14): 14553-1-8.

[17] HOU Z L,KONG L B,JIN H B,et al. The comprehensive retrieval method of electromagnetic parameters using the scattering parameters of metamaterials for two choices of time-dependent factors[J]. Chinese Physics Letters,2012,29(1): 017701.

[18] 丁元,朱俊伟,郭宇晗,等.开口谐振环阵列在太赫兹波段的谐振特性实验研究[J].光学学报,2015,35(2): 245-250.

[19] ISIK O,ESSELLE K P. Design of monofilar and bifilar Archimedean spiral resonators for metamaterial applications[J]. IET Microwaves Antennas & Propagation,2009,3(6): 929-935.

[20] MOHAN S S. The design,modeling and optimization of on-chip inductor and transformer circuits[D]. California: Stanford University,1999.

[21] BILOTTI F,TOSCANO A,VEGNI L. Design of spiral and multiple split-ring resonators for the realization of miniaturized metamaterial samples [J]. IEEE Transactions on Antennas & Propagation,2007,55(8): 2258-2267.

[22] ARNAUT L R. Chirality in multi-dimensional space with application to electromagnetic characterization of multi-dimensional chiral and semi-chiral media[J]. Journal of Electromagnetic Waves & Applications,1997,11(11): 1459-1482.

[23] BAI B,SVIRKO Y,TURUNEN J,et al. Optical activity in planar chiral metamaterials: theoretical study[J]. Physical Review A,2007,76(2): 023811.

[24] ROGACHEVA A V,FEDOTOV V A,SCHWANECKE A S,et al. Giant gyrotropy due to electromagnetic-field coupling in a bilayered chiral structure[J]. Physical Review Letters,2006,97(17): 177401-177404.

[25] 黄慈.人工手征特异介质的电磁性质研究[D].南京:南京大学,2012.

[26] 黄锦安.电路[M].2版.北京:机械工业出版社,2007.

[27] YAN S,VANDENBOSCH G A E. Circular polarizer based on chiral twisted structure[C]. Electromagnetic Compatibility (EMC EUROPE),2013 International Symposium on. EMC Europe Foundation,Colorado,2013.

[28] 梁兰菊,姚建铨,闫昕,等.太赫兹波在谐振环多层超材料传输特性的研究[J].激光与红外,2012,42(9): 1050-1054.

[29] GANSEL J K,WEGENER M,BURGER S,et al. Gold helix photonic metamaterials: a numerical parameter study[J]. Optics Express,2010,18(2): 1059-1069.

[30] GANSEL J K,THIEL M,RILL M S,et al. Gold helix photonic metamaterial as broadband circular polarizer[J]. Science,2009,325(5947): 1513-1515.

[31] ZHAO Y,BELKIN M A,ALÙA. Twisted optical metamaterials for planarized ultrathin broadband circular polarizers[J]. Nature Communications,2012,3: 870-877.

[32] HASHEMI S M,TRETYAKOV S A,SOLEIMANI M,et al. Dual-polarized angularly stable high-Impedance surface [J]. IEEE Trans. on Antennas and Propagation, 2013,

61(8)：4101-4108.

[33] KUZNETSOV S A, ASTAFEV M, ARZHANNIKOV A V. Converting polarization of sub-THz wavesusing planar bilayer metastructures[C]. IRMMW-THz, Mainz, 2013.

[34] SEMCHENKO I V, KHAKHOMOV S A, SAMOFALOV A L. Transformation of the polarization of electromagnetic waves by helical radiators[J]. Journal of Communications Technology and Electronics, 2007, 52：850-855.

[35] 武霖. 手性超材料的偏振特性研究[D]. 武汉：华中理工大学, 2015.

[36] 汪丽丽, 宋健, 梁加南, 等. 手性超材料圆极化波吸收特性研究进展[J]. 材料导报, 2019, 33(3)：131-140.

[37] FAN S C, SONG Y L. UHF metamaterial absorber with small-size unit cell by combining fractal and coupling lines[J]. International Journal of Antennas and Propagation, 2018, 3：1-9.

[38] LAGARKOV A N, KISEL V N. Electrodynamic properties of simple bodies made of materials with negative permeability and negative permittivity[J]. Doklady Physics, 2001, 46(3)：163-165.

[39] ENOCH S, TAYEB G, SABOUROUX P, et al. A metamaterial for directive emission[J]. Physical Review Letters, 2002, 89(21)：213902-1-213902-5.

[40] FERNANDEZ O, GOMEZ A, GUTIERREZ J, et al. Enhancement of the radiation properties of a linear array of planar antennas with a chiral metamaterial cover[C]. 2013 Spanish Conference on Electron Devices, IEEE, RioPisuerga, 2013：223-226.

[41] GUTIERREZ J, FERNANDEZ O, PASCUAL J P, et al. W-Band linear array of planar antennas and chiral metamaterial cover[J]. International Journal of Microwave & Optical Technology, 2014, 9(6)：384-393.

[42] 罗先刚, 黄成, 马晓亮, 等. 一种基于弧形手性人工结构材料的双频双圆极化天线：CN201310398804. 7[P/OL]. 2013-09-05[2013-12-18]. http://cprs. patentstar. com. cn/Search/Detail?　　　　　　　　　ANE　　　　　　　　　＝
AIHA4AEA9AIA9GCCAIIA7FCA9GDDBCHA9ABA9FCG9HGE9HAC.

[43] CHEN C L, LIU Z G, WANG H. A wideband circularly polarized Fabry-Perot resonator antenna with chiral metamaterial[C]. 2019 IEEE Asia-Pacific Microwave Conference (APMC). IEEE, Singapore, 2019.

[44] NAKANO H, MIYAKE J, SAKURADA T, et al. Dual-band counter circularly polarized radiation from a single-arm metamaterial-based spiral antenna[J]. IEEE Trans. Antennas Propag, 2013, 61(6)：2938-2947.

[45] NAKANO H. Natural and metamaterial-based spiral and helical antennas[C]. IEEE Antennas & Propagation Conference, Loughborough, 2014.

第 7 章

立体手性结构超材料多层互连设计与制备

7.0 引言

2009 年甘瑟尔(J. K. Gansel)等在 *Science* 发表了有关由金螺旋线构成的单轴立体结构光子超材料中光偏振传播现象,并证明这些纳米结构具有与螺旋线相同的手性特征,可以作为紧凑型宽带圆极化器使用[1-2]。自此以后,设计出了不少立体手性结构超材料及相关制备工艺。但由于这些结构尺寸比较小,不太适合在微波及毫米波段应用。最近几年,相关学者尝试采用平面化多层堆叠结构超材料设计,以达到类似立体结构的手征特性[3-5],并尝试在微波和毫米波段应用。第 6 章介绍了基于单层与多层平面结构手性超材料结构设计,并通过电磁特性仿真对其手性特征进行了研究,在此基础上介绍了其在极化调控与转换、吸波以及加载天线等方面的应用,最后阐述了它们的制备方法与实验测量过程。第 6 章介绍的平面手性结构中,主要以开口谐振环、阿基米德螺旋线等基础结构与它们的多种变体为例进行分析,而整体的结构单元主要是通过不同单层结构进行平移、嵌套或旋转等方式堆叠而成。2018 年,新加坡南洋理工大学阿吉思·库马尔(Ajith Kumar)等研究了一种平面带螺旋线慢波结构(SWS)在均匀介质中的传输特性[6],这种介质传输线利用孔将介质基板两边的金属条带连接起来形成类螺旋结构,很好地实现了慢波开关的作用。事实上,近年来,除采用堆叠方式实现类似于螺旋的手性结构外,这种基于多层互连形式(如金属过孔)的立体手性结构也受到关注,它们与第 6 章介绍的堆叠式结构在手征性表达上具有相似之处,但同时在一些电磁波传输特性与手征性能方面也存在着比较明显的差异。本章将仿照第 6 章的写作结构,重点介绍基于多层互连手征结构超材料的设计机理、手征特性、典型应用和制备实验等方面的内容。

7.1 双层平面互连手性结构设计与特性分析

7.1.1 双层单 SRR 互连结构设计与特性分析

早在 2009 年,张(Zhang S.)等通过实验证明了手性超材料可以在太赫兹波段实现负折射率[7]。他们设计了一种金制立体手性结构,该结构下层为两个相互平行的金属条带,上层为一个斜置的金属杆,并且金属杆的两端由通孔分别与两个金属条带连通,其单元结构的电镜扫描照片如图 7.1.1(a)所示。实验结果表明,上述结构具有很强的手性,在不需要介电常数与磁导率同时为负的条件下,可以令左旋圆极化波产生负折射率。

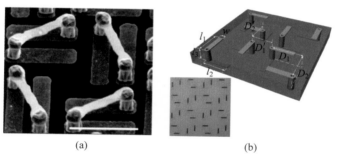

(a)   (b)

图 7.1.1 文献[7]提出的互连型手性结构
(a) 条带 3D 手性结构;(b) 曲柄 3D 手性结构

2011 年,莫利纳(G. J. Molina-Cuberos)等也研究了类似的双层过孔互连曲柄结构手性介质,如图 7.1.1(b)所示,数值仿真和实验都证明了所设计的曲柄结构具有手征特性和在一定频率范围具有负折射率[8]。由此可见,基于平面互连的立体结构同样可以构成手性超材料,并且在十多年前就引起了学者们的关注。

在第 6 章的双层 SRR 平面堆叠结构中,我们介绍了一种由两层具有相对旋转角度的单 SRR 组成的结构,当改变底层 SRR 旋转角时,该结构的手征性会随之改变,同时在特定的旋转角下将会表现出一定的谐振吸收特性。本节将重点介绍双层平面手性结构互连的设计与电磁特性分析,给出的是双层 SRR 互连手性结构。本节在研究参考文献[9]和[10]设计的双层互连 SRR 手性结构的基础上,通过将两层 SRR 的一端通过金属通孔连接构造双层互连逆时针方向旋转结构,其三维单元结构和周期阵列结构分别如图 7.1.2(a)和(b)所示。

该结构遵循前面几章所述手性超材料单元的尺寸与工作波段之间的关系及其结构设计的主要原则。在此我们主要研究包含 X 波段的微波手性结构设计,综合

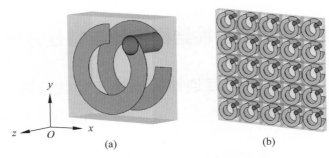

图 7.1.2 双层互连 SRR 结构示意图

(a) 单元结构；(b) 周期结构

考虑工作波长与制作工艺难度，其结构的具体参数设置如下：单元结构尺寸为8mm，两个金属圆环层均采用厚度为 0.017mm 的铜质结构，其电导率为 $5.8 \times 10^7 \text{S/m}$；圆环的内、外半径分别为 2mm、3.5mm，其开口角度为 45°；两层金属 SRR 中间是介电常数为 4.3、损耗正切为 0.025 的 FR-4 介质板，其厚度为 3mm。另外，沿 $-z$ 方向看过去，该结构的表层 SRR 左侧开口边与 y 轴平行，底层 SRR 由表层 SRR 沿顺时针旋转 45° 得到。此时，底层 SRR 的左侧开口边与表层 SRR 的右侧开口边恰好对齐，用铜制金属通孔将其连接，则该通孔与 z 轴平行，同时底层 SRR 的右侧开口边与 x 轴平行。

下面同样首先利用电磁仿真软件 CST Microwave Studio 对该双层互连 SRR 手性结构进行建模与仿真，研究其针对圆极化入射波的透射特性，并根据圆极化波直接透过与极化转换分量对应的电磁传输系数判断其是否具有圆二色性或圆转换二向色性。接着，根据现有的研究重点对其不同线极化波透射与转换差异以及非对称传输性能进行仿真分析。仿真中，在 x 方向和 y 方向上设置周期性边界条件，在 z 方向上设置开放边界条件，并使用频域求解器仿真获取 S 参数，以完成后续的计算和处理。如图 7.1.3 所示为仿真示意图，将 SRR 周期结构与 xy 平面平行放置，令电磁波沿 $-z$ 方向（正向）垂直入射至结构中。此外，与第 6 章保持一致，本章如无特殊注明，均默认超材料结构按上述方式进行放置，并且统一定义 $-z$ 方向为电磁波正向入射方向，后文将不再赘述。

在仿真中，采用 LCP 和 RCP 作为电磁激励，得到该结构在 8~18GHz 的透射特性曲线，结果如图 7.1.4 所示。图中，T_{--} 和 T_{++} 分别表示 LCP 和 RCP 入射波的直接透过率，而 T_{+-} 和 T_{-+} 分别表示 LCP 和 RCP 入射波转换为相反极化形式的转换率，同时为了使对比更加清晰，将所有曲线以分贝（dB）进行显示。

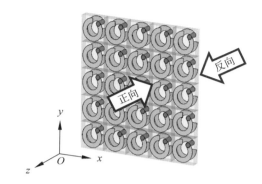

图 7.1.3　电磁波入射双层互连 SRR 周期结构示意图

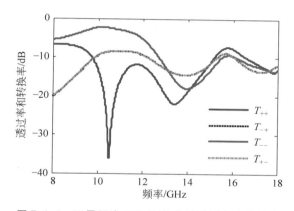

图 7.1.4　双层互连 SRR 圆极化波透过率和转换率

由图 7.1.4 中仿真结果可以看出,两种圆极化波的转换率曲线在整个考察频段内几乎完全重合,说明该结构不具备圆转换二向色性。在直接透过率方面,两种圆极化电磁波的透过率曲线在 8~14GHz 存在较明显的差异,并且 LCP 透过率高于 RCP 透过率。

进一步地,图 7.1.5 给出了 RCP 和 LCP 入射波的同极化透过系数之差,即圆二色性参数。从计算结果可以看出,圆二色性参数从 8GHz 开始先逐渐减小,在约 10.5GHz 处达到负峰值 -0.73,随后开始逐渐升高并在约 15.7GHz 处达到正峰值 0.09,接着又开始缓慢减小。由此可以看出,该结构对 LCP 入射波的透过率明显较高,并且圆二色性较强,因此对于入射波具有良好的极化旋转能力。

从上面的分析可以看出,该双层互连 SRR 结构具有非常明显的手征性,而根据文献[9]的研究,其手征性具体表现在可以对入射的不同线极化波实现双频带、双极化的非对称传输功能。接下来,分别采用 x 极化波与 y 极化波作为激励,通过

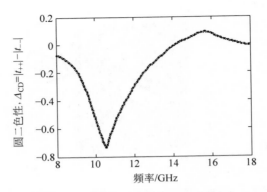

图 7.1.5 双层互连 SRR 圆二色性曲线

电磁仿真得到了两种线极化波在上述结构中传输的透过率和转换率曲线,如图 7.1.6 所示。

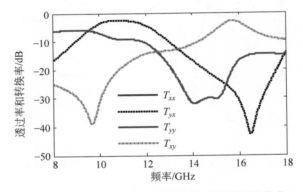

图 7.1.6 双层互连 SRR 线极化波透过率和转换率

图 7.1.6 中,T_{xx} 和 T_{yy} 分别表示 x 极化波和 y 极化波的直接透过率,而 T_{yx} 和 T_{xy} 分别表示 x 极化波和 y 极化波转换为正交极化形式的转换率。观察两个直接透过率曲线可以发现,在所考察的 8~18GHz,两种不同线极化波的直接透过率几乎重合,随着频率增大首先呈下降趋势,在约 14GHz 处达到最低值 -32dB,此后开始呈上升趋势。另外,由图 7.1.6 中曲线可见两种不同线极化波的极化转换率始终存在明显的差异。具体来说,从 8GHz 开始,x 极化波转换率 T_{yx} 随频率先增大、后减小,y 极化波转换率 T_{xy} 随频率先减小、后增大,并且 T_{yx} 高于 T_{xy};两者在约 13.4GHz 处发生交汇后,T_{yx} 随频率先减小、后增大,T_{xy} 随频率先增大、后减小,并且 T_{yx} 始终低于 T_{xy}。

从上述结果可知,该结构对于线极化波具有双频段下的双极化转换特性,在 8~13.4GHz 大部分 x 极化波发生转换,而 y 极化波转换分量很少,在 13.4~

18GHz 大部分 y 极化波发生转换,此时 x 极化波转换分量很少。此外,结合 6.2 节介绍的双层 SRR 线极化波透射特性仿真结果,可以对有无金属通孔连接的手性结构进行初步的定性比较。可以看出,在单元尺寸均为 8mm 且两层 SRR 间旋转角均为 45° 时,普通非互连结构不同线极化波的透过率和转换率曲线均不重合,其中 x 极化波转换率在观测频段内始终高于 y 极化波,并且两者大小未出现反转,即具有单频段下的单极化转换性能。因此,除了两层金属间旋转角参数外,是否具有通孔结构也会影响双层 SRR 结构的谐振特性,从而使其对入射线极化波的转换性能发生改变。

接下来,我们给出了不同线极化波在该手性结构中的总透射率仿真结果,如图 7.1.7 所示。从图中可以看出,在 8～13.4GHz x 极化波的透射呈现通带特性,其透射率在约 10.7GHz 处达到峰值 0.69,而 y 极化波的透射率始终低于 0.3,呈现阻带特性;在 13.4～18GHz y 极化波的透射呈现通带特性,其透射率在约 15.7GHz 处达到峰值 0.53,而 x 极化波的透射率始终低于 0.1,呈现阻带特性。

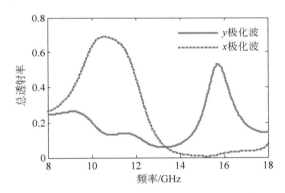

图 7.1.7　双层互连 SRR 线极化波总透射率

通过分析可知,上述双层互连 SRR 结构具备的手性特征使其在电磁波传输方向上不具有对称性,从而使入射电磁波的电场与磁场产生了较强的交叉耦合。当 x 极化波正向入射时在某一个频段内可以透过介质,并且转换为 y 极化波,而从相反方向入射在此频段内则无法透过,对于 y 极化波同样如此。这就表明,该结构可以实现针对线极化电磁波的不对称传输。这里,定义其线极化波非对称传输参数(CCD)为 x 极化波与 y 极化波的极化转换率之差,用公式表示为

$$\Delta_{\text{lin}} = T_{yx} - T_{xy} \tag{7.1.1}$$

同时,令电磁波沿 $+z$ 方向(反向)入射该结构,仿真得到相应的透射参数,并分别计算正向、反向入射情况下的非对称传输参数,结果如图 7.1.8 所示。

从图 7.1.8 中可以看出,在正向入射条件下,非对称传输参数曲线在 10.7GHz 与 15.7GHz 处分别达到了正峰值 0.56 和负峰值 −0.52,使得 x 极化波与 y 极化

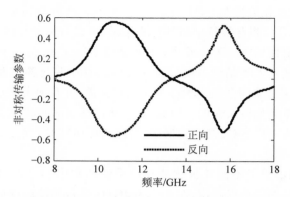

图 7.1.8　双层互连 SRR 线极化波非对称传输参数（正向、反向入射）

波在这两个频点附近分别具有较高的转换率。在反向入射条件下，极化转换情况发生了互换，在上述两个频点处分别是 y 极化波与 x 极化波具有较高的转换率。

最后，我们基于电磁仿真得到的 S 参数对上述手性结构进行等效电磁参数提取，所得等效介电常数和等效磁导率结果如图 7.1.9 所示。由图中可以看出，该双层单 SRR 互连结构在谐振频率 10.2GHz 附近产生了等效介电常数及等效磁导率的极小值，但均未达到负值。

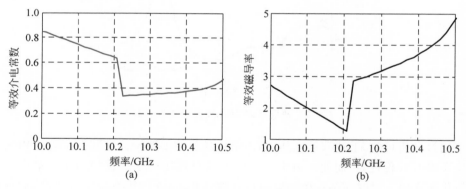

图 7.1.9　双层单 SRR 互连手性结构等效电磁参数

(a) 等效介电常数；(b) 等效磁导率

综上所述，本节介绍的基于金属通孔连接的双层互连 SRR 结构具有明显的手征性，对于圆极化入射波表现出较强的单极化圆二色性，对于线极化入射波则表现出双频带、双极化的非对称传输特性，因此在极化调控和电磁波单向传输等方面具有较好的应用潜力。

7.1.2　双层非对称双 SRR 互连结构设计与特性分析

在第 6 章,我们最早介绍的单层平面手性结构便是非对称双 SRR,由于其两端圆弧长度及两个开口角度均不同,从正反两个方向观察不具有对称性,因此即便采用单层也可以构造手性超材料。另外,我们还列举了两种双层非对称 SRR 结构,当其双层 SRR 具有不同空间关系时,可分别实现圆二色性与圆转换二向色性。

由此可见,非对称 SRR 也是一类被广泛研究并具有较高应用价值的手性超材料结构。本节,我们在文献[11]的基础上设计了一种双层互连非对称 SRR 手性结构,其三维单元结构如图 7.1.10 所示。与第 6 章中非对称 SRR 不同的是,该结构表层开口环的两段圆弧长度以及两个开口宽度均相同,只是通过旋转使上下两段圆弧不再关于 x 轴对称,同时将开口边均设为与 x 轴平行,以使其满足手性特征。其底层与表层 SRR 结构相同,同时绕 z 轴旋转至合适角度,使得底层 SRR 下侧圆弧左端、上侧圆弧右端分别与表层 SRR 上侧圆弧左端、下侧圆弧右端对齐,并采用金属通孔将其分别连接,形成双层互连手性结构。这里,仍然考虑基于微波频段的设计和应用,该结构的详细参数设置如下:单元结构尺寸为 8mm,金属圆弧均采用厚度为 0.017mm 的铜质结构;SRR 的内、外半径分别为 2mm、2.5mm,开口缝隙宽度为 0.25mm;两层金属 SRR 中间是介电常数为 4.3、损耗正切为 0.025 的介质板,其厚度为 3mm。

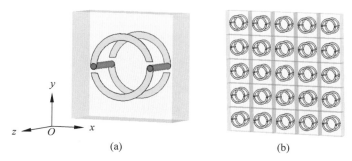

(a)　　　　　　　　　　　　(b)

图 7.1.10　双层互连非对称 SRR 结构示意图

(a) 单元结构;(b) 周期结构

下面,通过 CST 电磁仿真对该双层互连非对称 SRR 结构的手征性进行研究。首先,采用 LCP 和 RCP 沿 $-z$ 方向垂直入射,仿真得到四种圆极化透射系数,结果如图 7.1.11 所示。

从图 7.1.11 中可以看出,在所考察的 4～18GHz,该互连结构对 LCP、RCP 两种圆极化波的极化转换率曲线几乎完全重合,因此也不具有圆转换二向色性。另

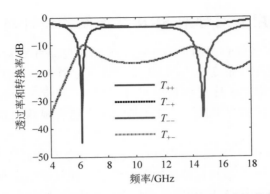

图 7.1.11　双层互连非对称 SRR 圆极化波透过率和转换率

外,两种圆极化波的直接透过率产生了较大差异,其中 RCP 透过率曲线在约 6.2GHz 处达到负峰值 −45dB,并且在此频点附近其透过率均低于 LCP 的透过率;LCP 透过率曲线在约 14.7GHz 处达到负峰值 −36dB,并且在此频点附近其透过率均低于 RCP 的透过率。这一结果表明,该结构两个频率具有非常明显的圆二色性,图 7.1.12 给出了其圆二色性曲线。

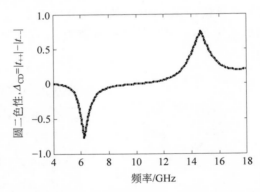

图 7.1.12　双层互连非对称 SRR 圆二色性曲线

从图 7.1.12 可以发现,该结构的圆二色性随频率先逐渐增大,在约 6.2GHz 处达到负峰值 −0.764,随后开始增大并在约 14.7GHz 处达到正峰值 0.738,接着又逐渐减小。不同于 7.1.1 节介绍的双层互连单 SRR 结构的圆二色性只具有较大的正峰值,该结构圆二色性的正、负峰值模值均超过了 0.7,因此对 RCP 和 LCP 在不同频段可以分别实现较高的透过率,同时也表明其具备良好的极化旋转能力,手征性较强。此外,在 6.4 节介绍的双层不对称 SRR 结构(两层之间具有镜像关系)与本节给出的结构具有一定的可比性。通过初步的定性比较可以看出,在单元尺寸均为 8mm 的条件下,双层堆叠与互连非对称 SRR 结构均不具备圆转换二向色性,同时都具有显著的圆二色性。不同的是,在观测频段内前者的圆二色性参数具有唯一的正峰值 0.5,而后者的圆二色性参数在两个频段下分别具有较高的正、负峰值。因此,对于双层非对称 SRR 手性结构来说,是否采用通孔连接可以使其产生单频带、单极化圆二色性与双频带、双极化圆二色性之间的区别。

接下来,采用线极化波进行仿真,得到了该结构的四种线极化透射系数,如图 7.1.13 所示。从图中可知,x 极化波和 y 极化波的直接透过率始终存在一定的差异,它们的极化转换率则几乎完全重合,所以该结构并不具有针对线极化波的非对称传输性能。

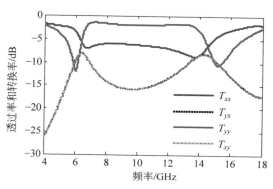

图 7.1.13　双层互连非对称 SRR 线极化波透过率和转换率

尽管从线极化波的透过率与转换率曲线看不出明显的手征性,但可以发现:两种线极化波的透过率和它们各自的转换率数值在两个较为集中的频段内均非常接近。结合线极化波转换为理想圆极化波的条件,即线极化波透过率和转换率的幅值相同并且相位正交,我们推测该结构可能具有较好的线转圆性能。为了对这一推论进行验证,计算得到了上述线极化波的透过率与转换率之间的幅值差以及相位差,结果分别如图 7.1.14(a)和(b)所示。

根据图 7.1.14 中结果可知,对于 x 极化波,其透过率与转换率在约 6.5GHz 处的幅值差为 0.08、相位差为 91°,在约 14GHz 处的幅值差为 0.02、相位差为 271°（−90°）；对于 y 极化波,其透过率与转换率在约 6GHz 处的幅值差为 −0.08、相位差为 −88°,在约 15GHz 处的幅值差为 −0.02、相位差为 91°。因此,该结构在这两个频段内的特性均满足线极化波转理想圆极化波的条件,可以使 x 极化波和 y 极化波转换为圆极化波。

为了更加直观地分析该结构的线转圆特性,我们仿真得到了其 x 极化波和 y 极化波转换为 LCP 与 RCP 的转换率曲线,如图 7.1.15 所示。其中,T_{+x}、T_{-x}、T_{+y}、T_{-y} 分别表示 x 极化波转换为 RCP、x 极化波转换为 LCP、y 极化波转换为 RCP、y 极化波转换为 LCP 的转换率。

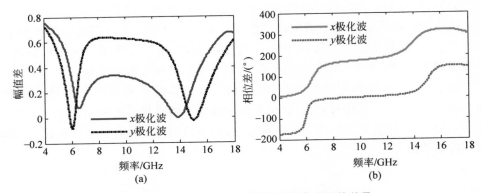

图 7.1.14　线极化波透过率与转换率之间的差异

(a) 幅值差；(b) 相位差

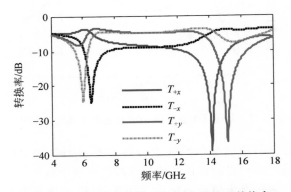

图 7.1.15　双层互连非对称 SRR 线转圆转换率

从图 7.1.15 中可以发现,在 6GHz 附近 T_{-x} 与 T_{-y} 均出现了明显的负峰值,大约为 -25dB,而在 14.5GHz 附近 T_{+x} 与 T_{+y} 均出现了明显的负峰值,分别约为 -39dB 和 -37dB。我们知道,当线极化波转换为一种圆极化波的比率远大于(或小于)另一种圆极化波时,透射波将近似为某种圆极化波。由此可见,在 6GHz 附近 x 极化波和 y 极化波大部分被转换为 RCP,而在 14.5GHz 附近 x 极化波和 y 极化波大部分被转换为 LCP。

最后,类似于非对称传输参数,我们计算了线极化波转换为 RCP 与 LCP 的转换率之差,如图 7.1.16 所示。可以看出,线极化波转换为不同圆极化波的差异在两个不同频段上分别出现了明显的正、负峰值,进一步说明了该结构具备较好的线转圆特性。此外,x 极化波在两个频段内的线转圆差异均强于 y 极化波,说明当 x 极化波入射得到的透射波具有更接近理想圆极化的特性。

在等效电磁参数反演方面,我们基于电磁仿真得到的 S 参数分别对 $6\sim7$GHz 和

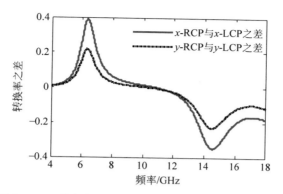

图 7.1.16　线极化波转换为 RCP 与 LCP 的转换率之差

14～15.5GHz 两个谐振频段附近对上述手性结构进行等效电磁参数计算,结果分别如图 7.1.17 和图 7.1.18 所示。

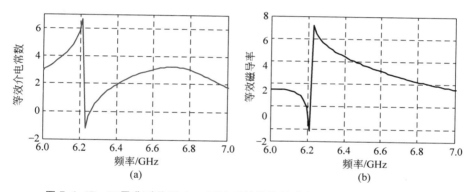

图 7.1.17　双层非对称双 SRR 互连手性结构等效电磁参数(6.2GHz 谐振)

(a) 等效介电常数;(b) 等效磁导率

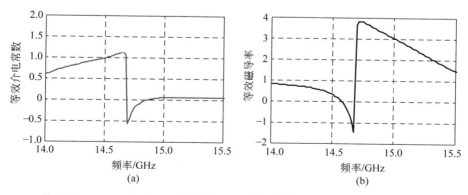

图 7.1.18　双层非对称双 SRR 互连手性结构等效电磁参数(14.7GHz 谐振)

(a) 等效介电常数;(b) 等效磁导率

可以看出,该双层非对称双 SRR 互连结构在两个谐振频率(6.2GHz 和 14.7GHz)附近均产生了等效介电常数及等效磁导率的极小值,并且等效介电常数和等效磁导率均达到了负值,说明双层互连非对称 SRR 呈现明显的手征特性,具有负折射率。

综上所述,本节介绍的基于金属通孔连接的双层互连非对称 SRR 结构对于圆极化入射波表现出较强的双极化圆二色性,对于线极化入射波则表现出双频带、双极化的线转圆特性,因此在极化旋转和线圆极化相互转换等方面具有一定的应用潜力。

7.1.3 双层嵌套 SRR 互连结构设计与特性分析

第 6 章介绍了嵌套型 SRR 超材料,对于单层结构来说,嵌套是除了非对称开口外另一种使结构满足手性特征的方式,并使其具有较好的圆转换二向色性;另外,双层嵌套 SRR 虽然圆二色性不高,但具有良好的线转圆特性。本节将对双层互连嵌套 SRR 结构的设计进行阐述,并通过电磁仿真分析讨论其手征性。

该结构的三维单元结构和周期阵列示意图如图 7.1.19 所示,可以看出其嵌套的内环和外环基本结构均采用了 7.1 节设计的双层互连单 SRR,只不过其内环的旋向变为了顺时针,且绕 z 轴进行了旋转使其表层(底层)开口边与外环的表层(底层)开口边相互垂直,此外内、外环的金属通孔与圆心的连线是共线的(夹角为 $180°$)。这里,仍考虑工作于微波频段下的结构设计,其具体的物理参数设置如下:单元结构尺寸为 8mm,金属圆环层采用厚度为 0.017mm 的铜质结构,其电导率为 $5.8×10^7$S/m;嵌套环的外环外半径和内半径分别为 3.25mm 和 2.75mm,内环外半径和内半径分别为 2.25mm 和 1.75mm,所有开口角度均为 $45°$;两层金属结构中间是介电常数为 4.3、损耗正切为 0.025 的 FR-4 有损介质板,厚度为 3mm。

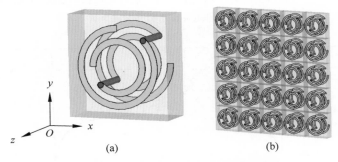

图 7.1.19 双层互连嵌套 SRR 结构示意图

(a) 单元结构;(b) 周期结构

下面对该双层互连嵌套 SRR 手性结构进行电磁仿真,并重点分析其具有的手征性能。仿真中,首先采用 LCP 和 RCP 两种极化波沿 $-z$ 方向垂直入射,通过频域求解器仿真获取其四种电磁传输参数,其透过率和转化率结果如图 7.1.20 所示。

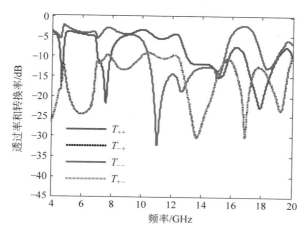

图 7.1.20　双层互连嵌套 SRR 圆极化波透过率和转换率

从图 7.1.20 中可以看出,在考察的 4～20GHz 频段内,LCP 和 RCP 的极化转换率曲线几乎完全重合,因此该结构不具有圆转换二向色性。另外,两种圆极化波的直接透过率曲线表现出较大差异,且变化情况比较复杂。其中,RCP 透过率曲线在约 4.6GHz、7.6GHz 与 17.9GHz 处均出现明显的负峰值,并且在这些频点附近其透过率均低于 LCP 的透过率;LCP 透过率曲线在约 11GHz 处出现明显的负峰值,并且在该频点附近其透过率低于 RCP 的透过率。这表明该结构具有较为丰富的圆二色性,如图 7.1.21 所示为其圆二色性参数曲线。

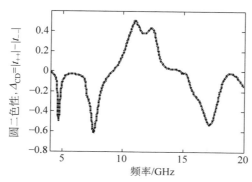

图 7.1.21　双层互连嵌套 SRR 圆二色性曲线

观察可以发现,该结构的圆二色性随频率波动起伏较大,具有非常明显的峰值,其中在约 4.7GHz、7.6GHz 与 17.2GHz 处的负峰值分别达到了 -0.49、-0.62

与−0.53,此时 LCP 的透过率将远高于 RCP 的透过率;在约 11GHz 处的正峰值达到了 0.51,此时 RCP 的透过率将具有较大优势,且这种优势保持在相对较宽的频带内。因此,该结构可以在三个较窄频带内对 LCP 实现较高的透过率,而在一个较宽频带内对 RCP 实现较高的透过率,具有较强的手征性。此外,可以将 6.2 节介绍的双层嵌套 SRR 结构与本节给出的互连结构进行初步的定性比较。可以看出,未采用通孔连接的堆叠嵌套 SRR 在其观测频带内具有双极化圆二色性,但数值明显低于本节给出的采用通孔连接的互连嵌套 SRR。同时,改变两层结构间的旋转角度可以使其圆二色性的强度与带宽特性均发生改变,但峰值仍未超过 0.4。不过,堆叠型双层嵌套 SRR 结构与 7.1.2 节给出的互连型双层非对称 SRR 结构在线转圆方面都具有良好的性能。

由此可知,基于上述设计的双层互连嵌套结构仅仅具有圆二色性而没有圆转换二向色性,因此并不适合用于实现圆极化波的非对称传输中。接下来,我们对原结构进行一些调整,将内外环的尺寸互换,使其旋向分别变为逆时针和顺时针,而开口边相互垂直以及通孔-圆心连线共线的关系保持不变,得到的新结构三维示意图如图 7.1.22 所示。

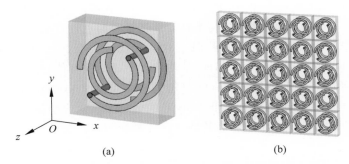

图 7.1.22　双层互连嵌套 SRR 结构示意图(内外环互换)
(a) 单元结构;(b) 周期结构

下面对该结构进行电磁仿真,在 6~12GHz 得到的圆极化透射参数如图 7.1.23 所示。从图中可以发现,此时的 LCP 和 RCP 的直接透过率曲线几乎完全重合,而它们的极化转换率曲线产生了较大差异,RCP 的转换率在 6.9~11.6GHz 内始终高于 LCP 的转换率,并且表现出宽带特性。

此外,我们计算了该结构对圆极化波的非对称传输参数,结果如图 7.1.24 所示。可以看出,曲线在约 6.9GHz 之后开始快速上升,在约 7.8GHz 处达到第一个峰值 0.54,接着小幅下降后继续上升并在约 10.2GHz 处达到第二个峰值 0.47,随后又开始下降。尽管曲线在两个峰值之间产生了波动,但其最大处也不低于 0.27,说明该结构在较宽的频带内均具有好的非对称传输性能。

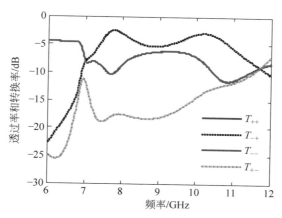

图 7.1.23　双层互连嵌套 SRR 圆极化波透过率和转换率(内外环互换)

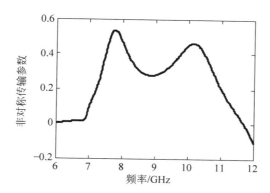

图 7.1.24　双层互连嵌套 SRR 非对称传输参数(内外环互换)

　　由此可见,对于本节给出的双层互连嵌套 SRR 结构,通过将内外环尺寸进行互换,可以分别实现多频点、宽带的圆二色性与宽带的圆转换二向色性。基于这种灵活、简便的设计与调整,可以令相应的结构表现出不同的手征性,从而可用于不同的微波功能器件的构造当中。

7.2　多层平面互连结构手性材料设计与制备

7.2.1　多层半圆环互连结构设计与特征分析

　　6.3 节在单层与双层平面手性结构的基础上,介绍了由三层及以上金属介质层堆叠而成的多层手性超材料。现有的研究表明,多层堆叠型手性结构与单层或双层结构相比,在适当的设计下会表现出更强的谐振特性或谐振带宽,并且具备更加明显的手征性能。而目前由于制作相对困难,关于多层互连手性超材料的研究还非常少。本节将重点介绍几种多层互连手性结构,在给出其结构设计过程的基础上重点对电磁仿真结果表现出的手征性进行分析、讨论。

首先,给出的是一种多层半圆环互连手性结构,其三维单元和周期性阵列结构示意图如图 7.2.1 所示。

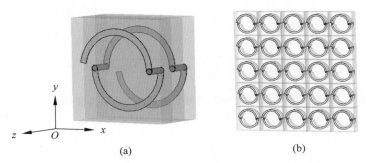

(a)   (b)

图 7.2.1　多层互连半圆环结构示意图
(a) 单元结构;(b) 周期结构

由图 7.2.1 可以看出,该结构由四层金属半圆环与三层介质基板组成,每层圆环之间通过通孔连接形成互连体。这里,仍然考虑微波频段下的手性结构研究,因此需要兼顾工作波长与制作工艺难度,该多层结构的详细物理参数设计如下:单元结构尺寸为 8mm,四层金属圆环均采用厚度为 0.017mm 的铜质结构;圆环的内、外半径分别为 2.75mm、3.25mm,同时为了使通孔不被遮挡,令表层与底层圆环弧度为 170°,而中间两层圆环弧度为 180°;相邻两层金属中间是介电常数为 4.3、损耗正切为 0.025 的介质板,其厚度均为 1.5mm。此外可以看到,上述多层结构非常类似于立体单螺旋结构,只是这里将连续的螺旋用通孔代替,并将基于多层平面互连得到的立体结构近似传统的三维螺旋,从而便于 PCB 加工制备。

下面,我们对上述四层半圆环互连结构在 CST 中进行建模与仿真,并分析其电磁传输参数和手征特性。仿真中采用 LCP 和 RCP 作为激励,获取电磁波正向垂直入射情况下的四种圆极化透射系数,结果如图 7.2.2 所示。

从图 7.2.2 中可以发现,在我们所考察的 3~18GHz,LCP 和 RCP 入射波的极化转换率曲线几乎完全重合,因此该多层结构并不具备圆转换二向色性。另外,LCP 的直接透过率曲线在约 4.1GHz、6.7GHz 与 12.8GHz 处均出现明显的负峰值,其数值分别为 −19dB、−15.4dB 与 −19.9dB,而在这三个频率附近 RCP 的直接透过率均在 −5dB 以上。另外,在 12.8GHz 后 LCP 的透过率开始快速上升,并在 14.7GHz 附近稳定在 −2dB 左右,而此时 RCP 的透过率出现了显著的负峰值,

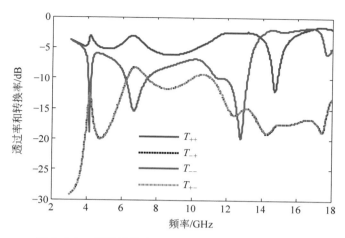

图 7.2.2　多层互连半圆环圆极化波透过率和转换率

达到了 −12dB。这就表明，两种圆极化波在这几个频率附近的透过率具有较大的差异，并且数值大小出现了反转，因此该多层结构具有较强的圆二色性，并在多个频段内均有表达。

　　进一步地，我们计算得到了该结构的圆二色性参数，结果如图 7.2.3 所示。从图中可以看出，其圆二色性参数在 4.1GHz、6.7GHz 与 12.8GHz 分别达到了 0.58、0.53 与 0.65，此时 RCP 透过率远高于 LCP 的透过率。此后，圆二色性开始迅速减小，并在 14.7GHz 处达到了 −0.54，此时 LCP 透过率远高于 RCP 的透过率。

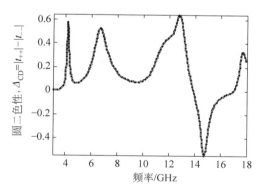

图 7.2.3　多层互连半圆环圆二色性曲线

　　接下来，我们采用线极化入射波进行仿真，得到了 x 极化波和 y 极化波的四种透射系数，如图 7.2.4 所示。

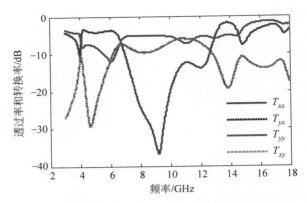

图 7.2.4　多层互连半圆环圆极化波透过率和转换率

从图 7.2.4 中可以看出,该结构对两种线极化波的极化转换率曲线仍然是几乎重合的,而它们的直接透过率在约 9.2GHz 附近产生了超过 30dB 的差距。由此可见,该结构并不具备针对线极化波的极化转换与非对称传输特性,其手征性在圆极化波与线极化波的传输中均表现在透过率方面。

综上所述,该多层互连半圆环结构具有多频带、双极化的圆二色性,这点与 7.1 节中双层互连嵌套 SRR 中的第一种手性结构十分相似,而对线极化波的传输特性则与双层互连非对称 SRR 结构较为相似,无法实现线极化非对称传输功能。

7.2.2　多层嵌套 SRR 互连结构设计与特征分析

7.1 节介绍了双层互连嵌套 SRR 手性结构,以单 SRR 为基础,将两层内环与两层外环分别用通孔进行互连,并通过改变内、外环的旋向以实现不同的手征特性。本节在 7.2.1 节多层互连半圆环结构的基础上,给出一种基于多层嵌套 SRR 的互连手性结构,其三维单元示意图如图 7.2.5 所示。

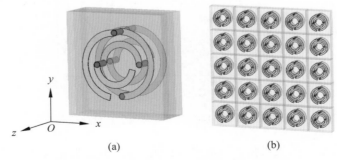

(a)　　　　　　　　　　(b)

图 7.2.5　多层互连嵌套半圆环结构 1 示意图

(a) 单元结构；(b) 周期结构

从图 7.2.5 可以看出,该多层手性结构由四层金属与三层介质基板组成,其中每层金属均由内、外嵌套且相对旋转 90° 的半圆环构成,并且不同层内环与内环、外环与外环均通过金属通孔连接。实际上,该结构就是基于两个尺寸不同的多层互连半圆环结构嵌套而成,其本质上可以看作相互扭转的平面化单螺旋嵌套体。另外,其他的详细物理参数设计如下:单元结构尺寸为 8mm,四层金属圆环均采用厚度为 0.017mm 的铜质结构;内环的内、外半径分别为 1.25mm、1.75mm,外环的内、外半径分别为 2.25mm、2.75mm;为了使通孔不被遮挡,设内、外环的表层与底层圆环弧度为 170°,而中间两层圆环弧度为 180°;相邻两层金属中间是介电常数为 4.3、损耗正切为 0.025 的 FR-4 介质板,其厚度均为 1mm。

下面,我们对上述四层嵌套半圆环互连结构进行电磁仿真,观察其电磁传输特性并分析手征性能。仿真中,采用 LCP 和 RCP 作为激励从正向垂直入射该结构,得到的圆极化传输系数如图 7.2.6 所示。

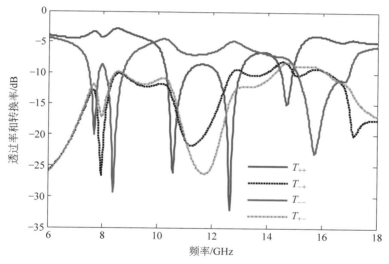

图 7.2.6   多层互连嵌套半圆环圆极化波透过率和转换率(结构 1)

从图 7.2.6 中可以看到,在考察的 6~18GHz,LCP 和 RCP 入射波的极化转换率曲线在大部分频段下几乎是重合的,在 8GHz、12GHz 与 17GHz 附近具有一定的差异,但差异并不大。下面重点关注两种圆极化波的直接透过率,可以发现,LCP 的透过率曲线在约 7.7GHz、8.4GHz 与 15.8GHz 处均出现了明显的负峰值,其数值分别为 −20dB、−29.3dB 与 −22.9dB,同时在以上三个频率附近 RCP 的透过率均在 −5dB 以上。另外,RCP 的透过率曲线在约 10.6GHz 与 12.7GHz 处均出现了明显的负峰值,其数值分别为 −26.2dB 与 −32dB,而在这两个频率附近 LCP 的透过率均在 −5dB 以上。以上结果表明,两种圆极化波在多个频率附近的透过率出现了较大的差异,并且互有高低,因此该多层结构具有较强的多频段圆二色性。

与此同时,我们计算得到了该结构的圆二色性参数,结果如图 7.2.7 所示。从图中可以看出,其圆二色性参数在 7.7GHz、8.4GHz 与 15.8GHz 分别达到了 0.59、0.68 与 0.57,此时 RCP 透过率将远高于 LCP 的透过率。另外,圆二色性参数在 10.6GHz、12.7GHz 与 14.7GHz 分别达到了 −0.49、−0.55 与 −0.25,此时 LCP 透过率相比 RCP 的透过率具有较大的优势。

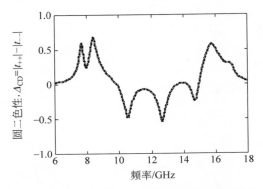

图 7.2.7　多层互连嵌套半圆环圆二色性曲线(结构 1)

已知对于上述这类多层嵌套的互连型手性结构,其内、外环之间的旋向与相对旋转角度都有多种设定及组合方式。通过多次仿真实验,我们发现除了前面所述的相同旋向、垂直嵌套的结构之外,另一种相反旋向、平行嵌套的结构同样具有良好的圆二色性表达。如图 7.2.8 所示为第二种结构的三维单元示意图,与第一种结构相比仅仅改变了内外环的旋转角度使其由垂直变为相差 180°,同时将内环旋向由顺时针改为逆时针,其余参数均保持不变。

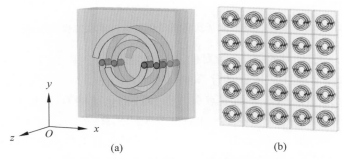

(a)　　　　　　　　　　　　　(b)

图 7.2.8　多层互连嵌套半圆环结构 2 示意图

(a) 单元结构;(b) 周期结构

通过电磁仿真发现上述结构在 6～14GHz 具有非常明显的手征性,其圆极化透射参数结果如图 7.2.9 所示。可以看出,此时的 RCP 和 LCP 的极化转换率曲线几乎完全重合,而直接透过率曲线在 7.9GHz 与 11.3GHz 附近均产生了超过20dB 的差异,所以具备强圆二色性。

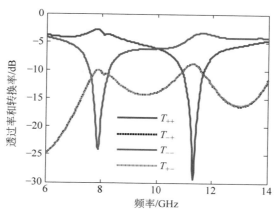

图 7.2.9 多层互连嵌套半圆环圆极化波透过率和转换率(结构 2)

接着,我们计算得到了其圆二色性参数曲线,结果如图 7.2.10 所示。可以看出,曲线在约 7.9GHz 处达到正峰值 0.66,随后逐渐下降,并在约 11.3GHz 处达到负峰值－0.62。因此,可以说该结构在 X 波段具备双频段下的双极化圆二色性。

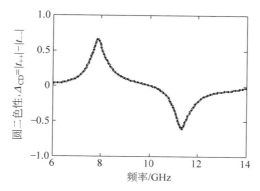

图 7.2.10 多层互连嵌套半圆环圆二色性曲线(结构 2)

由此可见,本节给出的第一种嵌套结构具有丰富的圆二色性,其模值在五个不同频点处均超过或接近 0.5;而第二种嵌套结构仅通过改变内环旋向与内外环旋转角度关系,便可以实现双频段、双极化圆二色性,同时其模值均超过 0.6。因此,这两种多层互连型嵌套结构在极化旋转与圆偏振波调控等方面具有良好的应用潜力。

7.2.3　多层锥形螺旋互连结构设计与特征分析

前面提到,本节介绍的多层互连半圆环手性结构实际上是一种立体单螺旋结构的平面化近似,而根据文献[12]的研究,将金属螺旋圆偏振器构建单元的螺旋直径逐渐变化,得到的锥形螺旋超材料结构可以作为均匀螺旋的改进设计,使其在工作带宽上得到有效提升,同时也增强了消光比。

基于这个思路,考虑同样可以将多层互连型手性结构的每一层金属尺寸如半径进行调整,使原本均匀的立体结构变成锥形,以探讨其手征性是否会发生改变。通过回顾之前讨论的数种手性结构可以发现,在 6.1 节给出的阿基米德螺旋体正好符合半径逐渐变化的特征,将其与多层互连结构相组合,便可以得到用于近似传统锥形螺旋的锥形互连手性结构。但是,通过前期的大量试验我们发现,仅仅简单地将阿基米德螺旋线拓展为多层,虽然会具有一定的两种圆极化波透过率差异,但同时也出现了较高的圆极化波转换率差异。所以,这就使得结构的手性表达较为混乱,其圆二色性与圆转换二向色性均无法得到有效的应用。

基于此,通过优化设计,我们得到了一种改良的基于阿基米德螺旋的多层锥形互连结构,其三维单元示意图如图 7.2.11 所示。

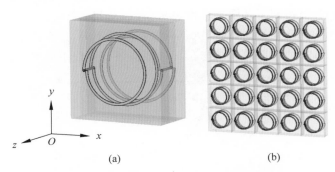

(a)　　　　　　　　　　　　(b)

图 7.2.11　多层锥形螺旋互连结构示意图

(a) 单元结构；(b) 周期结构

在设计上,该结构采用了互连与堆叠组合的形式,将两个旋向相同、开口与通孔位置相反的双层互连体沿电磁波传输方向堆叠,而每个双层互连体均为基于阿基米德螺旋构造的锥形结构。综合考虑工作波长与制作工艺难度,该结构的详细参数设计如下:单元结构尺寸为 8mm,金属螺旋线采用厚度为 0.017mm 的铜质结构,其电导率为 $5.8 \times 10^7 \text{S/m}$,线宽为 0.2mm;介质板由介电常数为 4.3、损耗正切为 0.025 的有损 FR-4 材料构成,其中两个互连体介质厚度均为 1.5mm,中间层厚度为 1mm。已知阿基米德螺旋线在极坐标下的方程表示为

$$\begin{cases} x = (r + st)\cos t \\ y = (r + st)\sin t \end{cases} \tag{7.2.1}$$

式中：r 为螺旋起始点与坐标系原点之间的距离，设为 $2.5\mathrm{mm}$；s 为螺旋半径的变化率，设为 0.04；t 为螺旋线的旋转角，可以表示为 $t = n\pi$，这里 n 为角度周期数，分别设为 0、2、4。

接下来，我们对上述多层锥形螺旋互连结构进行电磁仿真，采用 LCP 和 RCP 作为激励沿着正向垂直入射结构体，观测频段设为 $6\sim10\mathrm{GHz}$，仿真得到的圆极化传输系数如图 7.2.12 所示。

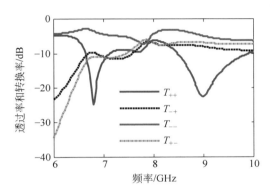

图 7.2.12　多层锥形螺旋互连结构圆极化波透过率和转换率

观察上述结果可以发现，就两种圆极化波直接透过率而言，其形状与 7.1 节中给出的双层非对称双 SRR 互连结构以及 7.2.2 节中给出的第二种多层互连嵌套半圆环结构比较相似，均在两个频点附近产生了较大的透过率差异。不同之处在于，前面讨论的两种结构具有双极化圆二色性，即在不同的谐振点处两种圆极化波的透过率大小发生了反转。而对于本节给出的结构，其在两个谐振点附近均表现为 LCP 透过率远远高于 RCP 透过率，即具备单极化圆二色性。

下面，我们进一步计算了该结构的圆二色性曲线，结果如图 7.2.13 所示。从图中可以看出，其圆二色性从 $6\mathrm{GHz}$ 开始减小并在约 $6.8\mathrm{GHz}$ 达到第一个负峰值 -0.61；随后先上升、再逐渐下降，并在约 $8.9\mathrm{GHz}$ 达到第二个负峰值 -0.5，同时该处的圆二色性具有更好的宽带特性。

另外，从圆极化波四种透射系数结果中可以看到，虽然两种圆极化波的直接透过率差异显著，但它们的极化转换率并不像之前讨论的手性结构完全重合，而是具有一定的微小差别。根据文献[13]和文献[14]的定义，当手性结构中不同圆极化波的透过率不同而转换率相同时，称其具有圆二色性；当手性结构中不同圆极化波的透过率相同而转换率不同时，称其具有圆转换二向色性。也就是说，

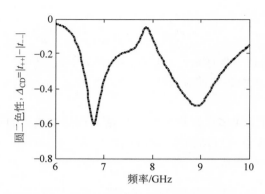

图 7.2.13　多层锥形螺旋互连结构圆二色性曲线

当希望重点开发、利用结构的圆二色性时,需要使其圆极化波转换率差距尽可能的小。

经过优化设计,本节给出的锥形螺旋结构虽然没有使该差距减小至零,但仍控制在理想的范围内。为了更加直观地显示这一点,图 7.2.14 给出了该结构正向入射情况下的圆极化波非对称传输参数。可以发现,在整个观察频段内,其非对称传输参数的模值始终保持在小于 0.1 的范围内,因此与圆二色性相比,该结构的圆转换二向色性几乎可以忽略不计。

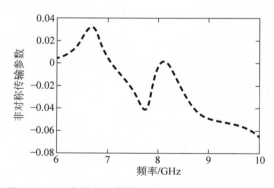

图 7.2.14　多层锥形螺旋互连结构非对称传输参数

综上所述,本节讨论的基于阿基米德螺旋线的多层锥形螺旋互连结构虽然无法实现传统立体锥形螺旋结构具备的宽带圆二色性,但其在将圆转换率差异控制在理想范围的情况下,具有双频带、单极化的良好圆二色性,后期可通过进一步优化介质参数与结构来实现更加接近连续螺旋手性结构的宽带手征性能。

7.3　类 DNA 螺旋立体结构设计与制备

7.3.1　类 DNA 双螺旋互连结构超材料与特征分析

第 5 章论述了自然螺旋的结构特点及其手征性,一般来说连续的立体螺旋结构具有较高的圆二色性同时宽带性能较好。而在微波频段,基于 PCB 的平面化螺旋设计与制备方法获得的手性超材料在具有传统立体结构相似特性的条件下,还具有更低的加工难度及成本、更加轻薄、易于集成等特点。实际上,7.2 节介绍的几种多层互连型手性超材料便可看作是立体单螺旋的平面化实现,本节将重点讨论类 DNA 双螺旋结构的设计过程与手征性分析。

首先,仿照图 5.1.1 的 DNA 双螺旋相互缠绕结构,设计出一种类似双右螺旋互连结构,其三维单元示意图如图 7.3.1 所示。可以看到,该结构实际上就是由两个旋向相同的多层半圆环互连结构组合而成的,是对传统立体双螺旋结构的平面化近似。由于采用通孔替代原有的连续螺旋臂来实现立体效果,并且其金属层数可能较多(这里以三层为例进行分析),因此在设计时需要注意两个单螺旋结构的开口弧度以及旋转角度,使每个通孔不被遮挡。

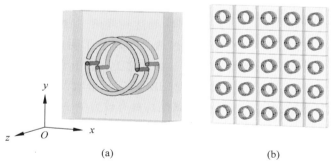

(a)　　　　　　　　　　　　　(b)

图 7.3.1　类 DNA 双螺旋互连结构示意图

(a) 单元结构;(b) 周期结构

主要考虑基于 X 波段的螺旋手性结构设计与应用,该结构的详细物理参数设置如下:单元结构尺寸为 8mm,三层金属圆环均采用厚度为 0.017mm 的铜质结构;两个单螺旋结构参数完全相同,其中每一层圆环的内、外半径分别为 1.85mm、2.15mm,并且表层与底层圆环弧度为 170°,而中间层圆环弧度为 180°;相邻两层金属中间是介电常数为 4.3、损耗正切为 0.025 的介质板,厚度均为 1.5mm。

接下来,我们对上述类 DNA 双螺旋互连结构在 CST 中进行建模与仿真,根据其电磁传输系数分析手征性能。仿真中,采用 LCP 和 RCP 作为激励并沿正向垂直入射,得到了四种圆极化透射系数,结果如图 7.3.2 所示。

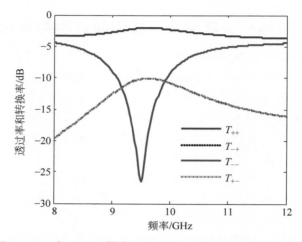

图 7.3.2　类 DNA 双螺旋互连结构圆极化波透过率和转换率

观察图 7.3.2 可以发现,在 8~12GHz 的 X 波段内,该双螺旋结构表现出显著的手征性。首先,它的左旋和右旋圆极化入射波的极化转换率曲线几乎完全重合,并随着频率先增大、后减小,在约 9.6GHz 处达到峰值 −10dB,因此不具备圆转换二向色性。其次,它的两种圆极化波直接透过率产生了明显的差异,其中 RCP 的透过率变化较平缓,且数值始终维持在 −4dB 之上;LCP 的透过率随频率先逐渐减小,在约 9.5GHz 达到了负峰值 −26.6dB,随后开始增大,并且在 X 波段内其数值始终小于 RCP 的透过率。由此可见,该结构具有较为单一的强圆二色性,图 7.3.3 给出了其圆二色性参数计算结果。

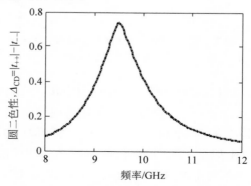

图 7.3.3　类 DNA 双螺旋互连结构圆二色性曲线

　　从图 7.3.3 中可以看出,其圆二色性参数在整个观测频段内始终为正,并随频率先增大、后减小,在约 9.5GHz 处达到了正峰值 0.74,说明在此频点附近 RCP 的透过率将远远高于 LCP 的透过率。此外,在 9～10GHz,圆二色性参数的模值始终大于 0.4,说明该结构在这 1GHz 带宽内具有较强的圆二色性表达。

　　根据上述仿真结果可知,从正方向看,该螺旋结构的旋向为顺时针旋转,容易激发右旋极化电磁波。所以,与其旋向相反的 LCP 可以耦合进入结构内并具有较高的透过率,而与其旋向相同的 RCP 则难以透过该结构。由此,若要设计出针对 RCP 具有高透过率的双螺旋手性超材料,只要将上述结构中的两个单螺旋旋向均变为逆时针旋转,所得到的三维结构单元和周期阵列结构如图 7.3.4 所示。

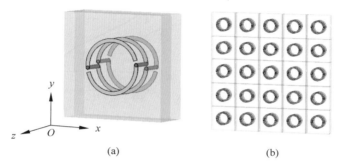

(a)　　　　　　　　　　　　　(b)

图 7.3.4　类 DNA 双螺旋互连结构示意图(相反旋向)

(a) 单元结构;(b) 周期结构

　　同样地,对该相反旋向的双螺旋结构进行电磁仿真获取圆极化波透射参数后,计算得到了圆二色性参数,结果如图 7.3.5 所示。

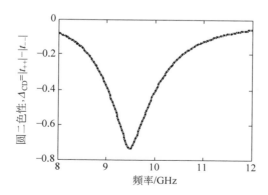

图 7.3.5　类 DNA 双螺旋互连结构圆二色性曲线(相反旋向)

从图 7.3.5 中可以看出,改变旋向后,结构的圆二色性参数在整个观测频段内始终为负,并随频率先减小、后增大,在约 9.5GHz 处达到了负峰值 -0.74,说明在此频点附近 LCP 的透过率将远远高于 RCP 的透过率。该结果表明,具有相反旋向的双螺旋互连结构对两种圆极化波的透过率产生了互换,因此圆二色性参数是相反的。

在等效电磁参数反演方面,基于电磁仿真得到的 S 参数对上述手性结构进行电磁参数计算,其等效介电常数和等效磁导率结果如图 7.3.6 所示。

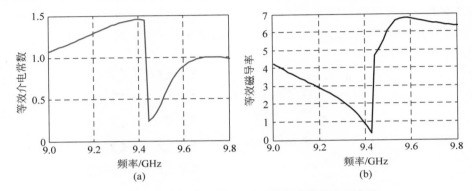

图 7.3.6 类 DNA 双螺旋互连手性结构等效电磁参数
(a) 等效介电常数;(b) 等效磁导率

可以看出,该类 DNA 双螺旋互连结构在谐振频率 9.4GHz 附近产生了等效介电常数及等效磁导率趋向零的极小值,但均未达到负值,此处呈现明显的手征特性。

综上所述,我们介绍的这种类 DNA 双螺旋互连结构在 X 波段具有非常明显的手征性,可以实现单频带、单极化且具有一定宽带性能的圆二色性。同时,仅通过改变螺旋旋向即可分别实现针对 LCP 和 RCP 的不同透过性能。

7.3.2 类 DNA 双环缠绕结构超材料与特征分析

7.3.1 节给出了一种基于多层金属半圆环构造的类 DNA 双螺旋互连手性结构,其两个单螺旋通过旋转、对齐组成了完整的双螺旋,并且沿 z 方向观察具有正圆形状。接下来给出另一种类 DNA 双环缠绕结构,即在上述双螺旋的基础上将其两边的单螺旋结构错开,使某一单螺旋的开口与另一单螺旋的通孔不再对齐呈正圆形,而是具有"S"形缠绕特征,其三维单元示意图如图 7.3.7 所示。

综合考虑微波频段下的工作波长与制备工艺难度,该双螺旋手性结构详细参数设计如下:单元结构尺寸为 8mm,三层金属圆环均采用厚度为 0.017mm 的铜质结构;两个相互缠绕的单螺旋结构参数完全相同,其中每一层圆环的内、外半径分别为 1.85mm、2.15mm,并且表层与底层圆环弧度为 170°,而中间层圆环弧度为

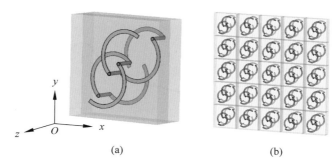

(a)　　　　　　　　　　　　(b)

图 7.3.7　类 DNA 双环缠绕结构示意图

(a) 单元结构；(b) 周期结构

180°；相邻两层金属中间是介电常数为 4.3、损耗正切为 0.025 的 FR-4 介质板,厚度均为 1.5mm。另外,通过调整旋转角度,使两个单螺旋的圆心以及通孔之间的连线均与手性超材料单元的左下-右上对角线平行。

同样地,我们对该类 DNA 双环缠绕结构进行电磁仿真,并基于仿真得到的电磁传输参数分析手征性能。仿真中,采用 LCP 和 RCP 作为激励并沿正向垂直入射,其圆极化透射曲线如图 7.3.8 所示。

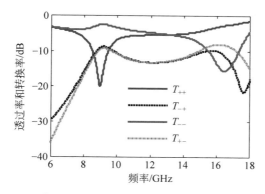

图 7.3.8　类 DNA 双环缠绕结构圆极化波透过率和转换率

图 7.3.8 中,在设定的 6～18GHz 观测频段内可以发现,两种圆极化波的极化转换率在 8～15GHz 内几乎是重合的,而在 6～8GHz 与 15～18GHz 内表现出些许差异。另外,两种圆极化波的直接透过率表现出了明显的差距,其中 RCP 的透过率在 6～13GHz 内始终低于 LCP 的透过率,并在约 9GHz 处达到负峰值 −20.3dB；LCP 的透过率在 13～18GHz 内始终低于 RCP 的透过率,并在约 16.5GHz 处达到负峰值 −15.8dB。由此可见,该双螺旋缠绕结构具有较强的圆二色性,图 7.3.9 显示了其圆二色性参数计算结果。

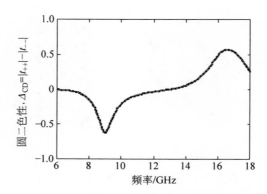

图 7.3.9　类 DNA 双环缠绕结构圆二色性曲线

从图 7.3.9 中可以看出,该结构的圆二色性参数随频率先逐渐减小,在约 9GHz 处达到负峰值－0.64 后开始上升,并在约 16.6GHz 处达到峰值 0.56。因此,在上述第一个频点附近 LCP 的透过率将远高于 RCP 的透过率,而在第二个频点附近情况发生了反转,RCP 的透过率将远高于 LCP 的透过率。

7.3.1 节通过改变双螺旋互连结构的旋向,使 LCP 和 RCP 的透过率以及圆二色性参数发生了反转。对于上述双螺旋缠绕结构,同样可以将其原有的逆时针旋向(左旋)改为顺时针旋向(右旋),得到的三维结构单元如图 7.3.10 所示。

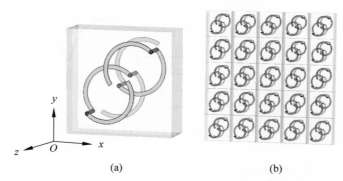

(a)　　　　　　　　(b)

图 7.3.10　类 DNA 双环缠绕结构示意图(相反旋向)
(a) 单元结构;(b) 周期结构

对该具有相反旋向的双螺旋缠绕结构进行电磁仿真,并观察其圆二色性,结果如图 7.3.11 所示。

从图 7.3.11 中可以看出,改变旋向后,圆二色性参数随频率先逐渐增大,在约 9GHz 处达到正峰值 0.64 后开始下降,并在约 16.6GHz 处达到负峰值－0.57。由此可见,对于具有双极化圆二色性的双螺旋缠绕结构来说,仅通过改

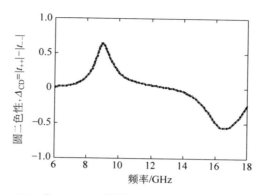

图 7.3.11　类 DNA 双环缠绕结构圆二色性曲线(相反旋向)

变其螺旋旋向,同样可以使 LCP 和 RCP 的透过率发生互换,从而得到相反的圆二色性参数。

　　除此之外,通过仿真实验我们还发现该结构对线极化波有着良好的宽带极化转换特性。这里以第一种具有逆时针旋向的双螺旋缠绕结构为例,采用 x 极化波与 y 极化波作为入射波激励,仿真得到的两种线极化波转换率和透过率曲线如图 7.3.12 所示。

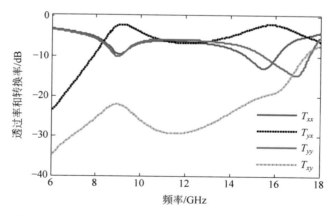

图 7.3.12　类 DNA 双环缠绕结构线极化波透过率和转换率

　　观察上述结果可以发现,两种不同线极化波的直接透过率在 6~13GHz 内几乎保持一致,在 13GHz 以后开始出现一定的差异。下面重点关注极化转换特性,可以看出两种线极化波的转换率曲线在整个考察频段内始终具有较明显的差距,并且没有出现反转。具体来说,x 极化波转换率在 8GHz 以后便始终维持在 −10dB 之上,而 y 极化波转换率在 15GHz 以前始终维持在 −20dB 之下,因此在上述较大的带宽内,x 极化波在该手性结构中传输的极化转换分量均明显高于 y

极化波。

最后,为了更加直观地分析该结构对线极化入射波的极化转换率差异,我们计算了正向入射条件下的线极化非对称传输参数,结果如图 7.3.13 所示。

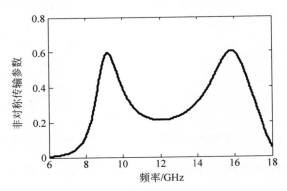

图 7.3.13　类 DNA 双环缠绕结构线极化非对称传输参数

可以看出,该结构的线极化非对称传输参数在观测频段内均为正,并且在约 9.2GHz 与 15.8GHz 处各具有一个峰值,其数值非常接近,均约为 0.6。另外,即使在两个峰值之间非对称传输参数相对较低的频段内,其数值仍高于 0.2。由此可见,该结构对正向入射的 x 极化波具有较大的极化转换优势,并且该优势在较宽频带内均有所体现。

另外,我们基于电磁仿真得到的 S 参数对上述手性结构进行等效电磁参数计算,结果如图 7.3.14 所示。

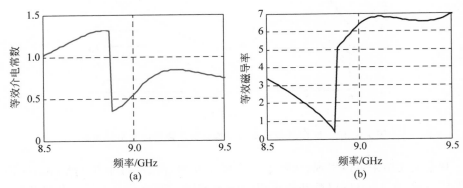

图 7.3.14　类 DNA 双环缠绕手性结构等效电磁参数
(a) 等效介电常数;(b) 等效磁导率

可以看出,该类 DNA 双环缠绕结构在谐振频率 8.9GHz 附近产生了等效介电常数及等效磁导率的极小值,但同样均未达到负值。

综上所述,本节介绍的类 DNA 双环缠绕手性结构具有良好的双频带、双极化圆二色性,同时对线极化波具有单频带、单极化的宽带极化转换特性。

7.4　平面结构互连立体手性超材料应用

7.4.1　平面结构互连手性结构超材料极化转换

通过前面几节的介绍可以看出,平面互连型手性结构大多具有较强的圆二色性,因此可以在极化旋转与转换等方面发挥作用[15-17],例如 7.1 节列举的双层互连 SRR 与非对称 SRR 可分别应用于线极化波的非对称传输与线转圆微波器件的实现。

接下来,以文献中设计的一种嵌套型双层互连手性结构为例,分析其在极化转换上的性能及应用价值[17]。值得注意的是,这种嵌套结构不同于 7.1 节中给出的内外环完全嵌套方式,而是将两个尺寸相同的互连圆弧结构进行交错嵌套,其三维单元示意图如图 7.4.1 所示。

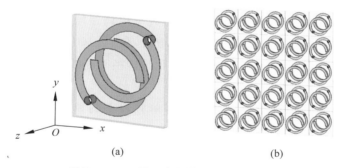

（a）　　　　　　　　　　　　（b）

图 7.4.1　双层互连交错嵌套结构示意图

（a）单元结构；（b）周期结构

从图 7.4.1 中可以看到,该交错嵌套结构包含两个完全相同并且具有相对旋转的逆时针旋向双层互连圆弧,其表层两个开口边均与 x 轴平行,底层两个开口边均与 y 轴平行,且金属通孔与圆心的连线共线。主要考虑 X 波段的设计与应用,其他具体参数设置如下:单元结构尺寸为 12mm,两个金属圆环层均采用厚度为 0.017mm 的铜质结构,电导率为 $5.8×10^7$S/m;圆环的内、外半径分别为 3.5mm、4.5mm,开口角度为 135°;两层金属 SRR 中间是介电常数为 4.6、损耗正切为 0.001 的 FR-4 介质板,厚度为 1mm。

根据现有的研究,上述结构具有对某一极化方向线极化入射波的非对称传输特性与宽带极化转换特性。下面，我们通过 CST 电磁仿真，令 x 极化波和 y 极化波沿正向垂直入射至该结构，得到了四种线极化透射参数，结果如图 7.4.2 所示。

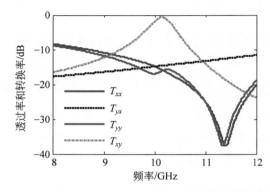

图 7.4.2　双层互连交错嵌套 SRR 线极化波透过率和转换率

　　观察各个透射曲线可知，在 8～12GHz 的 X 波段内，x 极化波和 y 极化波的直接透过率几乎重合，其数值随着频率呈下降趋势，在约 11.4GHz 处达到最低值 -37.7dB 后开始逐渐增大。另外，两种不同线极化波的极化转换率曲线存在非常显著的差异，其中 x 极化波转换率 T_{yx} 随频率单调递增，并且变化范围不超过 10dB；y 极化波转换率 T_{xy} 随频率先逐渐增大，在 10.1GHz 处达到峰值 -0.7dB 后开始降低，并且在约 10.9GHz 处与 x 极化波转换率曲线发生交汇，此前 T_{xy} 始终高于 T_{yx}，此后 T_{xy} 低于 T_{yx}。

　　由此可见，该结构对于线极化波具有单频段下的单极化转换特性，在 9～11GHz 内尤其是 10GHz 附近大部分 y 极化波发生了转换，而 x 极化波转换分量相对较少。图 7.4.3 显示了两种线极化波在该结构中的总透射率对比结果，可以看出在 8～12GHz 内 x 极化波的透射率始终维持在 0.2 以下，具有明显的阻带特性，而 y 极化波的透射率在 10.1GHz 附近远远高于 x 极化波，其峰值达到了 0.88。这就表明，该结构对于同一方向入射的不同线极化波透射率具有很高的非对称传输特性。对于正向入射情况，y 极化波通过电磁耦合可以较容易地透射出去并且大部分发生了极化转换，x 极化波则较难耦合进入结构，同时转换率较低。

　　研究手性结构在极化转换方面的应用时，往往需要考虑极化转换率（polarization conversion ratio，PCR）这一参数，它表示电磁波从一种极化形式转换为另一种极化形式的比率。对于透射波来说，x 极化波与 y 极化波的 PCR 公式分别表示为

$$\mathrm{PCR}_x = \frac{T_{yx}}{T_{xx} + T_{yx}} \tag{7.4.1}$$

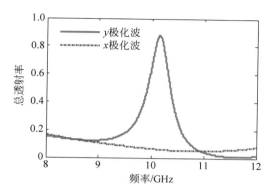

图 7.4.3 双层互连交错嵌套 SRR 线极化波总透射率

$$PCR_y = \frac{T_{xy}}{T_{yy} + T_{xy}} \tag{7.4.2}$$

当 PCR＝1 时,表示这两种状态的线极化波发生了完全转换。可以看出,极化转换率描述了确定方向极化电磁波通过手性结构后,极化转换分量占总透射波的比重,因此也可以用来衡量手性结构对某一方向线极化波的旋转能力。下面根据透射系数计算得到了两种线极化波的极化转换率,结果如图 7.4.4 所示。

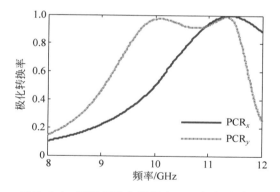

图 7.4.4 双层互连交错嵌套 SRR 极化转换率

从图 7.4.4 中可以看出,y 极化波的极化转换率首先在约 10.1GHz 处达到了第一个峰值 0.97,随后在约 11.3GHz 处达到了第二个峰值 0.99,并且在 9.7～11.5GHz 这一接近 2GHz 带宽内均维持在 0.9 以上,说明在此频带内 y 极化波透射分量中绝大部分发生了极化转换。另外,可以看到 x 极化波的极化转换率在约 11.4GHz 处已接近为 1,说明此时 x 极化波几乎发生了完全的极化转换,但由于其本身透射率较低,因此实际的极化转换率远远不如 y 极化波。

最后,我们给出了电磁波从正、反两个方向入射结构时得到的线极化非对称传输参数,结果如图 7.4.5 所示。

可以看到,对于正向入射情况,非对称传输参数曲线在 10.1GHz 处达到了负峰值-0.82,此时 x 极化波与 y 极化波的总透射率或极化转换率的差距达到最大;对于反向入射情况,非对称传输参数曲线在 10.1GHz 处达到了正峰值 0.82,此时两种线极化波的极化转换情况发生了互换,x 极化波的总透射率与极化转换率将远远高于 y 极化波。

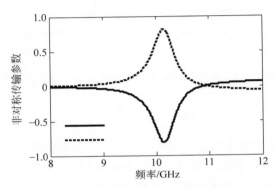

图 7.4.5　双层互连交错嵌套 SRR 非对称传输参数(正向、反向入射)

7.4.2　平面结构互连手性结构超材料吸波体

近年来,由于目标隐身和电磁防护的需求,超材料在吸波领域的研究备受关注,南京理工大学超宽带雷达研究实验室也作了相关工作,并得到了一些成果[18-20]。6.4 节介绍了利用手性超材料构造吸波器的基本原理以及对入射电磁波吸收率的计算方法,即当入射波的透射率(包括透过率和转换率)与反射率(包括同极化和交叉极化反射率)在某一频点或频段同时达到最小时,结构具有损耗最大值从而表现出吸波特性。同时,我们也以双层堆叠型单 SRR 结构为例,仿真分析了其吸波性能,结果表明当两层 SRR 之间旋转角为特定值时,该结构不仅具有手征性,还表现出谐振吸收特性。

实际上,本章所聚焦的互连型手性结构在吸波应用方面也被广泛的研究[21-22]。王(Wang)等提出了一种基于双层互连非对称 SRR 的微波吸波超材料,仿真与实验结果表明其对于宽入射角下的不同极化波均能实现良好的吸收性能[23]。顾(Gu)等设计了一种基于双层互连"四臂"手性结构的超材料吸波体,仿真结果表明其具有极化不敏感的双面吸波性能[24]。李(Li)等提出了一种基于双层互连扭曲 L 形金属线结构的超薄手性超材料吸波器,可以实现完美的选择性左旋吸收和右旋低损耗通过特性[25]。

接下来将介绍两种基于平面互连手性结构设计的超材料吸波体,分别为单臂、双臂螺旋型结构。在设计与制作这一类结构时,将螺旋臂刻蚀在 PCB 电路板上并通过金属通孔连接,利用这种互连方式实现与三维螺旋体相似的手性吸波超材料。首先,单臂螺旋手性结构的三维单元示意图如图 7.4.6 所示,它使用双层金属圆环作为螺旋臂,上下两层通过位于圆心的通孔连接并且开口位置相对旋转了 180°,螺旋臂和通孔均采用厚度为 0.017mm 的铜质层,介质基板是厚度为 1.5mm、介电常数为 4.2 的 FR-4 材料。其他主要参数如下:圆环外半径为 4.85mm,线宽为 0.5mm,弧度为 330°,单元结构尺寸为 10mm。

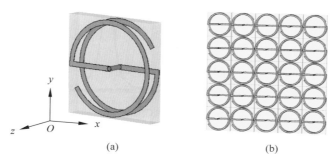

(a)　　　　　　　　　　(b)

图 7.4.6　单臂螺旋手性吸波结构示意图

(a) 单元结构;(b) 周期结构

为了使吸波效应更加直观,这里我们借鉴了传统吸波材料的设计方式,在螺旋结构的介质底部加上了金属底板。由于在微波频段内铜的趋肤深度远小于铜膜厚度,因此入射波无法穿过金属底板,透射系数将远远小于反射系数从而可以忽略不计,此时根据反射系数便可得到手性结构的吸波率。

通过 CST 电磁仿真实验,我们发现当线极化波垂直入射至包含金属底板的单臂螺旋平面结构时,具有如图 7.4.7 所示的反射特性。可以看出,y 极化波在约 3.8GHz 和 9.4GHz 处具有很低的反射率,而 x 极化波在约 5.6GHz 处具有较低的反射率。

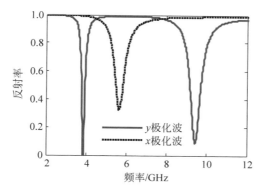

图 7.4.7　单臂螺旋线极化反射率

　　根据反射率可以计算得到该结构对线极化波的吸收率,结果如图 7.4.8 所示。由此可知,该单臂螺旋平面超材料可以在不同频率上实现针对不同线极化波的选择性吸收,其中在 3.8GHz 和 9.4GHz 对 y 极化波吸收率分别达到了 0.99 和 0.91,在 5.6GHz 对 x 极化波吸收率达到了 0.68。

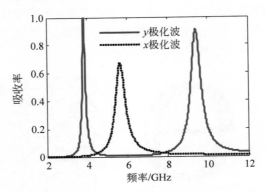

图 7.4.8　单臂螺旋线极化吸收率

　　此外,上述这类螺旋互连结构与 SRR 结构具有一定的相似度,通常为了有效地激发磁谐振,可以令电磁波沿水平于结构的方向入射,使得入射波能够穿过磁谐振平面。因此,我们将线极化波激励改为水平入射该结构,同时加入金属底板,根据反射率仿真结果得到了吸收率,如图 7.4.9 所示。

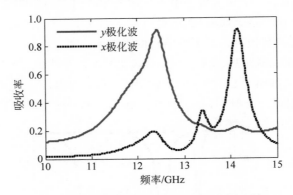

图 7.4.9　单臂螺旋线极化吸收率(水平入射)

　　从图 7.4.9 可以看出,在水平入射条件下,该单臂螺旋手性结构在 12.4GHz 与 14.2GHz 分别对 y 极化波和 x 极化波实现了良好的吸收,吸收率分别达到了 0.91 和 0.92。与此同时,其对于 y 极化波的吸收表现出了相对更好的宽带特性。

　　我们又基于双臂螺旋互连结构设计了手性吸波超材料,其三维单元示意图如图 7.4.10 所示。

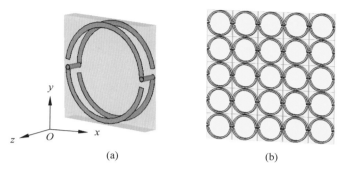

图 7.4.10　双臂螺旋手性吸波结构示意图
(a) 单元结构；(b) 周期结构

　　可以看到,该结构在设计上与 7.1 节所述的双层互连非对称 SRR 以及 7.3 节所述的类 DNA 双螺旋互连结构基本一致。另外,该双臂结构除了构成每个螺旋臂的金属圆环弧度设为 170°外,其他参数与单臂螺旋结构均保持相同。

　　通过电磁仿真实验我们发现,在加入金属底板后,该双臂螺旋结构可以对垂直入射的 LCP 和 RCP 实现三个频点下的非选择性吸收,但吸收率较低,均未超过 0.6,因此不做详细讨论。下面重点关注水平入射情况,根据仿真得到的反射率计算出其圆极化波吸收率,结果如图 7.4.11 所示。

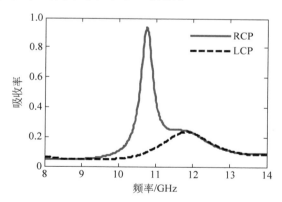

图 7.4.11　双臂螺旋圆极化吸收率(水平入射)

　　从图 7.4.11 可以清楚地看出,双臂螺旋手性结构对水平入射的 RCP 具有很高的吸收谐振峰,其吸收率在 10.8GHz 处达到了 0.94。

　　综上所述,本节所列举的单臂螺旋结构在垂直入射下可以对 y 极化波实现良好的双频吸收,而在水平入射下可以对 x 极化波和 y 极化波在不同频率实现良好吸收；双臂螺旋结构则可以在水平入射下对 LCP 实现良好的单频吸收。因此,平面互连手性结构在构造超材料吸波体方面具有良好的应用价值。此外,根据文献[26]综述中的总结和分析可知,目前基于手性结构的吸波超材料的实现在很大程度上取决于单元结构尺寸和周期阵列排布,其吸收带宽仍局限在较窄的频段,并且对不同圆极化波的选择性吸收效果不佳。因此,设计谐振频率易于调节、极化敏感、多频或宽带的手性吸波器是今后重要的研究方向。

7.4.3　平面结构互连手性结构超材料阵列天线设计

6.4 节对手性超材料在天线中的应用进行了介绍,目前基于手性结构材料的天线设计是手性材料的应用之一,在天线极化设计领域得到普遍关注[27-29]。现有工作的主要应用是将平面手性超材料覆盖在天线表面以增强其方向图性能或进行极化转换,而不是直接采用手性结构进行天线单元的设计。接下来,我们将给出一种基于多层互连型手性结构的螺旋天线设计,并对其相关性能进行仿真分析。

我们知道,螺旋结构被广泛地应用于天线设计中,其中双臂螺旋天线有着良好的全向圆极化辐射性能,能够实现波束赋形,并且增益高于单臂螺旋天线。然而,轴向模式的螺旋天线是一种行波天线,若要获得效果良好的圆极化辐射特性,需要较多的螺旋圈数,这会导致轴向尺寸较大,因此在一些低剖面场合无法使用。另外,三维的双臂螺旋结构在制备时精度要求较高,难以保证成品的一致性和稳定性。因此,螺旋天线的小型化和平面化设计逐渐成为新的研究方向。

下面将 7.4 节多层互连平面手性超材料的设计方式应用到螺旋天线的设计与制备中[30-31]。在具体结构设计方面,采用对称金属弧作为双螺旋臂,将其刻蚀在不同层电路板上并通过金属通孔连接在一起,形成平面化螺旋结构。介质基板选用介电常数为 4.4 的 FR-4 材料,尺寸为 20mm×20mm。为确保上下金属臂连接稳定,在两个通孔周围增加了焊盘。此外,采用差分端口从底部向天线馈电,并用金属板分隔开天线的馈电臂和螺旋臂,从而实现天线所需端口的差分馈电,同时避免螺旋部分与下部馈电网络之间的相互干扰。该平面化多层双臂螺旋形天线的三维结构模型如图 7.4.12 所示。

图 7.4.12 中,天线部分采用双层 FR-4 板构造,总厚度为 3.6mm,由于介质板厚度有限使得轴向尺寸较小,且天线增益和螺距有关,所以我们采用 120°金属圆弧作为螺旋臂,令三层共同构成一个完整的螺旋。

根据螺旋天线理论可知其发射天线有三种工作模式,其中法向模式的天线尺寸远小于波长,电磁波在天线上的传播为驻波模式,此时天线方向图与螺旋圈数无关,因此只需要考虑圈数为 1 的辐射情况。这样,就可以将螺旋天线的辐射场近似看作是小电流环和电偶极子在远场的叠加。参考法向螺旋天线的设计,分别计算

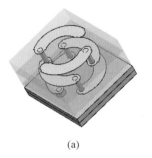

(a)　　　　　　　　　　　(b)

图 7.4.12　平面化多层双臂螺旋形天线

（a）三维透视图；（b）俯视图

由金属环构成的小电流环和由通孔构成的偶极子的远场分量,当求解得到的轴比为 1 时,该结构便能够辐射圆极化波。由于天线的金属圆弧提供轴向远场辐射,而通孔提供水平方向远场辐射,且通孔尺寸往往比较小,因此其轴向辐射强度要强于水平方向,天线主要呈现轴向辐射的特性。

　　上述天线是一种基于 C 波段的全向圆极化天线,我们根据工作波长可以计算出该螺旋天线的初始尺寸,在 CST 中对其进行建模与仿真,并对一系列结构参数进行优化。经优化后其主要参数如下:螺旋半径为 4mm,螺距为 3.6mm,螺旋臂宽度和弧度分别为 2mm 和 120°,焊盘与通孔直径分别为 1mm 和 0.5mm。通过电磁仿真得到的天线 S 参数如图 7.4.13 所示,可以看出 S_{11} 在 4.9～5.5GHz 内始终小于 −10dB,因此所设计的天线在该频段内能够实现较高的辐射效率。

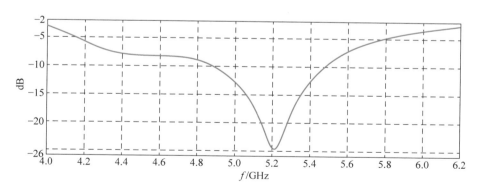

图 7.4.13　螺旋天线 S 参数

　　图 7.4.14 给出了该天线在工作带宽内的辐射方向,可以看出其在谐振频率 5.2GHz 下具有约 6.4dB 的增益,并表现出良好的全向辐射特性。

　　另外,由于通孔尺寸限制,所以该天线无法达到理想圆极化辐射中轴比为 1 的

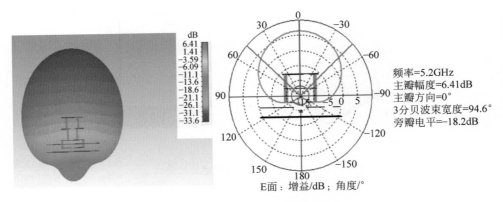

频率=5.2GHz
主瓣幅度=6.41dB
主瓣方向=0°
3分贝波束宽度=94.6°
旁瓣电平=−18.2dB

E面：增益/dB；角度/°

图 7.4.14　螺旋天线方向图

(a) 三维；(b) yz 维

要求,严格来说是具有椭圆极化辐射特性。我们通过仿真测得该天线轴比值小于5dB,此时可近似认为其实现了圆极化辐射,能够达到与常见螺旋天线相似的辐射特性。

如图 7.4.15 所示为仿真得到的在工作频段内该天线的表面电流,可以发现,流经天线通孔的电流与金属圆环上的电流几乎相等。但是与螺旋臂的辐射场相比,各层之间的通孔尺寸相对较小,因此其水平方向上的电场强于垂直方向上的电场,使得平面螺旋结构的轴比不如传统螺旋结构。

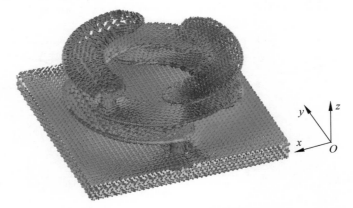

图 7.4.15　螺旋天线表面电流

以上结果表明,我们所设计的基于多层互连手性结构的双臂螺旋天线具有良好的轴向圆极化特性,可以达到与常见螺旋天线相近的辐射效果,并且波束宽度较宽、轴比较小,因此能够代替传统的螺旋天线在一些低剖面场景中使用。此外,该天线采用 FR-4 介质板制作,具有较小的轴向尺寸、较高的稳定性和较低的成本,并且可更容易集成为天线阵列。今后在此设计基础上,还可以尝试实现平面互连型的四臂螺旋天线,更多的通孔能够提供垂直方向上的辐射,因此可能具有更好的轴比,但同时也需要设计更为复杂的馈电网络。

7.5　平面手性结构互连立体超材料制备与实验

7.1～7.3 节分别讨论了双层、多层以及类 DNA 螺旋型的平面互连手性超材料的结构设计、电磁仿真以及手征特性分析,并在 7.4 节举例说明了互连手性结构在极化调控、吸波、天线设计等方面的应用。本节将以前面讨论过的一种手性结构为例,重点阐述其加工制备与实验测量过程,根据测量数据得到其相应的透射参数,并结合仿真结果进一步分析手征性能。

本节选用 7.1 节给出的非对称 SRR 双层互连手性结构作为制备与实验测量范例。与第 6 章相同,本节采用 PCB 工艺进行制备,并采用自由空间法进行实验测量。

图 7.1.10 所示设计加工得到的手性周期结构实验测试样品如图 7.5.1 所示,实验周期性结构样品尺寸为 240mm×240mm,单元结构数为 30×30,其他参数均按照 7.1.2 节的仿真参数进行设计。如图 7.5.2 所示为实验测量场景图,同第 6 章一样,发射天线固定在左边三角架上,手征材料试验板和接收天线放置在右边转台上,信号通过电缆传送至暗室外的数据处理部分。实验采用 Keysight 公司频率范围为 300MHz 至 20GHz 的双端口网络分析仪 E5071C,除天线在 6～9GHz 频段左旋极化实验采用了商用的 6dBi 增益天线,如图 7.5.3 所示,其他实验全部采用专门研制用于该波段测试的如图 6.5.3(a)和(b)所示左旋极化天线和右旋极化天线,其天线的基本参数为带宽 6～14GHz,回波损耗小于-10dB,前向辐射天线增益为 3.2～4.5dBi。

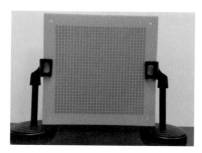

图 7.5.1　非对称 SRR 双层互连结构实验样品

图 7.5.2　实验测量场景图

图 7.5.3 试用低频段圆极化天线

为了提高测试质量,实验采用高增益,工作频率为 900MHz 至 7GHz 的天线,测量了在左旋圆极化波照射情况下双层非对称双 SRR 互连手性结构样品对应的 S_{11} 或 S_{21} 参数。测试结果表明,在 6GHz 处出现了明显的吸收峰,其他频率则没有发现明显的吸收频点,与 7.1 节的仿真结果完全吻合。由于该左旋极化天线无法覆盖样品工作频率,我们采用了如图 6.5.3(a)和(b)所示左旋极化天线与右旋极化天线进行其他频段的 S_{11} 或 S_{21} 参数测试,实验系统架构和步骤与 6.5 节相同。同样,由于图 7.1.11 显示该非对称双 SRR 互连手性结构的 LCP 和 RCP 相互转换率曲线基本重合,所以实验重点放在传输特性的测试上。如图 7.5.4 所示为根据测量数据 S_{21} 得到的 LCP 和 RCP 的透过率。从图中可以看出,实验结果与仿真结果具有较好的一致性,除 6GHz 出现左旋极化吸收点外,在频率为 14GHz 附近出现了对右旋圆极化波的吸收峰,比仿真结果略低,但总体实验结果较好地验证了所设计的非对称双 SRR 互连手性结构的圆二色性。图 7.5.5 显示了计算得到的圆二色性参数曲线,可以看到其在左旋极化与右旋极化透过率的差值在 6GHz 处

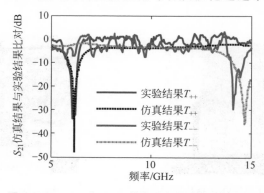

图 7.5.4 LCP 和 RCP 的实验与仿真透过率比较

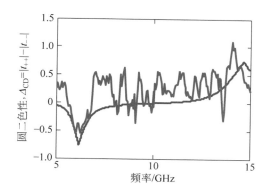

图 7.5.5　实验与仿真圆二色性参数曲线

达到了谷值-0.6,在 14GHz 达到峰值 1.1,但相对于仿真值由于测量噪声,峰值波动比较大。

　　由此图分析可见,双层非对称双 SRR 互连手性结构在高低两个不同频段呈现对右旋圆极化波和左旋圆极化波的吸收,具有典型的非对称传输特性。

参考文献

［1］　GANSEL J K,THIEL M,RILL M S,et al. Gold helix photonic metamaterial as broadband circular polarizer［J］. Science,2009,325: 1513-1515.

［2］　GANSEL J K,WEGENER M,BURGER S,et al. Gold helix photonic metamaterials: a numerical parameter study［J］. Optical Express,2010,18(2): 1059-1069.

［3］　THIEL M,FISCHER H,FREYMANN G V,et al. Three-dimensional chiral photonic superlattices［J］. Optics Letters,2010,35(2): 166-168.

［4］　ALU A,ENGHETA N. Three-dimensional nanotransmission lines at optical frequencies: a recipe for broad band negative-refraction optical metamaterials［J］. Physical Review B, 2007,75: 024304.

［5］　WEI Z Y,CAO Y,HAN J,et al. Broadband negative refraction in stacked fishnet metamaterial［J］. Appl. Phys. Lett. ,2010,97: 141901-1-3.

［6］　KUMAR M M A,ADITYA S,ZHAO C. Transmission characteristics of planar tape-helix: simulation and measurements［C］. IVEC,IEEE,Monterey CA,2018: 343-344.

［7］　ZHANG S,PARK Y S,LI J,et al. Negative refractive index in Chiral metamaterials［J］. Physical Review Letters,2009,102(2): 023901-1-3.

［8］　MOLINA-CUBEROS G J,BARCÍA-COLLADO A J,BARBA I,et al. Chiral metamaterials with negative refractive index composed by an eight-cranks molecule［J］. IEEE Antennas and Wireless Propagation Letters,2011,10: 1488-1490.

［9］　吴林晓. 螺旋形人工征电磁结构的电磁波非对称传播研究［D］. 南京：南京大学,2014.

[10] WU L,ZHANG M,ZHU B,et al. Dual-band asymmetric electromagnetic wave transmission for dual polarizations in chiral metamaterial structure[J]. Applied Physics B,2014,117(2): 527-531.

[11] WANG B,ZHOU J,KOSCHNY T,et al. Nonplanar chiral metamaterials with negative index[J]. Applied Physics Letters,2009,94(15):107404.

[12] 纵婷.金属螺旋圆偏振器的原理研究和优化设计[D].重庆:重庆大学,2015.

[13] TANG Y. Chirality of light and its interaction with the chiral matter[D]. Boston: Dissertation of Harvard University,2012.

[14] 武霖.手性超材料的偏振特性研究[D].武汉:华中科技大学,2015.

[15] AZNABET M,MRABET O E,BERUETE M,et al. Chiral SRR metasurfaces for circular polarisation conversion[C]. 18th Mediterranean Microwave Symposium (MMS),Istanbul,2018.

[16] BAENA J D,RISCO J P D,SLOBOZHANYUK A P,et al. Self-complementary metasurfaces for linear-to-circular polarization conversion[J]. Physical Review B,2015,92(24):245413.1-245413.9.

[17] WU L,ZHU B,ZhAO J,et al. Asymmetric electromagnetic wave polarization conversion through double spiral chiral metamaterial structure[C]. AuInternational Symposium on Antennas & Propagation. IEEE,Tasmania,Australia,2013.

[18] FAN S C,SONG Y L. Bandwidth-enhanced polarization-insensitive metamaterial absorber based on fractal structures[J]. Journal of Applied Physics, 2018, 123(8): 085110-1-085110-7.

[19] FAN S C,SONG Y L. UHF metamaterial absorber with small-size unit cell by combining fractal and coupling lines[J]. International Journal of Antennas and Propagation,2018,3: 1-9.

[20] SEMCHENKO I V,KHAKHOMOV S A,SAMOFALOV A L,et al. The development of a double-sided non-reflecting microwaves absorber based on the metamaterials with rectangular omega elements[J]. Problems of Physics, Mathematics and Technics, 2019, 3(40):26-32.

[21] BUTE M,HASAR U C. Planar chiral metamaterial absorber composed of new crescent shaped split ring resonators[C]. 2017 IV International Electromagnetic Compatibility Conference (EMC Turkiye). IEEE,Ankara,2017.

[22] 陆泽钦.金属螺旋超材料的吸收特性研究[D].武汉:华中科技大学,2014.

[23] WANG B,KOSCHNY T,SOUKOULIS C M. Wide-angle and polarization-independent chiral metamaterial absorber[J]. Physical Review. B, Condensed Matter, 2010, 80(3): 1-10.

[24] 顾超,屈绍波,裴志斌,等.一种极化不敏感和双面吸波的手性超材料吸波体[J].物理学报,2011,(10):674-678.

[25] LI M,GUO L,DONG J,et al. An ultra-thin chiral metamaterial absorber with high selectivity for LCP and RCP waves[J]. Journal of Physics D Applied Physics,2014, 47(18):185102.

[26] 汪丽丽,宋健,梁加南,等.手性超材料圆极化波吸收特性研究进展[J].材料导报,2019,

33(03)：131-140.

[27]　NAKANO H. Natural and metamaterial-based spiral and helical antennas[C]. Antennas & Propagation Conference. IEEE, Harbin, 2014.

[28]　GUPTA G, HARISH A R. Circularly polarized antenna using a double layered via-less high impedance surface[J]. Microwave & Optical Technology Letters, 2016, 58(2)：340-343.

[29]　MEHRABANI A M, SHAFAI L. Planar, self-complementary, and wideband antennas with polarization diversity[C]. USNC-URSI, Memphis, TN, 2014：110.

[30]　赵剑. 螺旋结构超材料的平面化设计与研究[D]. 南京：南京理工大学, 2019.

[31]　ZHAO J, SONG Y L, WANG L, et al. Design of a multi-layer structure of a bifilar helical antenna[J]. Problems of Physics, Mathematics and Technics, 2019, 3(40)：45-52.

索　引